# 好きになる ヒトの生物学

私たちの身近な問題 身近な疑問

吉田邦久 著
Kunihisa Yosihida

講談社サイエンティフィク

[ブックデザイン]
**安田あたる**

[カバー・扉イラスト]
**角口美絵**

本書は『好きになる人間生物学』(2004年、講談社刊) の改題改訂版です。

# まえがき

　2004年に『好きになる人間生物学』初版を出してから、約10年が経過しました。

　自画自賛で恐縮ですが、初版に対しては、多くの好意的なご感想やご意見が読者から寄せられました。「面白かった」「身近な話で、わかりやすかった」「理科嫌いが好きになった」などの感想が寄せられ、大学で教えているのとは違った手ごたえが感じられました。そして、一般の人々の科学に対する興味が決して弱くないこと、人間や生活や環境を科学的に捉えることの重要性がかなり認識されていることを確信しました。

　ただ、それぞれの専門分野の方からは、「浅い」「中途半端」という厳しいご意見もいただきましたが、僕自身は、より詳しい知識よりも、「科学的に見る」ことの大切さをわかってもらいたいという気持ちが強かったので、やむを得ないのかとも思います。もちろん、説明のしかたについては反省が必要だと思いますが。

　さて、10年の間の生物学の進歩は目覚ましいものがあり、ヒトゲノムが解読され、いろいろな遺伝子がわかってきましたし、さらに、遺伝子だけで決まるのではなく、遺伝子のはたらかせ方の違いというエピジェネティックな領域の重要性もわかってきました。脳のはたらきについても、新しいことがいろいろわかってきました。環境問題についても、中国から飛んでくるPM2.5が深刻になるなど、ますます国際的な取り組みの必要性が高まってきました。そのうえ、2011年に起こった福島第一原発の事故で、多量の放射性物質が放出されました。

　そこで、改訂にあたっては、そのあたりを踏まえて、全体を見直し、データなどを更新し、補充することにしました。上に述べたように、内容的には広く浅いものになっていますが、まずは興味を持っていただいて、そこからもっと専門的な他書でより深く理解していただければというのが僕の気持ちです。

　もし、何か間違いや疑問点などありましたら、お寄せください。その都度、できるだけ丁寧に、お答えさせていただきたいと思っています。

　それでは、「ヒトの生物学」のはじまりです。クマになったつもりで、お楽しみください。

　2014年10月

吉田　邦久

# 好きになるヒトの生物学 contents

目次

## 1月 年賀状
### 遺伝子は生命のレシピ　1
クマの子は必ずクマになる？　2
親から子へ特徴が伝わる〜遺伝　3
DNA の二重らせん構造　5
DNA はタンパク質の暗号　6
ゲノムって何だ？　9
受精卵の中のゲノムから、1つの命が始まる　11
ゲノムは「設計図」か「レシピ」か　12
レシピから料理を想像する　12

## 2月 バレンタインデー
### ヒトゲノム解析でわかったこと　15
「ゲノムを読む」ってどういうこと？　16
ヒトゲノム解読のドラマ　19
遺伝子をほかの生物と比べる〜ヒトゲノムの特徴①　22
ゲノムは進化を語る〜ヒトゲノムの特徴②　22
無駄は必要？〜ヒトゲノムの特徴③　24

遺伝子はどうやって見つけるのか？　24
ゲノム 0.1％の差　26
ゲノム多型を医療にいかす　27
遺伝子診断をするか、しないか　31
遺伝子情報が明らかになったとき　32
遺伝子治療って、どんな治療？　34

## 3月 卒業式
### 男と女の違いを考える　37
男と女の違いが生まれる理由　38
なぜ性があるか　42
ゲノムの戦略〜どのようなブレンドを望んでいるか　44
人間もゲノムの戦略のもとに行動している？　46
$SRY$ 遺伝子の働きで雌雄が決まる〜ヒトの性の分化　47
男の脳と女の脳は生まれつき違うのか　50
男と女の脳の形態的な違い　51
からだの性、そしてこころの性　53

iv

## 4月 入学式
### ヒトの発生と再生医療 55
奇跡の旅立ち、受精　56
受精から誕生まで　57
ヒトの発生で働く遺伝子　62
誘導と誘導因子　64
クローン動物の意味するもの　65
クローン動物をつくる方法　66
クローン技術の問題点　68
クローン技術の有用性　70
再生医療・移植医療とクローン技術　72
移植医療に幹細胞を利用する〜ES細胞とiPS細胞　74

## 5月 ハイキング
### こころは脳がつくるのか 77
こころって何だろう　78
こころとからだは離れる？　離れない？　79
脳の基本構造　80
ニューロンの集合体としての脳　81
こころはどこでつくられるか　87
見て認識するとはどういうことか　90
脳はだまされやすい　92
大脳皮質の機能の分担　94
言語中枢はどこに　97
右脳と左脳　98

## 6月 梅雨
### 脳の調子を左右するもの 103
「脳調」が悪い　104
脳波で脳の状態を調べる　104
睡眠とは　106
体内時計　108
24時間働けますか？　110
脳内物質の働き　113
現代社会と脳　119

## 7月 暑中お見舞い
### 病気と健康 123
健康って何ですか？　124
病気って何ですか？　126
くま介への問題〜病気の原因は？　127
社会や環境まで含めて、病気の原因を考える　128
人間と感染症　130
感染症を引き起こす病原体は、どんな形・性質？　132
ヒトは無数の微生物やウイルスとともに生活している　136
からだはどうやって感染を防いでいるか〜生体防御　136
ワクチン療法　139
アレルギーって何だ？　140
がんは暴走する自動車　143
病は気から？　147

## 8月 かき氷
### ヒトは何を食べてきたか 149
何を食べればいいのか 150
なぜ偏食が起こるのか 154
何のために食べるのか 157
からだにいい食べ物とは？ 161
食の安全性 166
遺伝子組換え作物と遺伝子組換え食品 168

## 9月 月見だんご
### からだの調節 173
食欲と肥満 174
血糖値と糖尿病 178
体温の調節 183
ホメオスタシスの調節系 185
血液の浄化 187
酸素不足にならないように 189

## 10月 運動会
### なぜ老い、なぜ死ぬか 193
人生は繰り返せない 194
老化と死の意味 194
個体の老化 197
調節系の老化 201
細胞の老化 204
寿命を決める遺伝子？ 209

## 11月 紅葉
### ヒトはどこから来たか 213
自分のルーツをさかのぼる 214
原核生物から真核生物へ 215
ヒトはタコよりウニに近い 218
爬虫類から哺乳類へ 221
霊長類の出現と進化 222
ヒトへの道 223
人種とは 228
日本人はどこから来たか 230

## 12月 大掃除
### 人間は地球に何をしてきたか 233
ヒトの出現が生態系を変えた？ 234
自給自足農業から近代農業へ 237
人工化学物質の光と影 241
地球温暖化 246
大気汚染の問題は解決したわけではない 249
生物の多様性が失われていく 251
戦争と環境破壊 253

引用文献・参考文献 258
索引 260

January

# 遺伝子は生命のレシピ

初詣から家に戻ると、娘とクマが食卓でお雑煮を食べていた。ツキノワグマだ。

先生「何でクマがいるんだ？　大丈夫なのか」

クマは僕を見ると、慌てて餅を飲み込んで、ふがふがしはじめた。

娘「家の前にいたのよ。彼はルポライターで、人間をテーマにルポが書きたいんですって。ゆるキャラ的な雰囲気だけど、時々鋭いまなざしをするでしょ。きっと社会派なのね」

先生「そ、そうかあ？　で、でも、なんでうちに？」

娘「人間をテーマにルポを書くには、まず人間のことを知らなきゃだめでしょ。そこで、インターネットで調べたら、お父さんの弟子になれば、人間のことを教えてくれるって口コミ情報が載っていたんですって。すごいわね、さすがお父さん」

インターネットがクマの世界にまで？　そんなことがありえるのか？

娘「まあ、いいじゃない。お父さんは大学で『人間と生物』ってテーマで授業しているでしょ。教えてあげてよ」

くま「ぼくは、くま介といいます。よろしくお願いします。決して噛んだり、引っ掻いたりしません。食欲はあるかもしれませんが、おとなしくていいクマです」

いつか見た夢の続きを見ているようだった。

## クマの子は必ずクマになる？

娘は新春バーゲンに出かけていった。新年早々お金を使うのはよくないと僕は思うのだが、そんなことは娘には関係ないらしい。僕は、食卓をはさんでくま介というクマと 2 人っきり。食卓には娘の作ったお雑煮がのっていた。

先生「ところで君、『くまモン』はクマの社会では、どう評価されているのかね」

くま「えっ、くまモンですか？　評価も何も、くまモンは本当のクマではありませんから。中に人間が入っています。わかっていますよね」

先生「も、もちろんだ」

くま「人間がクマの真似をして楽しんでいるのも驚きですが、クマの世界でも、最近はクマらしいクマが減ってきて、人間の真似をしたり、人間になりたいと言い出す者まで出てきています。クマ社会ではちょっとした問題になっています」

**先生**「ふうむ。それは深刻そうだな。……と言っている君もその一人じゃないかね？」

**くま**「……。それはそれとして、クマの世界には、『クマの子はクマ、ヒトの子はヒト』という諺があります。でも、最近の仲間を見ていると、もしかしたら、クマからヒトが生まれたり、ハイブリッドクマができる可能性があるんじゃないかという気がしてくるのです」

**先生**「いやあ、やっぱり、クマの子はクマだよ」

**くま**「……やっぱりDNAですか」

**先生**「DNAって、君、DNAが何か知っているのか」

**くま**「知っていると言いたいところですが、人間が話しているのを聞いただけです。遺伝子とかDNAって何ですか？」

**先生**「説明してもいいが、クマにわかるかなぁ……」

## 親から子へ特徴が伝わる〜遺伝

### (1) 遺伝とは？

　家族写真のついた年賀状を送ってくる友達がいます。子どもは微笑ましいくらいに親にそっくりです。赤ちゃんの頃はよくわからなくても、幼稚園や小学生の頃になると、目のあたり、鼻のあたり、驚くほど似ているのがわかります。こういうとき「遺伝だねえ」と言ったりします。

　遺伝とは、やさしくいうと、親から子どもへいろいろな特徴、たとえば大きさ、色、性質など（遺伝形質という）が伝わることをいいます。こういった遺伝形質を決めている因子を遺伝子といいます。

### (2) 何が伝わるのか

　遺伝するいろいろな特徴には、「ヒト*の子どもがヒトである」ということも含まれています。足が2本で、目が2つで、毛が少なくて、といったヒトとしての情報ももちろん含まれています。クマの子はクマになりますが、それもクマらしくなる遺伝子を受け継いでいるからなのです。

　　＊ 「生物としての人間（人）」を「ヒト」、「文化をもつヒト」を「人間」と書きます。

### (3) どうやって伝わるのか

　では、「ヒトの子どもになりなさい」とか「髪の毛の色は黒です」という

命令は、どうやって子どもに伝えられるのでしょうか。

　150年ほど前までは、血液みたいな液体状のものが親から子へ伝わることによって、それが「ヒト」や「黒髪」という情報を伝えていると考えられていました。しかし、やがて、情報を伝えているものは、細胞の核の中にある染色体を構成するDNA（デオキシリボ核酸）という物質だということがわかりました（図1.1）。つまり、遺伝子はDNAでできているのです。

**くま**「せ、先生、質問です。DNAは細胞の核にあるとのことですが、確か、ヒトのからだをつくりあげている細胞の数は、60兆個だと聞いたことがあります。その細胞1つ1つにDNAは入っているのですか？」

**先生**「そうだよ。1つ1つに同じDNAが入っている」

　くま介はじっと、自分のてのひらを見つめていた。

**くま**「見えませんね。てのひらを見つめても、細胞もDNAも見えません」

**先生**「当たり前だ。1つ1つの細胞は小さくて肉眼では見えないんだから」

**くま**「では、想像するとして、DNAはどんな形をしているのでしょうか。赤や黄色のビーズみたいな姿でしょうか」

**先生**「ビーズ玉というよりは、ひもか糸だね。鎖と表現する場合もあるけど。ヒトの細胞1個に含まれるDNAを全部つなぐと1.8mになる」

**くま**「目に見えない細胞の中に1.8mのひも！　ぎゅうぎゅう詰めですね。ところで、そのひもがどうやって遺伝情報を伝えるのでしょう。DNAはただ

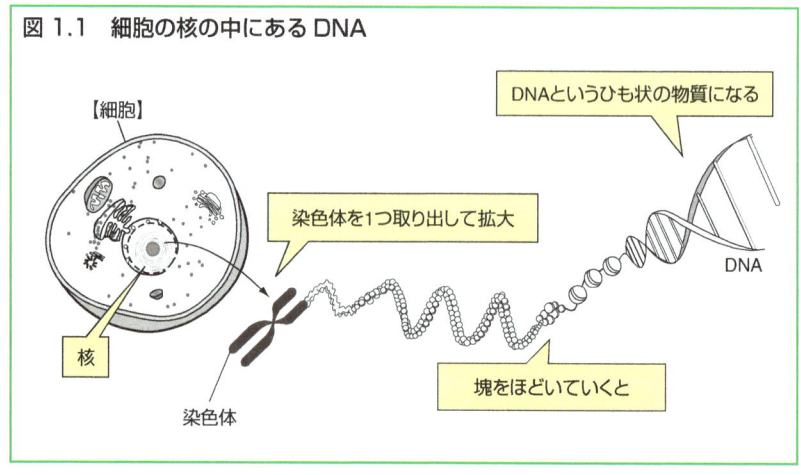

図1.1　細胞の核の中にあるDNA

の化学物質ですよね。その化学物質に小さな字で『色白になる』とか『走るのが速くなる』とか書けるとは思えません」

**先生**「万一書けたって、その言葉を"からだ"が理解するとは思えないけどね。情報伝達の鍵は、DNAの構造が握っているんだ」

# DNAの二重らせん構造

　DNA（デオキシリボ核酸）は、細長いひも状の物質で、図1.2のように、二重らせん構造をしています。2本の互いに逆向きの、「デオキシリボース－リン酸－デオキシリボース－リン酸－……」という鎖があり、そのデオキシリボースから、アデニン（A）、チミン（T）、グアニン（G）、シトシン（C）という4種類の塩基が内側に突き出て、AとT、GとCの塩基が互いにボルトとナットのように対になって結合しています。この弱い結合を水素結合と呼び、その対を相補的塩基対といっています。これが、らせん階段の横板をつくっているのです。

　このような二重らせん模型は、1953年にワトソン（アメリカ）とクリック（イギリス）によって明らかにされました。彼らは最初から遺伝子DNAの分子構造模型を作ろうということで研究をスタートし、それを成功させたのですから驚きです。

　さて、DNAの二重らせん模型が出されてから15年たらずのうちに、どういうしくみで遺伝情報が伝えられるのかがわかってきました。すなわ

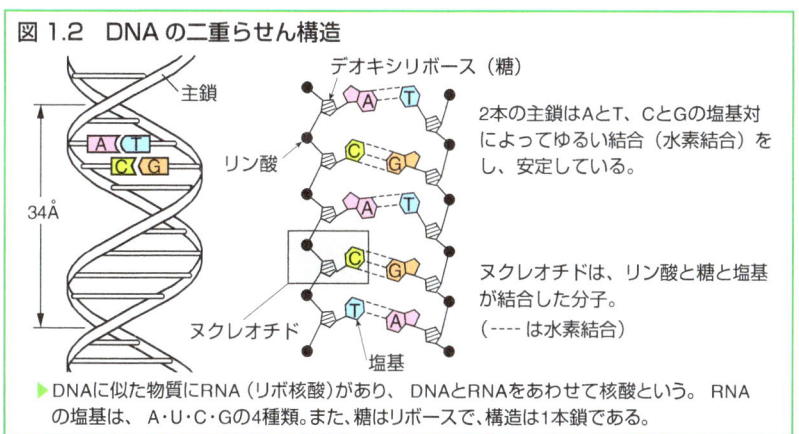

図1.2　DNAの二重らせん構造

2本の主鎖はAとT、CとGの塩基対によってゆるい結合（水素結合）をし、安定している。

ヌクレオチドは、リン酸と糖と塩基が結合した分子。
（----は水素結合）

▶DNAに似た物質にRNA（リボ核酸）があり、DNAとRNAをあわせて核酸という。RNAの塩基は、A・U・C・Gの4種類。また、糖はリボースで、構造は1本鎖である。

ち、遺伝情報は、塩基と呼ばれる4種類の物質の配列として、記録されている。そして、①DNAの塩基配列は、mRNA（メッセンジャーRNA）というRNAに写し取られ（転写）、②その後、核から細胞質に出て、リボソームの上でタンパク質を構成するアミノ酸配列に変えられる（翻訳）、③DNAやRNAの4種類の塩基の3つずつが組になって、20種類のアミノ酸のうちのどれかを指定する暗号（遺伝暗号、コドン）になる、ということがわかりました。

**くま**「……むずかしい……」
**先生**「そうかい？　転写や翻訳のしくみは、くま介はすでに知っているような気がしたが……。今さら、説明しなくてもいいと思って。それに僕の著書『好きになる生物学 第2版』を読んでくれていれば……」
**くま**「いや、むずかしい。君、難しすぎるよ。大学の先生はこんなことぐらい知っていて当然と思って授業を進めるから、わかりにくいんだな」
**先生**「？？？　そ、そうかい。じゃあ簡単に復習を」

## DNAはタンパク質の暗号

### （1）転写

　遺伝情報は、DNAのA、T、G、Cの塩基の並び方（配列）で書かれています。たとえば、TACGGTGAACTA‥‥‥という具合に。それを、鋳型にしてmRNAがつくられること、すなわち、遺伝情報がRNAの塩基配列に写し取られることが「転写」です。ここでも、相補的な塩基対の関係が働きます（図1.3）。

　RNAではT（チミン）の代わりにU（ウラシル）が入りますから、AにはU、TにはA、GにはC、CにはGが相補的な対を形成するのです。その結果、先ほど例にあげたTACGGTGAACTA‥‥‥のDNAの塩基配列は、mRNAの配列としては、AUGCCACUUGAU‥‥‥となるのです。この過程が転写です。

### （2）翻訳

　DNAもRNAでも、塩基はそれぞれ4種類ですが、タンパク質を構成するアミノ酸の種類は20種類です。ということは、4種類の文字で、20種類

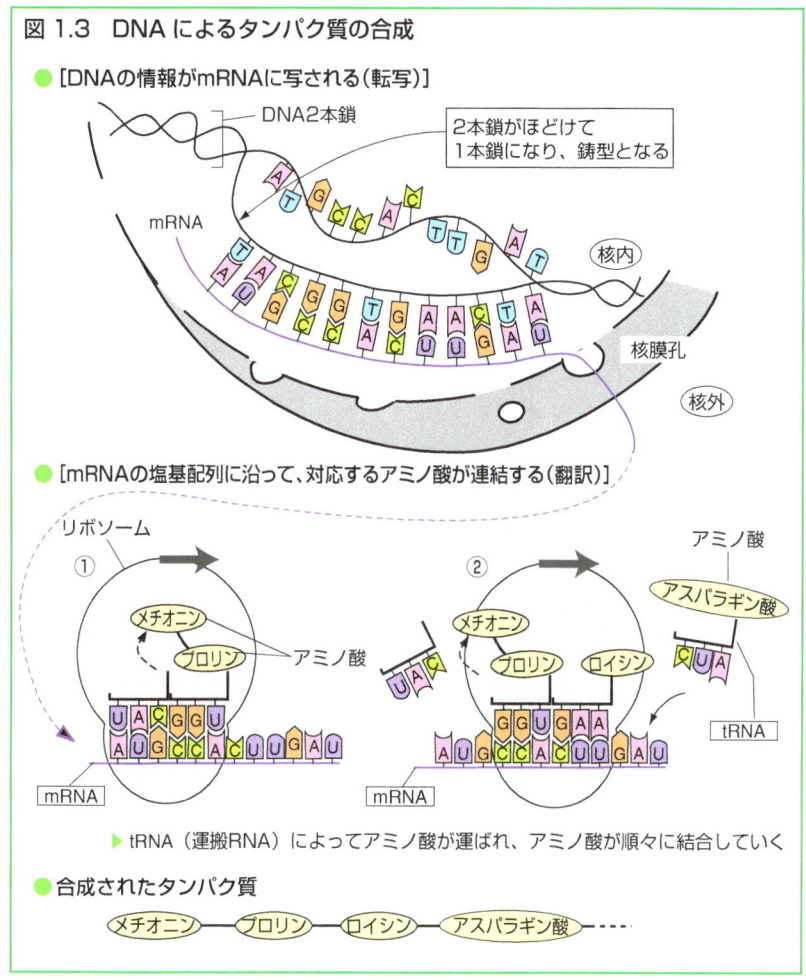

の文字の文を書くことと同じです。組み合わせを考えると、2つの文字（塩基）の並びでは4×4＝16で、20に及ばないので、3つ以上の文字（塩基）の並びで、アミノ酸を指定することが必要になってきます。たとえば、CCAはプロリン、GAUはアスパラギン酸、AAGはリシンというように。3つ組の塩基配列（コドンと呼ぶ）は4×4×4＝64通りできますが、アミノ酸は20種類ですから、1つのアミノ酸を決める暗号（コドン）が複数ある場合もあるということになります。

　1967年には、このコドンのすべてが解読されました。64通りのコドン

表1.1　mRNAの遺伝暗号表

| 1番目↓ \ 2番目→ | U | C | A | G | 3番目↓ |
|---|---|---|---|---|---|
| U | フェニルアラニン | セリン | チロシン | システイン | U |
|  | フェニルアラニン | セリン | チロシン | システイン | C |
|  | ロイシン | セリン | （終止） | （終止） | A |
|  | ロイシン | セリン | （終止） | トリプトファン | G |
| C | ロイシン | プロリン | ヒスチジン | アルギニン | U |
|  | ロイシン | プロリン | ヒスチジン | アルギニン | C |
|  | ロイシン | プロリン | グルタミン | アルギニン | A |
|  | ロイシン | プロリン | グルタミン | アルギニン | G |
| A | イソロイシン | トレオニン | アスパラギン | セリン | U |
|  | イソロイシン | トレオニン | アスパラギン | セリン | C |
|  | イソロイシン | トレオニン | リシン | アルギニン | A |
|  | メチオニン（開始） | トレオニン | リシン | アルギニン | G |
| G | バリン | アラニン | アスパラギン酸 | グリシン | U |
|  | バリン | アラニン | アスパラギン酸 | グリシン | C |
|  | バリン | アラニン | グルタミン酸 | グリシン | A |
|  | バリン | アラニン | グルタミン酸 | グリシン | G |

（遺伝暗号）の指定するアミノ酸、すなわち遺伝暗号表（表1.1）が完成したのです。遺伝暗号表はすべての生物に共通しており、地球上の生物が共通の祖先由来であることもはっきりしました。これに従うと、先ほどの**AUGCCACUUGAU**のRNAの配列は、**メチオニン-プロリン-ロイシン-アスパラギン酸・・・・**というアミノ酸配列になるのです。このように塩基配列の暗号によってアミノ酸配列が決められることを、文字の種類が違うということで、「翻訳」と呼ぶのです（p.7 図1.3参照）。

**(3) アミノ酸からタンパク質へ**

　こうして、アミノ酸の配列が決まると、それが折りたたまれて、全体として特定の立体構造をとるようになり、その結果、固有のタンパク質として機能するようになるというわけです。これが、遺伝情報の、DNA→mRNA→タンパク質の流れですね。転写は核の中で、そして、翻訳は細胞質のリボソームで、行われます。

　それぞれのタンパク質は、酵素として、受容体（レセプター）として、調節物質として、筋肉の線維や皮膚の線維としてなど、いろいろな活性を現していくことになります。そしてその結果、細胞の増殖を促進したり、形態を変えたり、ある物質を細胞内に蓄積したり、ある仕事をするように

なったりします。そうして、受精卵は人間らしくなっていくのです。
## (4) DNA にがらくたの部分がある？
　さて、遺伝暗号が解読された後、DNA の配列のどの部分が遺伝子になっているか、また発現の調節のしくみがどうなっているのかが明らかになってきました。たとえば、次のようなことです。

- ヒトの DNA のうち遺伝子をつくっているのは約 25% にすぎず、他は遺伝子をつくらないこと。その部分はノンコーディング領域と呼ばれる。
- ノンコーディング領域は最初「ジャンク DNA」（ジャンク＝がらくた）と呼ばれ、無意味な配列だと思われたが、すべてががらくたではなく、大切な役割をもつ部分があること（多種類の小さな RNA ＝マイクロ RNA に転写され、mRNA の転写や翻訳の調節にかかわっている）。
- 遺伝子の内部にも、アミノ酸を指定しない配列部分（イントロン）が挿入されていること（指定する部分をエキソンと呼ぶ）。

　遺伝子をどうやって調べたかについては、また後日お話ししたいと思います（p.17 ～ 21）。

**くま**「ようやく、遺伝情報の流れについて思い出しました。ノドにつっかかっていたお雑煮の餅がとれた感じですね」

**先生**「おお、そうかい？　それなら、さらに続けるが、ワトソンとクリックの論文が掲載されたのが、『Nature』という雑誌の 1953 年 4 月 25 日号。それからちょうど 50 年目の 2003 年 4 月に、すごく画期的なことが起こった。ヒトゲノムの全体、30 億塩基の配列が全部解読されたんだ」

**くま**「ヒトゲノム？　ゲノムって何？　うっつ、また、餅がノドに」

**先生**「おい、また、餅を食っているのか？」

## ゲノムって何だ？

　ゲノムというのは、個々の生物のからだをつくり、生命活動を維持させていくために必要な全遺伝情報のことです。遺伝情報をつくる DNA の総体ともいっていいものです。
　ヒトの DNA は、24 種類の染色体に分かれて存在します（22 種類の常染色体と 2 種類の性染色体）。染色体とは、DNA のひもがヒストンと呼ばれ

1月 ● 年賀状

るタンパク質によってコンパクトに包まれて、まとまった状態（クロマチン構造）になったものです（p.4 図 1.1）。この 24 種類の染色体全体を指して、ゲノムともいいます。

**くま**「定義ばかりでむずかしいや。つまりヒトにはヒトの、クマにはクマになるための遺伝子のセットがあって、それをゲノムというんだね。それより、DNA は細胞の核の中にあるっていってたけど、細胞は数も種類もたくさんあったはずだよね。確か、ヒトをつくりあげている細胞の数は 60 兆個、細胞の種類は 200 種類だった。その細胞 1 つ 1 つにどうやって同じ DNA を入れているの？　金太郎あめ式に 1 度に長くつくって、どんどん切っていくのかな？」

**先生**「そうじゃないよ。これから説明するが、それにしてもなんだかやけに慣れ慣れしくないか。会ってまだ……」

**くま**「『礼儀も 15 分まで』って諺がクマの社会にはあります。気にせずお話を続けてください。それにクマに礼儀を求めるのは間違っています」

---

column　**DNA の複製**

1 つ 1 つの細胞に同じ DNA が入っているのは、細胞が分裂する前に、その度ごとに、DNA の 2 本鎖の複製が行われるからです。

まず、2 本鎖が 1 本ずつに離れ、それぞれの塩基に新しい塩基が相補的塩基対をつくります。A と T、G と C というペアでしたね。その結果、新しい 2 本鎖ができて、同じ塩基配列の DNA が 2 つできあがります（図）。これを複製といいます。それらが細胞が分裂するときに各細胞に分けられるから、1 つ 1 つの細胞に同じ DNA が入っているのです。

分裂ごとに同じ遺伝情報をもつ DNA ができて、配分されるから、すべての細胞が同じゲノムをもつということです。でも、それでなぜ

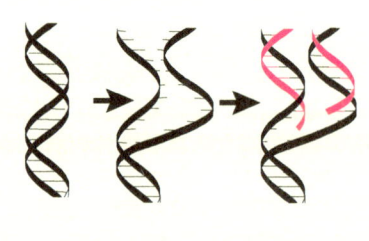

図　DNA の複製

違う細胞になるのか不思議になりませんか？　それは、同じピアノでも、違う曲が奏でられるのと同じです。どの鍵盤をどういう順で叩いて音にするかでメロディーが違うように、どの遺伝子がどの順に働くかで違いが出てくるのです。このことについては、発生のところで詳しく説明します(p.62)。

## 受精卵の中のゲノムから、1つの命が始まる

　さて、卵子（卵細胞）や精子などの生殖細胞には、このゲノムが1つ（常染色体22本と、性染色体1本）ずつ入っていて、精子と卵子が合体して受精した受精卵には、2つのゲノム（染色体46本）が引き継がれることになります。そしてこれらのゲノムをもとに、命が育ち、からだがつくられていくのです。

　ゲノムは、生命が生まれ、赤ちゃんが幼児に、幼児が大人になるプロセスに関するものだけではありません。生命を維持するために必要な情報も含まれています。大人になったら、遺伝子はもういらないというものではないのです。人間が生きている限り、遺伝子は働き続けると考えられます。

**くま**「ところで、なぜゲノムという名前がついたの？　音にしたときの感じがゴムに似ているけど」

**先生**「僕は、『じゅげむ（寿限無）』を思い出すね。落語に出てくるあの長い名前。まあ、クマにはわからんだろ」

**くま**「ふん。わ、わかるよ」

**先生**「おっと、早合点しちゃいかんよ。本当のところは、ゲノムの名前の由来に、落語のじゅげむは関係ない。ゲノムは英語で"GENOME"とつづる。遺伝子（GENE・ジーン）のGEN－と、総体を表す－OMEという語を合わせて、ゲノムという言葉ができたといわれている」

**くま**「ぼくの名が、母親が『くま子』で、父親が『ころ介』だったので、『くま介』になったというのと似てるね」

## ゲノムは「設計図」か「レシピ」か

　ゲノムはからだの「設計図」だとよくいわれるのですが、ゲノムをつくるDNAを調べても、身長が何cmになるとか、まぶたが二重だとか、えくぼができるとか、色黒だとか、お酒に強いとかが書いてあるわけではありません。車の設計図などは、ちゃんと各パーツの大きさだとか、色だとか、形が書かれていますが、ゲノムはそのような厳密な設計図ではありません。また、その設計図に基づいてつくられた車は、どこの工場でつくられても、互いにほとんど違いのないものになります。ところが、ゲノムの場合は同じゲノムでも、環境によって、現れるその特徴（形質）がかなり違ってきます。たとえば、糖尿病になりやすい遺伝子を受け継いでも、糖を摂りすぎないような生活を送れば、発症しない場合も多いのです（図1.4）。

　ですから、ゲノムは「設計図」というよりも料理の「レシピ」や音楽の「楽譜」だといったほうがよいと思います。図1.5に料理のレシピの一例をあげておきます。これはいったい何のレシピでしょう？

## レシピから料理を想像する

　図1.5のレシピに従って料理をつくっていくと、いわゆる「肉じゃが」になるはずです。料理をほとんどやらない僕がつくっても、きっと「肉じゃがらしきもの」になるのだろうと思います。

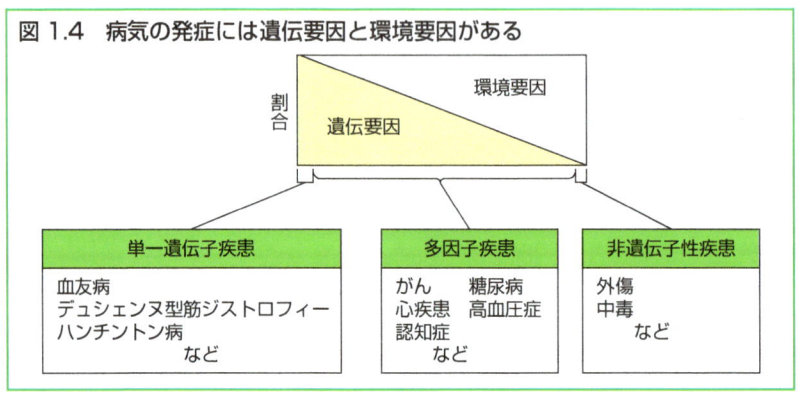

図1.4　病気の発症には遺伝要因と環境要因がある

> **図 1.5　レシピの一例**
>
> 【材料（4人分）】
> ●牛肉（薄切り）200g　●ジャガイモ 300g　●ニンジン 100g　●玉ねぎ1個　●糸こんにゃく 100g　●だし汁3カップ　●調味料（砂糖大さじ1、みりん大さじ3、酒大さじ1、醤油大さじ5）　●グリーンピース（冷凍）30g　●油適量
>
> 【下ごしらえ】
> ①ジャガイモは皮をむいて芽をとり、2つ割りにして2〜3つの乱切りにし、水にさらしておく。
> ②ニンジンはジャガイモよりやや小さめの乱切りにする。
> ③糸こんにゃくは3か所に包丁を入れておく。
> ④玉ねぎはくし型に切る。
> ⑤牛肉は3cm に切る。 
>
> 【つくり方】
> ①鍋に油を熱し、牛肉を炒める。
> ②牛肉にさっと火が通ったら、玉ねぎ、ニンジン、糸こんにゃく、ジャガイモの順に加えて炒める。
> ③全体に油がなじんだら、だし汁を加えて煮立て、アクが出てきたら、ていねいに取り除く。
> ④弱火にして砂糖、酒、みりんを加える。
> ⑤落し蓋をして、5分ほどしたら、醤油を加え、野菜が柔らかくなるまで、ゆっくり煮含める。
> ⑥味が十分浸みこんだら、グリーンピースを加え、さっと煮て、火を止める。

しかし、よほどの料理の達人でない限り、このレシピを見ても、肉じゃがの厳密な味つけ加減や具体的な食感まではなかなか思い浮かべることはできません。その点で、設計図とは違います。そして、結構大雑把ですから、これを見てあなたがつくった肉じゃがと、僕がつくった肉じゃがとでは、かなり違ったものになるように思います。ちょっとした時間の違いや火加減や手さばきの差などが味に影響することでしょう。

さて、話をゲノムに戻しましょう。ゲノムに書かれている情報も、どの細胞で、どんなタンパク質を、どれくらい、どのような順番でつくるか、といったことでしかないのです。そして、ゲノムは現実にはかなりアレンジして使われますので、結果はかなり違うものになるのです。

栄養条件や環境要因の差によっても、現れるものは少しずつ違ってきます。ですから、やっぱり、ゲノムは設計図というよりも、「ゲノムはレシピだ」といったほうが、よく表わしているように思えるのです。

**くま**「つまり、レシピに料理の作り方が書かれているように、ゲノムの情報でヒトの生命が営まれるというわけですか？」

**先生**「うむ。僕の言いたいことは、ゲノムはありとあらゆることが詳細に決められている"厳密な設計図"ではない、ということなんだ。楽譜の例のほうがわかりやすいかもしれないな」

**くま**「ゲノムが楽譜ならば、1つ1つの遺伝子は何にたとえられるのでしょう？」

**先生**「遺伝子は、楽譜の音符などの記号だね。たとえば、𝄞 とか♯とか♭とか、♩とか♪とか、ドかソかとか……。楽器の種類も指示されているけど」

**くま**「なるほど。同じベートーベンの『運命』でも、指揮者によって、楽団によって、かなり違ってくるということですね。うん？ ♩とか♪とかの記号って……、何かに似ている気がします。ちょっと失礼」

　くま介は、おせち料理のお重を開けると、黒豆をあっという間に平らげてしまった。やはりクマに礼節を求めるのは無理なのだろうか。〜まだまだ話は続くのだが。

## ヒトゲノム解析でわかったこと

バレンタインデーだからといって、娘がチョコレートケーキを焼いている。買ったほうがおいしいような気がするが、娘は気持ちの問題だという。くま介はしばらく娘のそばをうろちょろしていたが、オーブンが怖くなって、キッチンから僕のところにやってきた。最初はえらそうにしていたくま介だが、最近はずいぶんと僕になついてきた。かわいいものだ。

**くま**「バレンタインデーって、女性から好きな男性にチョコをあげる日?」

**先生**「ああ、そうだよ。くま介ももらえるといいね。まあ、そんなわけないと思うが」

**くま**「お嬢さんがくれないかな。もらえるか、もらえないかって、今からわからないのかな。たとえば、ぼくの DNA を調べると、今年は無理でも、来年はもらえるとか、書いてないの? ほら、ゲノム解析っていうやつ?」

**先生**「DNA には運命が書いてあるわけじゃないんだよ。レシピっていったのは、運命のレシピじゃなくて、生命のレシピなんだ」

**くま**「でも、調べると、糖尿病になってしまう運命だとかがわかるんでしょ」

**先生**「なりやすいということはわかるけど、それは『なる』ってことではないんだよ。ゲノム解析について、もう少していねいに説明しよう」

## 「ゲノムを読む」ってどういうこと?

### (1) ゲノムを解析するとは?

ヒトゲノムの「解析」とか「解読」という話題を耳にしたことはありませんか? ヒトゲノムはヒトの細胞がもつ DNA 全体です。ということは、ヒトゲノムの解析とは、DNA の 4 つの塩基 (A、T、G、C) の並び方 (順番) をすべて調べて明らかにするということです。

言うのは簡単ですが、ヒトの DNA は非常に長いもので (つないで伸ばすと 1.8m になる)、約 30 億個もの塩基が並んでいます*。ですから、ヒトゲノムをすべて解析するということは、30 億個の塩基対の配列をくまなく調べるという、途方にくれるような作業なのです。ヒトゲノムの塩基をアルファベットで表すと、1000 ページ (細かな文字で 1 ページ 3000 字として) の辞書が 1000 冊ぐらいになるくらいの量です。今読んでいただいているこの本だと、1 万冊にもなるのですよ。

　　* 精子や卵子の中の DNA は、30 億塩基対。体細胞の DNA は、60 億塩基対。

くま 「すごい量だなぁ。『解析』なんてむずかしい言葉を使うだけのことがあるね。『好きになる…』シリーズだって1冊をきちんと読むのに最低3日は必要だよ。もしそれをずっと続けたとしても、1万冊だと80年ぐらいかかる。一生だね」

先生 「それを科学者たちは分担して10年ちょっとでやってのけたのだ！」

くま 「ぼくにはできないなぁ。A・T・G・Cだけが並ぶつまらない本を読み続けるなんて」

先生 「いや、面白いんだな、これが」

## （2）A・T・G・Cの順番をどうやって調べるのか

さて、どういう方法で、塩基配列を明らかにできるのでしょうか。いくつか方法があるのですが、そのうちの1つを紹介します。

いま、**TAAGCCTACG**という塩基配列のDNA（1本鎖）があったとします。でも、この塩基配列は、私たちにはまだわからないとします。これを、どのようにして当てるかです。

まず、調べようとしている1本鎖DNAを鋳型にして、複製酵素（DNAポリメラーゼ）を用いて複製させます（相補的な塩基配列の鎖**ATTCGGATGC**ができる）。そのとき、**A**のところまで進むとその代わりに入って停止させる物質を入れ、そこに蛍光色素で赤色の印をつけるという工夫をします。この停止させる物質をターミネーターといいますが、「終らせるもの」という意味です。そして、**T**のところで代わりに入って停止させる物質もあり、そこに青色の蛍光色素をつける工夫をします。同じようにして、**G**のところ、**C**のところでも、それぞれ黄色、緑色の蛍光色素で印をつけるのです。うまく、いろいろな位置まで伸びたところで停止させて蛍光色素をつけるようにすると、4色のうちどれかの蛍光色素がついた、さまざまな長さのDNA断片が得られます（図2.1）。

次に、このようなDNA断片を、細長い毛細管状にしたアクリルアミドゲルという固いゼリー状の物質に通して、電圧を加えて移動させます。DNAは－（マイナス）に荷電しているので、＋極のほうに引っ張られるのです。アクリルアミドゲルは微視的には網目状ですから、長い断片は何度も引っかかりながら進みますが、短い断片はするりと速く抜けて進みま

**図 2.1　塩基配列を調べる方法　手順①**

● TAAGCCTACG という塩基配列があったときに、得られた DNA 断片

赤色の印のついた DNA 断片（A のところで複製停止）

A　ATTCGGA

青色の印のついた DNA 断片（T のところで複製停止）

AT　ATT　ATTCGGAT

黄色の印のついた DNA 断片（G のところで複製停止）

ATTCG　ATTCGG　ATTCGGATG

緑色の印のついた DNA 断片（C のところで複製停止）

ATTC　ATTCGGATGC

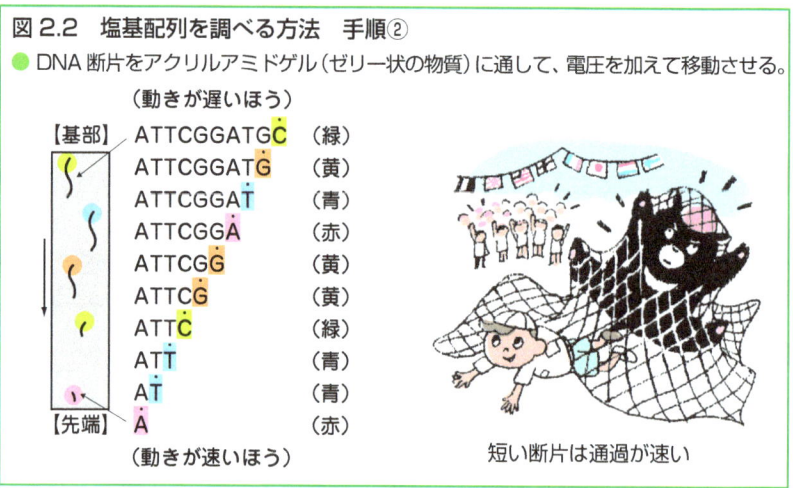

**図 2.2　塩基配列を調べる方法　手順②**

● DNA 断片をアクリルアミドゲル（ゼリー状の物質）に通して、電圧を加えて移動させる。

（動きが遅いほう）

ATTCGGATGC　（緑）
ATTCGGATG　（黄）
ATTCGGAT　（青）
ATTCGGA　（赤）
ATTCGG　（黄）
ATTCG　（黄）
ATTC　（緑）
ATT　（青）
AT　（青）
A　（赤）

（動きが速いほう）

短い断片は通過が速い

す。その結果、長さの短いものから先に、順番に並んで＋極に向かって進むのです。

図 2.1 の断片の混合物を、動きの遅いほうから並べますと、図 2.2 のようになります。

色だけ見て、先端側から読んでいくと、[赤、青、青、緑、黄、黄、赤、青、黄、緑] となります。赤色は A、青色は T、黄色は G、緑色は C に対応しますから、ATTCGGATGC の順であることがわかります。そして、これに相補的な鎖は、TAAGCCTACG ですから、当たっていますよね。この方法を編み出したフレッド・サンガーはこれで 2 度目のノーベル賞をもらったのです（1980 年ノーベル化学賞受賞）。

## (3) 解読のスピードアップ

　それにしても、何十億という塩基配列を読むのは気が遠くなるような話でした。1980 年代は最先端技術を使う研究室でも、1 日に 500 塩基ほどの配列決定しかできなかったのです。いったい何千年かかるのでしょう。しかし、その後、ロボットとコンピュータを使う装置（シーケンサー）を用いて、1 日 24 時間フル稼働させることができるようになり、1 日に 40 万塩基以上も読めるようになったのです。最初の頃の 1000 倍近いスピードですね。こうして、ゲノム解読のスピードアップを果たすことができたのでした。その後もどんどん速く、費用の面でもずっと安く解読できるようになってきました。

**くま**　「サンガー先生って、発想がいいね。ぼくたちクマは、自分の縄張りにある木に、立って爪で印をつけて、ついでに匂いもつけておく。その印の高さと匂いで、誰の縄張りかわかるんだけど、なんか似てるね」

**先生**　「そう、DNA はずっとミクロな話だけど、原理は似てるね。それに印は蛍光色素だったり、放射能だったりするけどね」

**くま**　「それにしても、すごいスピードで塩基の配列が読めるようになったんだね。そのうち先生個人のゲノムも読めるようになるかも」

**先生**　「今では解読の速度は初期の 25 万倍以上になり、2013 年には個人のゲノム解析のコストが 10 万円を切るところまできたんだ。これで、個人の遺伝子を解析でき、他人との違いを明らかにできるようになってきた。こうして、多くの人のデータをもとに、医療などにも役立てることができるようになったし、性格や知能、運動能力と遺伝子との関係もだんだんわかってきたんだよ」

**くま**　「え、そうなの？」

**先生**　「その話は後でするから。その前にヒトゲノムの解読にあたっての物語を紹介しよう。テレビのサスペンスドラマに似ているかな？」

## ヒトゲノム解読のドラマ

### (1) 大腸菌ゲノムからヒトゲノムへ

　ヒトゲノムの解読の前に、ヒト以外の生物のゲノム解読が進んでいまし

た。大腸菌や枯草菌などの細菌、カビの類の酵母菌、共生して葉緑体になったと考えられるシアノバクテリア、そして、動物の線虫とショウジョウバエのゲノムの解読です。そういった研究を踏まえて、とうとう1990年に、ヒトゲノム計画（プロジェクト）が始まったのでした。ヒトのDNAに書き込まれているすべての塩基（A・T・G・C）の配列を読み切ってしまおうという壮大な国際プロジェクトがスタートしたのです。当初15年はかかるだろうといわれたヒトゲノム計画は、以下に述べるようなドラマチックな出来事もあって、予想を上回る驚異的な速度で進展したのです。

## （2）どちらの解読方法を選んだか

　ではヒトゲノム解読のドラマを述べましょう。そこには公的な国際プロジェクトグループと、ある企業（セレラ社）との間で、「どちらが先に解読を終えるか」の争いがありました。ゲノム配列パズルの解き方には、大きく分けて2つあり（図2.3）、公的プロジェクトグループと、ある企業では、それぞれ別の解読方法をとっていました。

①**階層的ショットガン方式**　　1つは「地図に基づく方法」です。これは階層的ショットガン方式とも呼ばれます。ある県のすべての家1軒1軒の住人や会社の名前を明らかにしようとするときは、まず県を市に分け、さらに町に分けて、さらに地区ごとに分けた後、1軒1軒に当たって調べるでしょう。それと同じで、大まかな目印を頼りに、断片の大きさがだんだん

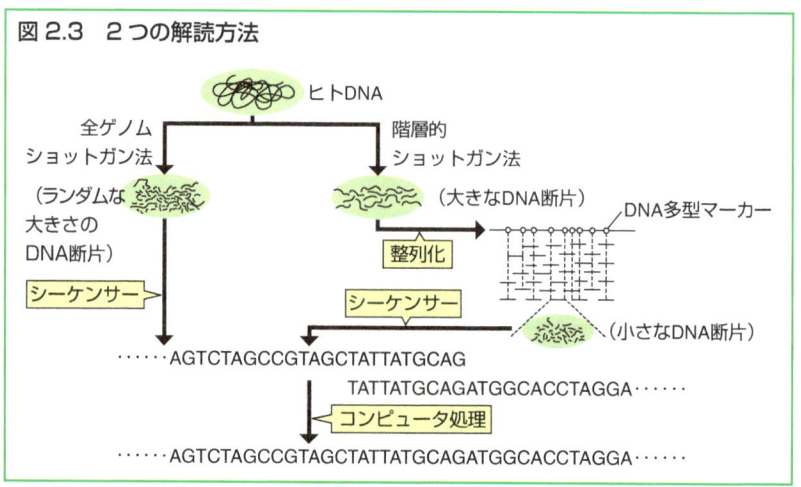

図2.3　2つの解読方法

小さくなるようにゲノムを切断し、さらに細かく DNA 断片に分け、その断片について塩基配列を決定し、それらを元の順番どおりにつないで、連続した配列として復元する方法です。これが国際ヒトゲノム計画（公的プロジェクト）グループのとった方法です。

②**全ゲノムショットガン方式**　もう 1 つの方法では、地図をつくって細分化したりしません。いきなり全ゲノムを初めから細かく切断し、全部の配列をただちに決定します。その数百万の断片をコンピュータ・プログラムによってつなぎ、最終的に完全なゲノムを組み立て直す方法です。この方法は全ゲノムショットガン方式と呼ばれます。こちらが、セレラ社がとった方法です。

### (3) セレラ社の挑戦

　ヒトゲノム計画がだんだん進行しつつあった 1998 年、クレイグ・ベンターという野心的な研究者がセレラ社を設立し、300 台のシーケンサーを備えて、全ゲノムショットガン方式で、まずキイロショウジョウバエのゲノムを解読しました。そして、それに成功したとして 1999 年 9 月にヒトゲノムの解読に着手し、3 年で（2002 年までに）読み切ると宣言したのです。15 年計画で 2005 年を目標に進めていた公的プロジェクトグループは、こんな挑戦を受けておおいに慌てました。階層的ショットガン方式は、精度は高いのですが、世界のあちこちで分担して解読を進めていたので、セレラ社に先を越されかねませんでした。そこで公的プロジェクトグループのほうは、2000 年までに解読するように計画を前倒ししたのです。

　こうして、2000 年 6 月 26 日、公的プロジェクトグループとセレラ社はヒトゲノム概要配列の解読を終えたことを共同発表しました。この段階では「概要配列」でしたが、その後 2003 年 4 月に解読完了が宣言され、「完全配列」が発表されました。「概要配列」というのは、99.9％までは正確なのですが、まだ繰り返し配列など完全には正確といえない部分があるもので、「完全配列」というのは、99.99％まで精度を上げて解読したものです。

**くま**「いやあ、カタカナの多いドラマだね。ところで、いったい誰の DNA が読まれたの？」

**先生**「ヒトゲノム計画で読まれた DNA は、特定の誰かのものではないんだ。何

人かからのボランティアの人からもらった血液などを材料にしたんだ。つまりこの段階では、ヒトなら誰のでもよかったんだね」
**くま**「え、そうなの？」
**先生**「ヒトどうしなら、DNAの配列は99.9％共通で、1000個に1個しか違わないんだよ」

## 遺伝子をほかの生物と比べる〜ヒトゲノムの特徴①

ヒトゲノムの塩基配列が明らかになって、ほかの生物のゲノムと比較してみると、ヒトゲノムの特徴が明らかになってきました。それには意外なことがいっぱいありました。

### （1）ヒトの遺伝子の数は意外に少なかった

まず、ゲノムの中の遺伝子の数ですが、ほかの生物では、結核菌が4000、酵母菌が6000、線虫が19000、ショウジョウバエが13000ぐらいなどということがすでにわかっていました。ヒトは複雑で高度に発達しているし、全塩基数も30億対とショウジョウバエなどの30倍もあるので、おそらく10万〜15万個の遺伝子があるだろうと思われていました。ところが塩基配列が明らかになると、遺伝子数はなんと22000個ほどだということがわかりました。線虫と大して違わなかったのです。それどころか、ミジンコでは30000個以上、イネ植物でも30000個以上だったのですから。

### （2）ほかの種の生物の遺伝子と同じような遺伝子が見つかった

ほかの生物で遺伝子が見つかり、その働きまで解明されているとき、その遺伝子をヒトゲノムの中に探し求めるという方法がとられました。面白いことに、酵母や線虫やショウジョウバエにある遺伝子と相同の遺伝子（互いに塩基配列がかなり共通していて、元は同じだったと考えられる）が、ヒトでも多く見つかりました。しかも70％がヒトと共通していることなどが判明したのです。

## ゲノムは進化を語る〜ヒトゲノムの特徴②

ヒトゲノムは、最初の生命の誕生からヒトに至る進化の過程を、DNAのいろいろなところに保存しています。かつて働いていたけど今は働いていない、いわば化石遺伝子などもいっぱいあるといえます。しかも、ヒトゲ

ノムの約50%は遺伝子をつくらない単純な反復配列ですが、これもずっと昔には動き回っていた寄生性の遺伝子（トランスポゾン[*1]）の化石らしいのです。驚いたことに、エイズウイルス（HIV）のようなレトロウイルス[*2]が持ち込んだらしい部分も見つかっています。もしかしたら、ウイルスが哺乳類やヒトへの進化の過程で重要な役割を果たしていたのかもしれません。さらに、不思議なのは、細菌由来と思われる200〜300個の遺伝子も見つかっています。どうやら、細菌から直接脊椎動物のゲノムに移ってきたらしいのです。自然に遺伝子組換えが行われていたのですね。また、ヒトとチンパンジーのゲノムどうしの差はたったの1.23%とのことです。

*1 トランスポゾン：ゲノムの中の、ある位置から他の位置へ移動することのできるDNAの部分のこと。

*2 レトロウイルス：RNAの遺伝子をもち、宿主細胞に入ると、自らのRNAを逆転写酵素でDNAに変えて、宿主細胞の染色体のどこかに挿入し、潜伏する。

**くま**「ヒトゲノムは塩基数は多いのに、遺伝子数はそれほどではなかったんだね？」

**先生**「遺伝子は、たいていアミノ酸を指定する配列で、何らかのタンパク質の遺伝情報をもっているDNAの部分だから、塩基数でいうと、通常は千〜数千個の塩基配列からなっているんだよ。それがDNAの中にぽつんぽつんと離れて存在すると思えばいいんだ」

**くま**「でも、どうしてヒトの遺伝子の数は少ないんだろう。遺伝子の数はDNAの長さに比例するんじゃないの？」

**先生**「フグなどはDNAの長さはヒトの1/8ほどしかない。でも立派に生きているから、フグとヒトは遺伝子を比較すると、かなり共通するものが多いと思われる。つまり、フグは無駄なDNAの領域が少ないことになるね」

**くま**「ヒトはDNAの中に遺伝子の部分がぽつんぽつんと離れて存在するって、いってたね」

**先生**「さらにヒトの場合、DNAの遺伝子の部分の中でアミノ酸を指定する部分は約1.5%しかないんだ」

## 無駄は必要？ 〜ヒトゲノムの特徴③

ゲノムDNAのうち、遺伝子をつくっているのはヒトゲノムの約25%ですが（残りの約75%はノンコーディング領域）、遺伝子部分（コード領域）のDNAの中にもアミノ酸を指定しない部分（イントロン）が挿入されていて、アミノ酸を指定する部分（エキソン）は全体の1.5%ほどにしかすぎません（図2.4）。なんとヒトゲノムは無駄な部分が多いことか、驚かされますが、このことが、ヒトという複雑な生物をつくり上げるのに役立ったのかもしれません。

近年の研究では、遺伝子でない部分（ノンコーディング領域）からも、何千種という短いRNA（マイクロRNA）がつくられていて、それが遺伝子領域の転写や翻訳を調節していることもわかってきました。

また、線虫では1つの遺伝子の情報によって1つのタンパク質がつくられるのですが、ヒトでは1つの遺伝子からエキソンの組み合わせを変えることで何種類かのタンパク質がつくられる場合も多いようです（選択的スプライジング）。こうして、遺伝子の数は少なくても、つくることのできるタンパク質の種類は、それよりずっと多くなっているらしいのです。

## 遺伝子はどうやって見つけるのか？

### （1）犯人探し？

さて、DNAの塩基配列の中で、遺伝子の部分と遺伝子でない部分とは、どのようにして見分けているのでしょうか？

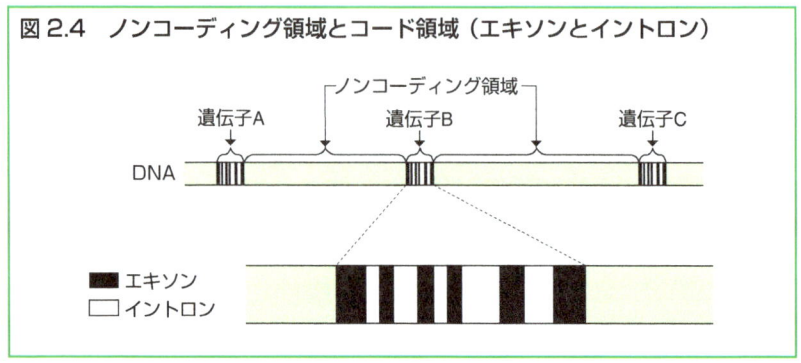

図2.4　ノンコーディング領域とコード領域（エキソンとイントロン）

実は、遺伝子にはほぼ決まった塩基配列のパターンがあります。たとえば、転写が始まる部分や、翻訳が開始される部分、転写が終わる部分などには、ほぼ決まった塩基配列のパターンが見られます。これを頼りに、コンピュータでゲノムの配列の中からそんな部分がないかを探すのです。泥棒を探すときに、手ぬぐいで覆面して、大きな袋をかついで、忍び足で歩く者を怪しいと思って疑うのと同じです（図2.5、今の時代はそんな泥棒はいないでしょうが）。

　そのほか、その細胞でつくられているmRNAをもとに相補的DNA（cDNAと書く）をつくって、それが結合するDNAの部分を探す方法もあります。いわゆるおとり捜査法のようなものです。仲間を泳がして、接触した人物を一味だと見なすのです。ただ、誤認逮捕もあります。偽遺伝子といって、遺伝子のようで遺伝子として働けないものがあるのです。それは、化石遺伝子と呼ばれるようなもので、突然変異で機能を失ったものが残っているのです。

　また、ほかの生物の既知の遺伝子を頼りに、似た部分がないか探す手もあります（p.22）。

### (2) ゲノムの解析が進んで、先に遺伝子が見つかるようになった

　ゲノム解析以前は、ある形質があると、それが関係する酵素などのタンパク質を明らかにし、その遺伝子を特定する方向に研究が進められることが多かったのですが、ゲノム解読が進むと、まず遺伝子が見つかり、この遺伝子がつくるタンパク質のアミノ酸配列がわかり、いったいそれはどんな働きをしている（意味をもつ）のだろうかと探っていく逆向きの研究が

図2.5　遺伝子を探す方法

いかにも怪しいDNAの塩基配列に目をつけて、遺伝子を探す。

行われるようになりました。

**くま**　「なんか、ちょっと雲の上の話って感じだねえ。とにかく、ヒトゲノムを解析して、塩基の配列もわかって、遺伝子もわかってきたということで、今日はこのくらいにしようよ。頭がいっぱいだ。チョコをもらったときのリアクションも考えておきたいし」

**先生**　「？　そう。まあ、くま介がチョコをもらえるとは思えないが、今日はこの辺にしようか」

**くま**　「うん？　ちょっと待ってよ。同じDNAをヒトはもっているのに、どうしてイケメンでチョコをもらえる子と、そうでもない子の差が生まれるの？　さっきヒトゲノム解析のプロジェクトが使ったDNAはボランティアのもので、同じヒトなら0.1％の差しかないんだからいいんだって言っていたよね。ゲノムに差がないのに、どうしていろいろな人間ができるの？」

**先生**　「むずかしいところに、気づくもんだねえ」

## ゲノム0.1％の差

　人間として生きていくためには、人間として普通の特徴、つまり形質をもつために必要な遺伝子は不可欠です。ここが大部分です。しかし、私たち一人一人は固有の存在で、遺伝する特徴も違っていますから、遺伝子に違いがあることは間違いありません。ゲノムを比較すると、約0.1％の違いがあります。

　その0.1％の違いは、遺伝子としては普通に機能するけれど、実はそのDNAの一部に違いがある場合や、遺伝子をつくっていないDNA部分に個人差がある場合（頻度がもっと高い）などがあります。さらに、個人差の部分が遺伝子の働きの差になっても、生活上不利にならない個人差しか生み出さない場合もあります。たとえば、お酒に強い遺伝子がなかったとしても、お酒を飲まなければ問題はありません。

　ヒトゲノム解析が2003年に完了してから10年ほどの間に、どの染色体のどの位置に、どんな遺伝子があるかがわかり、かなり詳細な地図（ヒトゲノムマップ[*]）が描けるようになってきました。さらに、個人差を決めているいろいろな遺伝子がだんだんはっきりしてきました。そして、顔つき

を決める遺伝子、身長に影響する遺伝子、運動能力に関係する遺伝子、体質や性格や知能に関係する遺伝子などが次々とわかってきました。

　もちろん、病気に関係する遺伝子も明らかになってきました。病気と遺伝子の関係を明らかにして、病気の原因を探り、治療の手段を追究することは、中でも大きな目標になってきました。

　＊「ヒトゲノムマップ（一家に1枚ポスター、科学技術週間、文部科学省 http://stw.mext.go.jp/series.html」や京都大学大学院生命科学研究科・生命文化学研究室による「GENOME　MAP（ヒトゲノムマップ）http://www.lif.kyoto-u.ac.jp/genomemap/」で、概要を見ることができる。

**くま**「具体的な話になってきたね。今までは、暗号解きの話って感じだったけど。身長、イケメンかどうか、頭がいいかどうかの遺伝子がわかってきたなんて、すごいことだね。でも、ちょっと怖いよ。こうなると生まれる前に、どんな人間になるかもわかってしまうってことでしょ」

**先生**「といっても、環境や育ち方もかかわってくるから、全部遺伝で決まるというわけではない。努力しなくてよいというわけではないよ」

**くま**「病気と遺伝子の関係がわかってきて、治療法が進歩するならいいことだと思うけど、こんな子が生まれるなら産むのやーめた、となったりしない？」

**先生**「そうだ。そのあたりが大切なところなんだ。ゲノム解析でわかったことを、どう使うのか、どう利用できるのかは、しっかり考えなくてはいけない」

## ゲノム多型を医療にいかす

### （1）ゲノム多型

　先ほどお話しした約0.1％のゲノムの個人差を「ゲノム多型」とか「DNA多型」と呼んでいますが、それには3種類のものがあります。

　1つ目は特定部分の塩基配列の長さが違うというもので、数百から数千個の塩基が付け加わったり、脱落したりしているものです。

　2つ目は塩基の反復配列の反復数が違うというものです。いくつかの部分にこのような反復配列があり、その反復数は遺伝によって決まり、個人の識別に利用できます（DNA型鑑定）。

　3つ目は、「SNP（スニップ）マーカー」と呼ばれるものです。訳すれば

「1塩基変異多型」となります。DNAの中の限られた場所で、1000個の塩基当たり1個の割合で、かなり高い頻度（たとえば1％以上）で変化しているところがあります。単純計算では、30億の全塩基（対）のうち、目印（マーカー）になるものが300万個（対）あることになります。

> ### column　DNA型鑑定
>
> 　今では、DNA型鑑定が犯罪捜査、親子鑑定、考古学などにさかんに利用されるようになりました。犯罪現場に犯人のものと思われる血痕や精液の染みなどがあれば、それに含まれるDNAを何十万倍にも酵素で増幅して（PCR法、p.31）、鑑定を行うことができます。その方法の1つ、MCT118鑑定法というのは、第1染色体のMCT118と呼ばれる部分のGAAGACCACCGGAAAGという、16塩基の塩基配列（またはほぼ同じ配列）が反復している部分について反復回数を調べるものです（ミニサテライト法、図）。
>
> 　ヒトは、父親と母親から1組ずつ染色体を受け継ぎます。そのため、遺伝子をつくっていない特定の反復配列の部分の反復数も、両親から1つずつ受け継ぎます。父親の反復配列数が18と38で、母親が25と31とすると、子どもは18－25、18－31、25－38、31－38の4通りのうちのどれかで、それ以外にはありません。もし、他の反復数（例えば21－31）ならば、父親の本当の子どもではなく、別の男性（たとえば21－35）との間の子どもということになってしまいます。
>
> 　ただ、血痕などが古くなると、切断されてしまいますから、MCT118のような長い反復配列は使えなくなります。そのため、現在（2014年）では、数塩基の短い反復配列（マイクロサテライト）を調べる方法が用いられるようになりました（図）。そのためにはいくつものマイクロサテライトを組合わせて調べ、精度を高くしています。現在、わが国の警察が行っているDNA型鑑定では、日本人に最も多く見られる型の組合わせで、約4兆7千億人に1人という確率で個人識別が可能となっています。
>
> 　それでも、他人のものと一致する確率がごくわずかですがないわけではありませんから、DNA型鑑定法は絶対（100％間違いなし）とは考えず、慎重に結論を下さなくてはならないのです。

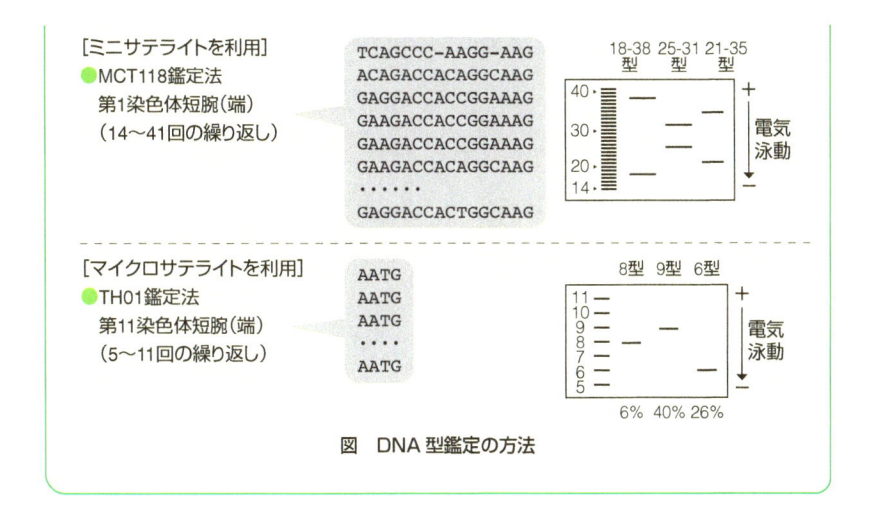

**[ミニサテライトを利用]**
● MCT118鑑定法
　第1染色体短腕（端）
　（14〜41回の繰り返し）

```
TCAGCCC-AAGG-AAG
ACAGACCACAGGCAAG
GAGGACCACCGGAAAG
GAAGACCACCGGAAAG
GAAGACCACCGGAAAG
GAAGACCACAGGCAAG
･････
GAGGACCACTGGCAAG
```

18-38　25-31　21-35
　型　　　型　　　型

**[マイクロサテライトを利用]**
● TH01鑑定法
　第11染色体短腕（端）
　（5〜11回の繰り返し）

```
AATG
AATG
AATG
‥‥
AATG
```

8型　9型　6型

電気泳動

6%　40%　26%

**図　DNA型鑑定の方法**

**先生**「帝政ロシア最後の皇帝ニコライ二世のDNA型鑑定の話は知っているかい？　この皇帝は、ロシア革命で皇帝の地位を追われ、最後は銃殺されたといわれていたんだけど、決定的な証拠がなかった。そこで、それらしき遺体が埋葬場所から掘り出されて本人かどうかDNA型鑑定が行われたんだ」

ニコライ二世（1868-1918）

**くま**「本人かどうかって、本人のDNAのデータが元々あったの？」

**先生**「確かに、遺体だけ調べても、比べるデータがなければ本人かどうかわからないよね。ところが、1891年、ニコライ二世はまだ皇太子だったんだけど、日本を訪れたとき、暴漢に切りつけられたんだ。その際応急処置がなされたときの血染めのハンカチが残っていた。その血痕のDNAと遺体のDNAの型とが一致したので、その遺体は間違いなくニコライ二世のものだとわかったという話だ」

**くま**「そうか、現場に血や毛髪や精液などを残すと、あとで証拠になるんだ」

**先生**「そうそう、最近はDNA型鑑定は犯罪捜査の武器になっているよ」

## (2) SNPとオーダーメイド医療

　SNPは、世界中の人々を系統的にグループ分けするのに大変便利な目印になります。いろいろな多数の目印について調べていけば、似ている度合いがわかり、共通性の高いグループは遺伝的に近い親戚関係であると考えられます。そうすると、そのグループが同じような遺伝病の遺伝子をもっていたり、同じような病気に罹りやすい体質をもっていたり、特定の薬に同じような反応をする可能性があると考えることができます。もっと研究が進めば、このSNPを利用したグループ分けを用いることで、その人のからだの特性をあらかじめ予測することができ、的確な予防方針や治療方針が立てられることになります。こうして、個人別に効果のある治療法や薬剤を用いることができるようになる可能性が開けるのです。これを「オーダーメイド（注文製）」の医療とか、「テーラーメイド（個人仕立て）」の医療と呼んでいます（図2.6）。

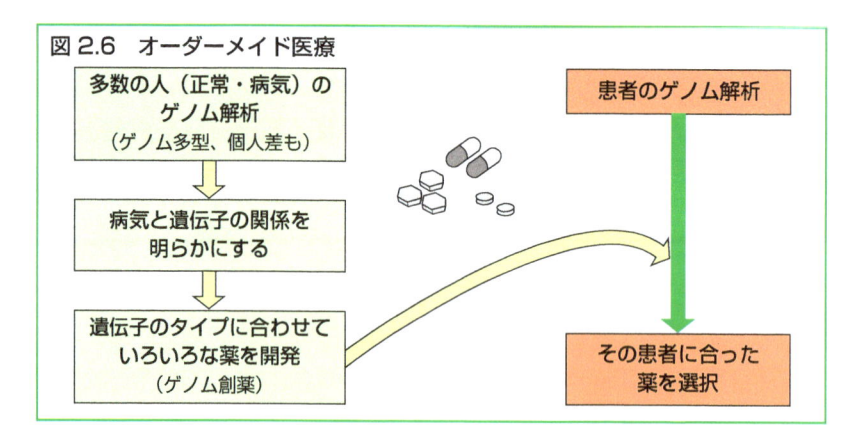

図2.6　オーダーメイド医療

多数の人（正常・病気）のゲノム解析
（ゲノム多型、個人差も）
↓
病気と遺伝子の関係を明らかにする
↓
遺伝子のタイプに合わせていろいろな薬を開発
（ゲノム創薬）

患者のゲノム解析
↓
その患者に合った薬を選択

### column　オーダーメイド医療の実現プログラム

　2003年に文部科学省主導で「オーダーメイド医療実現化プロジェクト」が始まりました。まず、第1期、第2期として、東京大学医科学研究所や理化学研究所は、提供に同意した47疾患、約20万人の患者の血液からＤＮＡを解析し、遺伝情報と病気との関係、使った薬の効果や副作用の有無といった情報をデータベース化してきました。

> 2013年からは第3期として、さらに認知症やうつ病など対象となる病気を加え、今後5年間で10万人分のデータを収集していくとともに、第1期、2期での研究成果をもとに臨床研究を進めていく模様です（http://www.biobankjp.org/）。
>
> こうして、個人個人のDNAをもとに、予防医療や対策を考えたり、個人の体質に合った効果的な薬を作ったりして、完全にその人だけの医療を行うことが可能になっていくと思われます。ただ、問題点として、特許が独占されることで医療費が高額となり、オーダーメイド医療の恩恵を受ける機会に差別ができることが考えられます。そのようなことにならないことが望まれます。

## 遺伝子診断をするか、しないか

遺伝子診断の内容をもう少し詳しくお話しします。
### (1) 病気になりやすい体質かどうかを調べる

近年になって、数百種という遺伝病の遺伝子の有無を、DNAマイクロアレイ（DNAチップ）と呼ばれるものでいっぺんに調べることができるようになりました。これは、あらかじめ塩基配列の明らかな1本鎖のDNA断片（プローブ）を多種、スライドガラスのような基板上に配置したもので、これに検体を反応させると、検体のDNA配列と相補的な塩基配列をもつプローブにのみ検体のDNA鎖が結合します。そして、結合位置を蛍光や電流によって検出し、検体に含まれるDNA配列を知ることができるのです。検体すなわち調べるDNAは、血液の白血球や毛髪の根元にある毛根細胞、頬の内側の粘膜細胞から採取します。そのDNAをPCR法*で増幅して、DNAマイクロアレイで遺伝子診断するのです。

ただ、多くの遺伝子について遺伝子診断を行うのは、多額のコストがかかりますので、実際には、症状に応じて、どの遺伝子に異常があるかを推測したうえで、特定の1個ないし数個の遺伝子のみについての分析が行われています。

\* PCR法：耐熱性の複製酵素を用い、自動的に温度を切り替えることで、少量のDNAをもとに短時間に何百万倍にもDNAを増やす方法。詳しくは拙著『好きになる生物学 第2版』を参照。

31

こうして1個の遺伝子だけで決まる病気（単一遺伝子疾患）だけでなく、多数の遺伝子で決まるもの（多因子疾患、p.12 図1.4）、環境次第では遺伝病になりやすい体質の遺伝子などについても診断ができるようになってきました。

(2) 胎児への出生前診断
　そして、生まれてきてからではなく、胎児の段階で調べる出生前診断も可能です。羊水診断（妊娠15週から）や絨毛診断（妊娠10週頃から）などがありますが、最近は受精卵診断（着床前診断）といって数細胞段階の1個の細胞を取り出して調べることも可能になってきています。早い時期に診断するほうが、遺伝病遺伝子をもつという理由で人工中絶を選択する際に、抵抗感が少ない、というのが、出生前診断の時期を早める動機になっているようです。

## 遺伝子情報が明らかになったとき

(1) 胎児に対して
　遺伝病の遺伝子が見つかったとき、まず第一に、生まれてきた命を人工中絶させてよいかどうかという倫理的問題があります。そして、そのほかにも考えなくてはいけない深刻な問題も伴っています。以下にあげてみます。

- 重い遺伝病をもっている人は、生きる権利がないのでしょうか？
- 診断を受けて、重い遺伝病をもった胎児を産む人が減れば、そのような遺伝病の子どもは減ることになり、それが逆にその子どもたちへの差別を強めることになるのではないでしょうか？
- そのような病気をもつ人が少なくなることで、治療技術が低下するのではないでしょうか？
- 治療法のない遺伝病の遺伝子をもつかどうかを発病前に診断することに、どういうプラスの意義があるのでしょうか？
- 劣性遺伝病の遺伝子の保因者（キャリア）であることがわかれば、病気の子どもが生まれる可能性のある、保因者どうしの結婚*が避けられるといいますが、そこまで調べる必要があるのでしょうか？

**図 2.7　遺伝子の情報が明らかになると**

- 生命保険への加入を拒否されるかも…
- 病気の遺伝子がわかっても治療法が見つからなかったらどうすればいいの？
- 入学試験や就職試験が不利になるかも…
- 結婚を反対されるかも…

　技術の進歩は光だけをもたらすのではありません。いつもその陰についても、十分考えなければなりません。

　　＊　保因者（キャリア）どうしの結婚：キャリアは遺伝子をヘテロにもっているが、キャリアどうしが子どもをつくると、遺伝子をホモにもった子ども（病気の子ども）が生まれることになる。

## (2) 情報の秘密は守られるのか

　さらに、遺伝子診断の結果、個人的な遺伝子情報が漏れ出て、生命保険、結婚、就職、入学などで差別が起こる恐れは十分考えておかなくてはいけないと思います（図 2.7）。そして、誰でも普通、数個の異常遺伝子をもっています。子どもをもてば遺伝病をもつ子が生まれる可能性が一定の確率であるのです。したがって、遺伝病の人はその確率を「引き受けてくれている」ともいえるのであって、だから、みんなで社会的に支えていかなくてはいけないのだと考えるべきではないかと、僕は思います。

**くま**「入社時の健康診断で、本人に内緒でエイズ検査をしていた企業があったらしいね」

**先生**「そうなんだ。遺伝子についても勝手に遺伝子診断がされているようなことにならないように、警戒心をもっていなければならないし、また社会としてそのようなことを許さないのも大切だ。だから、遺伝子のことをちゃんと知っておくことは、現代人の教養として必要なんだね」

## column　遺伝子検査はいいことか？

　2013年、女優のアンジェリーナ・ジョリー（僕もファンなのですが）が乳がんのリスクを抑えるために、乳房切除手術をしたというニュースが話題になりました。その決断をさせたのは遺伝子診断で、今は病気診断だけが目的でなくなり、DNA型鑑定まで含めて、「遺伝子検査」といわれるようになってきました。

　医療におけるダウン症診断やがん治療のための遺伝子診断は日本でも行われていますが、最近は、インターネットで簡単にいろいろな遺伝子検査が数千円から数万円で申し込めるようになってきました。生活習慣病などの遺伝子だけでなく、ダイエットのために肥満関連遺伝子、美容のために肌の性質の遺伝子、子どもの将来を知るために身体能力や学習能力や感性などの遺伝子の検査を申し込めるということです。遺伝子のタイプによって、ダイエット方法や美容の方法を選べるとか、子どもや孫が生まれたときに検査すれば、将来どのような道に進むのがいいか、どの程度まで行けるかが予測できるというのが謳い文句なのでしょう。

　申し込むと検査キットが郵送されてきて、口腔粘膜を綿棒でこすり取って、それを送り返すだけで、数週間後には結果が送られてきます。

　ただ、僕は大いに心配しています。その検査がどれだけ正確か、どれだけ根拠があるか、その結果を正しく受け止められるかが不安なのです。検査資料の取り違えとか記録の間違いなども起こりえますし、その結果に基づいて推奨されている薬や対処法も怪しいものがありそうですし、学習能力や運動能力などは努力練習が大いに影響するのに、結果を信じてあきらめてしまうなどが起こりそうだからです。

　検査するのは個人の自由ではありますが、検査結果に振り回されて、よくない影響を受けてしまうことのないように、注意してほしいものです。

## 遺伝子治療って、どんな治療？

　遺伝子治療には大きく分けて、①機能を失った遺伝子があれば、正常な遺伝子を補充するというもの、②がんの遺伝子治療のように、がん細胞を

攻撃するために、遺伝子を利用するものがあります。これから、おもに①について詳しく説明します。

## (1) 運び屋が正常な遺伝子を組み込む

単一遺伝子疾患（病）とは、ある原因遺伝子がうまく機能しないために起こる病気です（p.12 図1.4）。そこで、原因遺伝子の代わりに正常遺伝子を組み込んで働かせることで、病気を治療しようというのが遺伝子治療です。実際には、ある種のレトロウイルス（p.23）をベクター（運び屋）にして、正常遺伝子を細胞の染色体のどこかに組み込むのです。もちろん、ウイルスの病原性を取り去ったものを組み込むのですが、病原性を復活することがまったくないかどうかが心配な点の1つです。

## (2) 遺伝子治療の実例

遺伝子治療は1990年にアメリカのアンダーソン博士らが行ったのが最初で、それ以来現在（2003年）までに世界で数千例が実施されています。日本では、1995年に北海道大学で実施されたのが最初で、ADA欠損症の幼児の治療に用いられました。ADAというのはアデノシンデアミナーゼという酵素の略で、患者は、*ADA*遺伝子が異常でこの酵素が合成されず、免疫が弱くなります。そこで遺伝子治療としては、実際には、患者の血液から白血球を取り出し、それに正常の*ADA*遺伝子をもたせたレトロウイルスを感染させ、遺伝子が組み込まれた白血球を培養した後、患者体内に戻すのです（図2.8）。

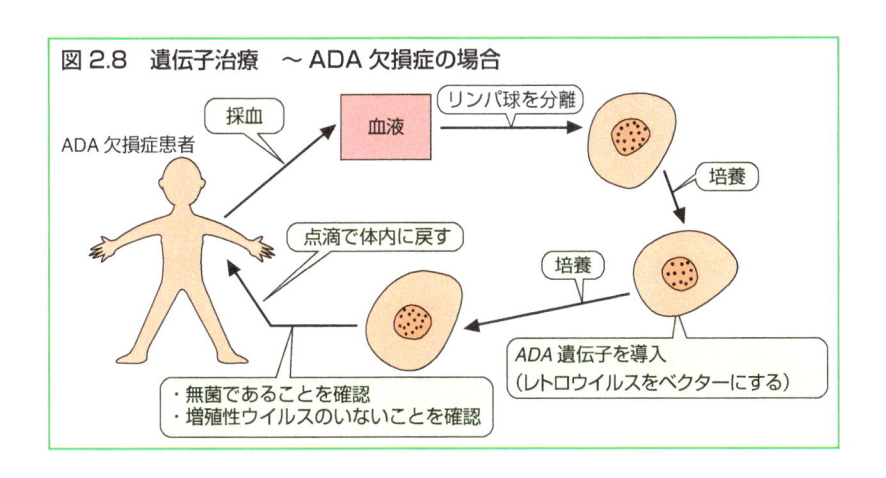

図2.8　遺伝子治療　〜ADA欠損症の場合

最近は、がん患者に遺伝子治療が施されるようになりました。その一例をあげますと、ある種のがん抑制遺伝子をアデノウイルスベクター*の遺伝子に組み込み、それをがん患者に投与するものです。このがん抑制遺伝子は正常な細胞では普通に発現しているのですが、種々のがん細胞ではその発現が低下しています。それで、このような遺伝子治療を行い、からだの中のがん細胞でこの遺伝子を強制的に発現させると、がん細胞が選択的にアポトーシス（自滅）を起こし、さらにがんに対するからだの免疫が高まるというものです。

> *アデノウイルスベクター：アデノウイルスはヒトに感染して風邪の症状を引き起こすウイルスで、2本鎖DNAを遺伝子としてもつ。感染に関係する遺伝子は保持しながら、風邪症状を起こす遺伝子を除去し、そこに目的の遺伝子を挿入して、遺伝子の運び屋として利用できるように改変したのが、アデノウイルスベクターである。

### (3) 遺伝子治療の問題点

　遺伝子治療で顕著な効果が得られたという報告も数多く、国内でも続々と遺伝子治療が行われだしたのですが、2002年に、海外で遺伝子治療の副作用で白血病に罹ったという例が報告され、遺伝子治療は世界的により慎重に行われるようになっています。

　問題は、現在の技術では外来遺伝子を染色体の決まった位置に挿入することができないことで、この白血病を発症したケースは運悪くがん原遺伝子付近に外来遺伝子が入って、これを活性化してしまったのではないかと考えられています。最近は、ベクターを改良し、挿入される位置を限定しようとしています。遺伝子治療はまだまだ実験的な医療で、慎重のうえにも慎重に進められなければならないと、僕は思います。

**くま**「うーむ。今日はまじめな話で疲れた。長かったね。疲れたときには、甘いものを食べるといいんだ」
**先生**「明日、バレンタインチョコをもらうから、くま介にもいくつかあげるよ」
**くま**「人のおこぼれはいりません。ぼくは自力でもらいます」

　くま介はキッチンに戻って、娘の作ったチョコレートケーキを見つめていた。

## 3月 March

卒業式

# 男と女の違いを考える

3月●卒業式

くま介が、散歩から戻ってくるなり駆け寄ってきた。

**くま**「大変だ。若い女の人が、いにしえに戻ってしまった。袴(はかま)をはいているよ」
**先生**「袴？　ああ、心配ないよ。卒業式だからだろう」
**くま**「でも、女の人だけだよ。男の人は、袴じゃなくて、スーツだった」
**先生**「そういうものなんだよ。まあ、一般的に、女の人は色とりどりの服で着飾るのだけど、男は黒だの紺だの灰色だの落ち着いた色で貫禄をだすのかな」
**くま**「ふうん。でも、それって赤ちゃんのときに、女の赤ちゃんには、ピンクの洋服を着せて、男の赤ちゃんにはブルーの洋服を親が着せているから、好みの差が生まれてくるんじゃないの？　親が無理やり仕込んでいるんだ」
**先生**「そこは難しい問題なんだよ。でも、生物学的には、生まれつき決まる部分が多いことがわかってきたといってよいだろう。では、今日はそのあたりを話そう」
**くま**「よし、街に繰り出して実地見聞といこう。何事も足で調べなきゃね。ついでに花見もしようよ。桜が咲き始めたよ」

## 男と女の違いが生まれる理由

### (1) 性染色体の組み合わせが男女を決める

　女に生まれていたら、男に生まれていたらどんな人生になっていただろうと思うときがありませんか？　男が女に、女が男に生まれ変わることは、絶対にできない相談なのでしょうか。実際、自分自身が生物学的に生まれ変わるのは無理です。しかし、自分のクローン人間（p.66 参照）をつくることができるとしたら？　女か男かを選ぶことができるのでしょうか。いいえ、残念ながら男は男、女は女のクローン人間になってしまいます。

先生が女だったら……

　ヒトの体細胞には、44 本の常染色体と 2 本の性染色体の、計 46 本の染色体があります。2 本の性染色体の組み合わせで、男、女が決まります。女性は X 染色体 2 本（XX）をもち、男性は X 染色体と Y 染色体の 1 本ずつの組み合わせ（XY）をもちます（図 3.1）。

　減数分裂で染色体数が半分になって、卵子や精子ができます。性染色体

図 3.1　常染色体と性染色体

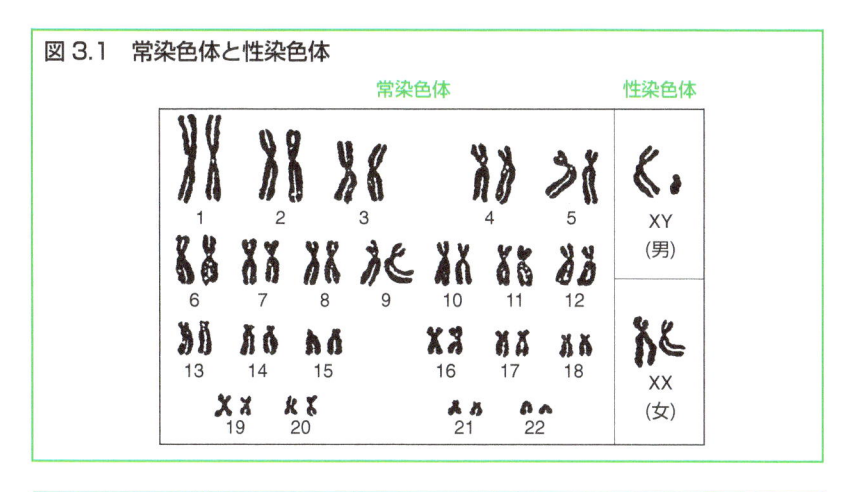

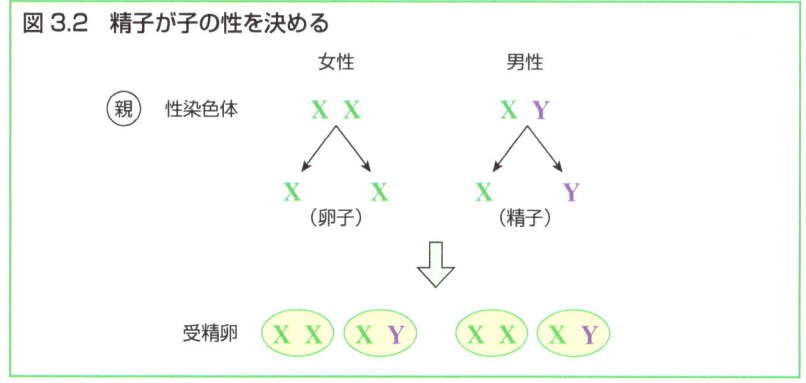

図 3.2　精子が子の性を決める

については卵子は X 染色体をもつものだけが生じ、精子は X 染色体をもつものと Y 染色体をもつものが半分ずつ生じます。そしてそのどちらが卵と受精するかで、受精卵が XX になるか、XY になるかが決まるのです（図 3.2）。つまり、子の性を決めているのは精子なのです。

**くま**「わかった。X や Y 染色体の上には、魔法使い的な遺伝子がいるんだ。X 染色体の魔法使いが『みなの衆、女となるべく働くのじゃ』と他の遺伝子たちに命令すると、そのからだは女になり、Y 染色体の魔法使いが『男になるように働け』と他の遺伝子たちに命令すると、男になるんだよ。きっと」
**先生**「魔法使いねえ。それで、X の魔法使いと Y の魔法使いでは Y のほうが強いから、XY では男になると、くま介は考えるのか？」

3月●卒業式

**くま**「……。くま介は考えるのです」
**先生**「違うな。魔法使いはYにしかいないのだよ」

### (2) 男になる秘密はY染色体にある

　ほぼ同じ遺伝子をもつのに、なぜXX染色体をもつと女になり、XY染色体をもつと男になるのか、そのストーリーもかなりわかってきました。

　まず、引き金を引いているのは、Y染色体にある*SRY*遺伝子（雄性決定遺伝子）と呼ばれる、マスターキーのような遺伝子であることがわかってきています（「マスターキー」、そう、どの部屋の鍵でも開けられる鍵です（この場合はいくつかの部屋ですが）。ホテルの従業員は持っていて、緊急のときや、必要なときは、マスターキーを使って、部屋に入ります）。さて、この*SRY*遺伝子がないときには、いろいろな遺伝子が女性になるように働くのですが（ですからヒトは女性が基本型です）、*SRY*遺伝子があると、男性化に必要な遺伝子が活性化し、また、ある遺伝子は反対に鍵が閉められて、男性になっていくのです（図3.3①）。その結果、生殖腺原基

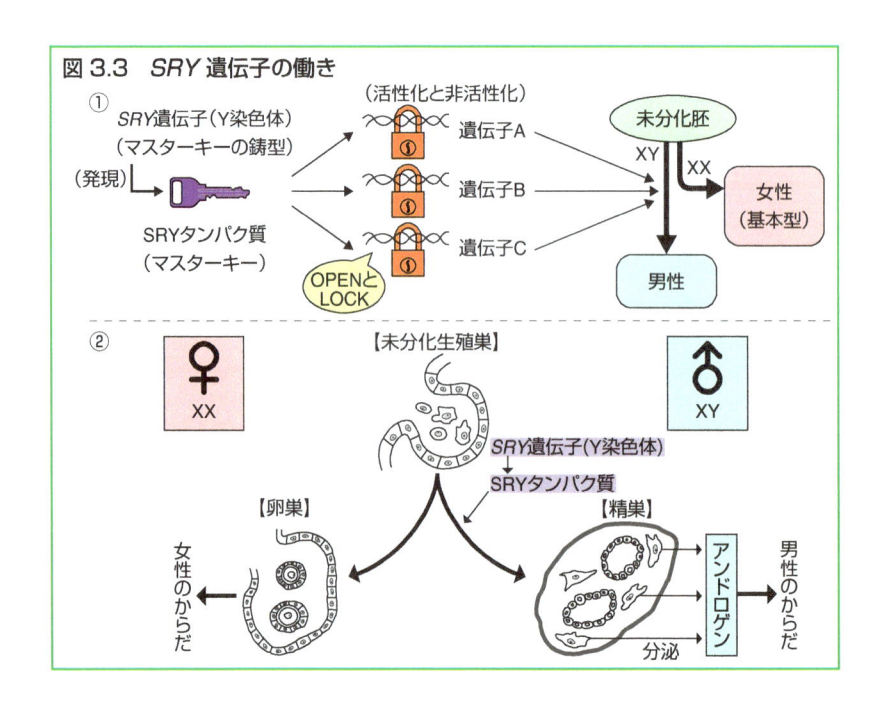

図3.3　*SRY*遺伝子の働き

40

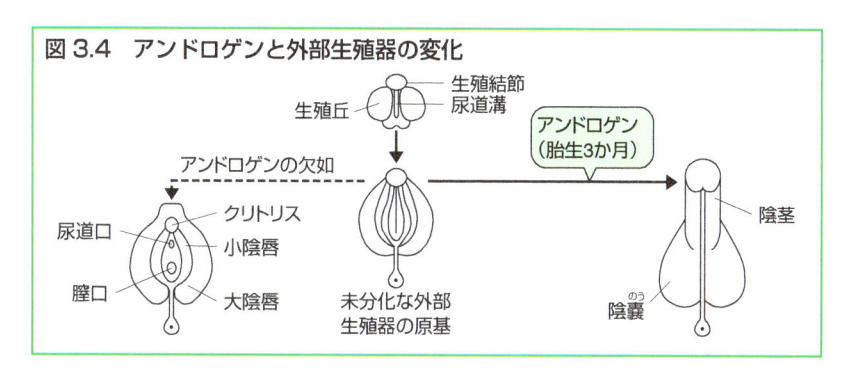

図 3.4 アンドロゲンと外部生殖器の変化

（図中ラベル：生殖丘、生殖結節、尿道溝、アンドロゲン（胎生3か月）、アンドロゲンの欠如、尿道口、クリトリス、小陰唇、膣口、大陰唇、未分化な外部生殖器の原基、陰茎、陰嚢）

が精巣へ分化します（卵巣はできません。図3.3②）。精巣ができてくると、アンドロゲン（男性ホルモン）が分泌されるようになり、今度はこのホルモンの作用で、外部生殖器なども男性のものに変化していきます（図3.4）。脳も男性の特徴をもつものに変えられるのです。このアンドロゲンの影響を受けることを「アンドロゲンシャワーを浴びる」と表現します。さらに、成長過程、特に思春期に、性ホルモンが強く働き、男女で異なる特徴（第二次性徴）がはっきりしていくのです。

### （3）遺伝子だけが男女差を生み出しているのではない

　男女差と思われるものすべてが、遺伝子だけによって決められているわけではありません。遺伝子が発現してから、男女の違いがはっきり表れるまでには、いくつものステップがあり、それぞれの段階が何かの影響でうまく進行しなければ、男女の分化が不完全ということも起こるのです。それに男女差といっても、男性でも、女性でも、どんな能力や特徴をとっても大きな個人差があります。また、生まれつきの性質のうえに、胎内環境、出生後の環境、社会的・文化的影響が加わって現実の能力や特徴が形成されていきますから、注意して理解しなければなりません。

　川岸の桜は6分咲きだったが、花見客であふれていた。
**くま**「すごい人だね。桜を見ているのか、人を見ているのかわからないよ」
**先生**「くま介はヒトを見に来たんだから、それでいいんだろ」
**くま**「男どうしで花見なんて、ぼくと先生だけじゃない？　あとはカップルかグループだよ。やっぱり男女混ざったグループがいいなあ」

**先生**「文句をいわないの。さて、ここでくま介に質問だ。男と女は異なる生殖器をもつし、骨格的にも、ホルモンの分泌も違っている。いったいこの違いにはどんな意味があるのだろうか。ただの神様のきまぐれの結果かな」

**くま**「それは、子どもをつくるためでしょう。男どうし、女どうしからは子どもが生まれない」

**先生**「ヒトやクマはそうかもしれないが、男と女に分かれないで子どもをつくる生物もいるんだ。このことはどう説明する？ もっと視野を広げたまえ」

**くま**「視野をって……、ヒトが多くて前がよく見えないんだよ」

## なぜ性があるか

### (1) 性がなくても、子孫は残せる

　動物のなかには、ミミズやカタツムリのように雌雄同体のもの（雌と雄が同じからだのもの）があります。また、成長段階や環境で性転換するものもあります。

　人間はどうして雌雄同体ではなかったのでしょうか。そのほうが差別が生じなくてよかったと、フェミニストの人は言うかもしれません。しかし、僕には何とも味気ない世界になるように思います。女性がいると男性だけのときとは違って緊張しますし、会議なども雰囲気が変わるような気がします。女性の発想には、男では思いつかない斬新さがあると感心することもあります。仕事をやる意欲も両性がいたほうが高まるように思います。

　雌雄同体でも、卵子と精子という生殖細胞の合体で子どもをつくる有性生殖であるのは同じです。しかし、自然界には、分裂や出芽や胞子による生殖など、卵と精子によらない生殖である無性生殖やアブラムシのように雌だけによって子どもをつくる単為生殖も見られます。クローンによる生殖は人工単為生殖であるともいえるのです。無性生殖や単為生殖だけではどうしていけないのでしょうか。

**くま**「ちょっと待ってぇ。無性生殖とか単為生殖って、どうも聞きなれない」

**先生**「卵細胞は雌細胞、精子は雄細胞といえるだろう？ このような性が関係ない生殖だから、『無性』生殖というんだ。そして単為とは『ひとりで為す』という意味だ。つまり、雌、すなわち卵だけで行う生殖だ」

**くま**「なんで、雌だけなの？　雄だけで行う生殖はないの？」
**先生**「雄の生殖細胞、つまり精子は小さくて泳ぐだけの栄養しかないから、発生できないんだよ。まあ、細胞質を卵細胞からもらえば、いけるかもしれないがね」

## (2) 赤の女王仮説

　さて、進化した生物が有性生殖を行う理由は、実ははっきりしていませんが、僕のお気に入りの仮説は「赤の女王仮説」です。この仮説の名前はルイス・キャロル作の『鏡の国のアリス』に出てくる「赤の女王」からとられています。鏡の国のアリスは、チェスの世界にアリスが迷い込んでいく話ですが、そこで赤の女王はなぜか走り続けています。「なぜ走っているの？」とアリスが聞くと「同じところに留まるには、一生懸命走り続けなくてはならない」と言うのです。周囲が動いているために、その場に留まるためには、走り続けなくてはいけないということなのです。

　これを適応・進化に置き換えてみましょう。自分のDNAを残していくためには、有性生殖でほかの個体のDNAと混ぜ合わせて、少しずつ子どもの形質を変化させていかないと（つまり走り続けないと）、ウイルスや細菌などにやられて、自然選択に負けて、続かないということになります。

　無性生殖や単為生殖は個体の数を短時間に増やすのには適しているのですが、子の遺伝子が変わりません。だから、そのクローン（遺伝子が同じ子孫）の天敵のようなウイルスが感染すると、全滅しかねないですよね。無性生殖で増やしているジャガイモなどはウイルスによって大被害を受けたことが過去にありますから、なるほどと思います。

　性、すなわち雄と雌の関係は、同じ遺伝子をもつものどうしの交配が起こらないようにということで、まずは生殖細胞（配偶子）のレベルでできたと考えられるのです。他の遺伝的タイプの細胞となら接合するということから始まった。きっと、最初はいくつもタイプがあった。それが雄と雌の2つに収斂したのでしょう。そして、雌の細胞（卵子）をつくる個体

（雌個体）と雄の細胞（精子）をつくる個体（雄個体）の区別ができて、自分の遺伝子を何とか残そう（健全な異性個体を見つけ、健全な性質をもつ子どもをたくさんつくろう）と行動することで、ウイルスなどにやられないで、何世代も続くことができたと考えられるのです。

**屋台おやじ**「よ、そこの人、お酒どう？　熱燗あるよ。おでんも。ついでにクマもいるんだな、これが」

**先生**「おい、くま介。何しているんだ、酒なんか飲んで。僕の話も聞かずにこんなところで」

**くま**「おでんのジャガイモって、つゆが染みてておいしいねえ。人間文化を学ぶ者としては、何事も体験体験。ふふふ、先生もまあ一杯どうぞ。まあ、飲みュニケーションとでもいきましょう」

**先生**「そんなおやじ言葉、僕でも使わないぞ。一杯だけだぞ」

**くま**「さっきのお話ですが、DNAを混ぜれば必ずよくなるというものでしょうか。犬や猫は血統書付きの純血がいいとかいいますよね」

**屋台おやじ**「確かにお酒に、からしとかソースとか混ぜたらうまくないですぜ。何も入れないのが一番さ」

**先生**「それはたとえが悪いな。スコッチウイスキーに純粋なシングルモルトというのもあるけど、大抵はいくつかをブレンドして有名なスコッチがつくられているんだよ。その混ぜ具合が命なんだ」

**くま**「有性生殖はブレンドすることか。なるほど、すこっちわかった。ふふふ」

## ゲノムの戦略〜どのようなブレンドを望んでいるか

### （1）自分のゲノムを永遠に残したい

　R.ドーキンス博士の「生物＝生存機械説」に基づいて考えてみましょう。生物にとっては「持続可能」が目標です。生物個体はゲノム（DNA）の情報に基づいてつくられるのですが、そのゲノムが存続するためには、どうしたらよいでしょうか。

　まず自分（ゲノム）の乗り物であるからだを、できるだけ競争能力の高いものにすることですね。そして、できるだけ多くの子どもをつくらせることです。でも、そのためには、他の乗り物のゲノムと混ぜ合わせて、少

し違う組み合わせにしなければ、敵にやられてしまいます。また、1個体つくっても自分のゲノムは半分しか伝わりませんから、できるだけ多くの子どもをつくらないといけないことになります。そのためには、配偶者として、確実に自分のゲノムを受け継いだ子どもを育てる能力のある個体、そしてその子どもも競争能力が高くなるゲノムをもつ個体を選ばないといけませんね。

### （2）雄の戦略と雌の戦略は違っている

　哺乳類で考えれば、雄はどんな雌を選ぶでしょうか。できるだけ健康で、生殖能力が高く、子どもをよく保護し、育てると思われる雌を選ぶでしょう。雌のほうは、ほかの雄よりも力が強く、餌を獲る能力に秀でていて、餌をどんどん運んできてくれて、自分と子どもを敵から守ってくれる雄を選ぶでしょう。雄の数は雌の数より少なくてよい（何匹もの雌と交尾すれば）ですから、雄どうしの雌を獲得するための競争は激烈になります。結果として、上にあげたような特徴を現すゲノムをもつ雄が選ばれて、雌と交配して子どもを残すので、雄は雌よりもからだが大きくなり、攻撃的になり、動きが俊敏で、餌を探す能力がより優れ、交尾前には（！）雌に対してサービスするようになることでしょう。一方、雌のほうは、より子育て能力が高いということを示す容姿をもつようになり、雄がサービスしたくなるような魅力を備えるようになるでしょう。

**くま**　「ぼくは、お尻がむっちりした子が好きだけど、それもゲノムの戦略なのかな。そんなつもりはないけど。ヒクッ」

**先生**　「そういうことになる。安産型だからね」

**くま**　「先生も奥さんと、ゲノムの戦略に基づいて結婚して、そしてお嬢さんが生まれたというわけだ。ヒクッ」

**先生**　「うーん、本人が意識して行動するわけではないんだよ。無意識にそうなっているという話だよ。それに人間社会はゲノムの戦略に反することを決めたりしているから、複雑なんだ。短絡的に考えてはいけない」

**くま**　「ややこしやぁ、ややこしやぁ。おやじ、もう一杯」

**先生**　「だめ、長居は不要。続きは歩きながら」

## 人間もゲノムの戦略のもとに行動している？

　とりあえず、話を短絡させてしまいますが、人間の男性が女性より身長が高く、筋骨質で、闘争やスポーツに関心が強く、空間認識能力が高いといわれるのも、このゲノムの戦略と考えられます。先ほど「哺乳類の雌は、ほかの雄よりも力が強く、餌を獲る能力に秀でていて、餌をどんどん運んできてくれて、自分と子どもを敵から守ってくれる雄を選ぶ」という話をしましたが、人間の女性が男性を選ぶ基準も同じだと考えられるのです。

　乳房が大きい女性、グラマーな女性に男性が憧れるのも、それが女性の性成熟と生殖能力の高さを示しているからといえるでしょう。美女がもてはやされるのも、顔やプロポーションの美しさは健康（遺伝子的にも）の証であり、お腹の中で子どもを確実に育ててくれること、産まれた子どもも遺伝で美人になり、またもてて、自分のゲノムを残してくれるから、とも考えられるのです。

　女性がイケメンの男性（美男子）に憧れるのも、彼との間に生まれた子どもがまたイケメンになって、女性にもてて、自分のゲノムをばらまいて（？）くれるからということかもしれません。いや、ゲノムがそうさせているのですよ。

---

### column　男性の浮気は DNA のせい？

　男性は結婚していても他の女性に興味を示し、場合によっては浮気しがちのようです。一方、結婚した女性はそれほど目移りすることはなく、男性の浮気には厳格です。これも、できるだけ多く自分のゲノムを残したい男性と、男性を自分のために奉仕させて確実に自分のゲノムをもつ子どもを育てたい女性の戦略の違いからきていると思われます。

　さて、こういうことを書くと、浮気を肯定しようという、男の都合のよい弁解と聞こえるかもしれませんが、自然選択を生き抜いて存続してきたゲノムにはそのような戦略が書き込まれているのは間違いなさそうです。ただ、人間は、大脳新皮質が非常に発達して、社会的・文化的な制約を重視し、遺伝子の支配、すなわち本能的欲求を抑制したり、修飾したりする

ようになりました。だから、人間は、本能的欲求と道徳や倫理や法律に従う気持との葛藤のなかで生きていくことになったといってもよいかもしれません。

## *SRY* 遺伝子の働きで雌雄が決まる～ヒトの性の分化

### (1) *SRY* 遺伝子→精巣→アンドロゲン

　ヒトは雌雄異体で、卵巣と精巣がともに備わっている雌雄同体とは違うといいましたが、ヒトの発生過程において、妊娠後6週ぐらいまでは男女の違いはなく、生殖腺原基（生殖器の元となるもの）は卵巣にも精巣にもなれるような状態にあります。生殖腺原基の外側（皮質）が発達すれば卵巣、内側（髄質）が発達すれば精巣になるのです（p.40 図3.3）。その鍵を握っているのが、Y染色体の*SRY*遺伝子だといわれています。この*SRY*遺伝子については、XY個体が男性になっていくときの話で簡単に触れましたが（p.40）、もう少し詳しくお話しましょう。

　マウスでの実験ですが、XXの受精卵に*Sry*遺伝子（ヒト以外はこのようにryを小文字で書く）だけを注入すると、XXでありながら、精巣も陰茎ももった雄になることがわかっており、*Sry*遺伝子が雄性化へと導く遺伝子として働いていることは間違いありません。*Sry*遺伝子が働かなければ、卵巣が発達するのです。

　そして、精巣ができると、その細胞がアンドロゲン（男性ホルモン）の分泌を始めます。

　XY個体にも輸卵管や子宮になるべき部分はあり、XX個体にも輸精管などになる部分はあります。ただ、XY個体は精巣からのアンドロゲンによって輸精管が発達し、精巣からの他の因子の作用で輸卵管・子宮になるはずのものは退化していきます。一方、XX個体はアンドロゲンが作用しないので、輸精管になるはずの部分は退化してしまい、輸卵管と子宮のほうが発達していくのです。

　また、外部生殖器も、XX個体とXY個体とで妊娠8週目ぐらいまでは違いがないのですが、XY個体はアンドロゲンが作用することで、膣は形成されず、XX個体で陰核（クリトリス）になるところが肥大化して陰茎

(ペニス）に、小陰唇や大陰唇になるはずのところが閉じて陰嚢になっていくのです（p.41 図 3.4）。

### (2) アンドロゲンが異常に働くと

外部生殖器が中間的なものになる異常（半陰陽）があります。胎児の段階で先天性副腎過形成症という病気にかかると、XX 個体で本来女性になるはずの胎児が、アンドロゲンを多量につくってしまい、外部生殖器が男性化してしまう場合があるのです。

---

### column 女性の性周期

生殖可能な年齢の女性には、約 4 週間を 1 サイクルとする性周期がみられます。①間脳視床下部から生殖腺刺激ホルモン放出ホルモンが出されて、脳下垂体前葉から、ろ胞刺激ホルモンの分泌が増すと、卵巣でろ胞が発達し、エストロゲン（ろ胞ホルモン）の分泌が増えます。②エストロゲンが増えるとその情報が脳下垂体前葉へフィードバックされ、前葉から黄体形成ホルモンが分泌されます。すると、ろ胞に排卵が起こり、黄体ができます（卵は輸卵管へ行き受精を待ちます）。③黄体は前葉からの黄体刺激

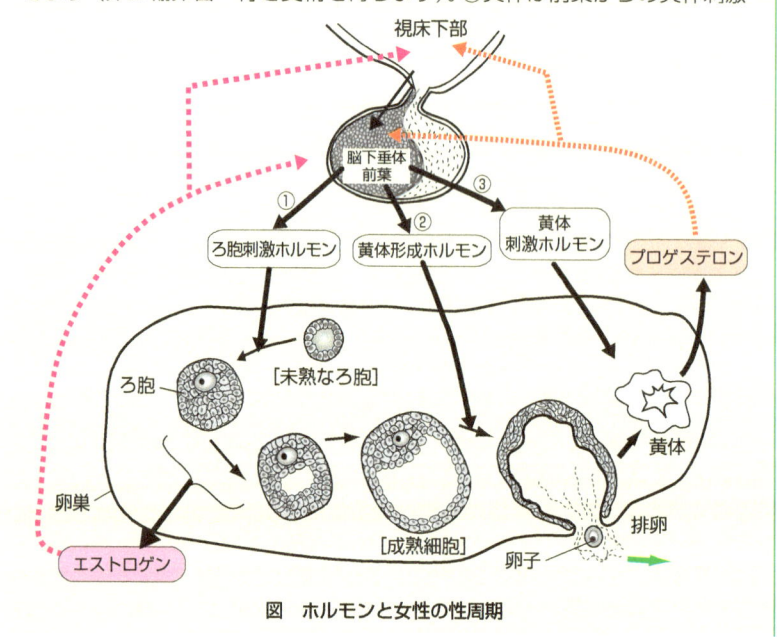

図　ホルモンと女性の性周期

ホルモン（プロラクチン）の刺激によってプロゲステロン（黄体ホルモン）を分泌するので、子宮壁粘膜が肥厚し、受精卵の着床の準備をします。その一方で、このホルモンはフィードバックで生殖腺刺激ホルモン（ろ胞刺激ホルモンと黄体形成ホルモン。ゴナドトロピンともいう）の分泌を抑え、次の排卵を抑制します。④受精卵が子宮壁に着床すると、黄体は機能を維持します（胎盤からもゴナドトロピンが出る）が、卵が受精・着床しないと、黄体は退化し、視床下部と脳下垂体前葉への抑制が解けます。⑤やがて、子宮粘膜が脱落し、血液ともに、膣を通って排出されます。それが月経です。

このように、性現象に見られる周期的な変化を性周期といいます（図）。男性には性周期は見られず、生殖腺はいつもほぼ一定の活動を続けています。

ヒトの性周期は、ストレスなどの影響を受けます。ヒトには、特別な繁殖期というのはなく、一年中妊娠が可能ですし、性行為の欲求とは切り離されています。性行為は、生殖のためというよりも、異性との間のコミュニケーションという意味合いが強くなっているのです。

**くま**「最近一人っ子が増えたんだってね。家族は多いほうがいいのにな」

**先生**「2人目を欲しくても、あきらめている夫婦も多いと聞くよ。たとえば、女性が仕事と育児の両立に悩んだり、不景気で経済的に厳しいとか、また、男性側の仕事が忙しくて、夫婦のすれ違いが生じたりとか。いろいろと複雑な事情があって、ゲノムの筋書きどおりにいかないのだろう」

**くま**「お、着物の女性を発見。色っぽくていいねえ。声かけちゃおうかな。取材とかいって。うん？　そういえば、男と女の洋服の趣味の違いってDNAの筋書きが関係しているんだっけ？　生まれつきなんだっけ？　違うんだっけ？　そうだよ、この問題を教えてもらうはずだったんだ」

**先生**「うむ、それは何度も言うが、けっこう難しい問題なんだけどな」

# 男の脳と女の脳は生まれつき違うのか

## (1) どんな遊びが好き？

　子どもの頃、どんな遊びをしていましたか？　男の子は女の子に比べて活動的で、喧嘩みたいな遊びやレスリングのような組み合う遊びをすることが多く、また車や電車などの乗り物のおもちゃが好きだったのではないでしょうか。また、絵を描くときは、青や茶や黒などの色のクレヨンを多く使って、車や電車などの動的な絵柄を多く描きませんでしたか？　一方、女の子は、母親役を務めるようなままごと遊びが多く、ぬいぐるみなどのおもちゃが好きだったのでは？　絵を描くときは、ピンクや赤や黄色など色とりどりのクレヨンを使って、家と花と女の子などの静的な絵柄を描いたのではなかったでしょうか（図 3.5）。これらの男女差は育て方によるのだというフェミニストらの主張があって、僕自身もそうかもしれないと思っていました。男の子は男らしく、女の子は女らしくなるように、親が仕向けた影響なのだと。ただ、今は、僕自身の子と孫を育てた経験から、育て方以前に男らしさ、女らしさはかなり決まっているのではないか、それは育て方で決まるものではないと思うに至りました。

## (2) 女の子でもアンドロゲンが脳に働くと……

　いろいろな研究報告を調べてみると、「生まれつきの男女差がある」という結論を裏付ける実験観察結果が、近年多く出されているといえます。その1つを紹介しましょう。

　先天性副腎過形成症の女の子は、胎児の段階で副腎から男性ホルモンの

**図 3.5　男の子と女の子の遊びの違い**

アンドロゲンが異常に多く分泌されますので、普通の男の胎児と同様に、アンドロゲンの作用を強く受けることになります。それで、アメリカのカリフォルニア大学の研究グループが、3〜8歳の先天性副腎過形成症の女児、普通の女児、普通の男児をプレイルームで自由に遊ばせ、どんなおもちゃで遊ぶ時間が長いかを調べたのです。その結果、先天性副腎過形成症の女の子は男児用のおもちゃを好むことがわかりました。先天性副腎過形成症であっても、両親は、普通の女の子と同じように、女の子が好むと思われるおもちゃを多く与えたに違いありません。そうすると、この実験観察の結果は、子どものおもちゃの好みは、出生前にアンドロゲンが脳に働くことによって男型に変えられたことを示しているといえます。先天性副腎過形成症の女の子が描く絵をみると、男の子が多く描くような動的な絵を描くという結果も得られています。

　もともとの違いといえば、女性には性周期がありますが、男性にはありません。これもアンドロゲンの作用が関係しています。ラットを用いた動物実験で、生後1週間以内にアンドロゲンを投与した雌では、性周期がみられなくなります。一方精巣を除去した雄に、卵巣を移植すると性周期がみられるようになることもわかっていて、脳がアンドロゲンシャワーを浴びることで性周期がなくなること（脱雌性化）が明らかになっています。

**くま**「つまり、生まれたときには、脳も男と女に分かれているということですね。育ち方で決まるのではないと」

**先生**「アンドロゲンというホルモンがその鍵になるんだ」

**くま**「脳が男と女で分かれるっていうことは、脳の形に違いが出てくるということ？　それとも、機能に違いがあるということでしょうか」

**先生**「次から次へと、難しい質問だ。どうしたんだ、クマのくせに？」

**くま**「酒の力です。さっき、知らないおじさんと、兄弟のちぎりの酒を飲みました。勧められた酒は断れません。ゲノムの戦略です。くまくま」

## 男と女の脳の形態的な違い

　男女で脳に形態的な差があるのでしょうか？　構造的にはほとんど同じです。しかし、いくつかの部分で大きさに差があります（5月の章参照）。

### 図 3.6 言語が得意なのは女性？

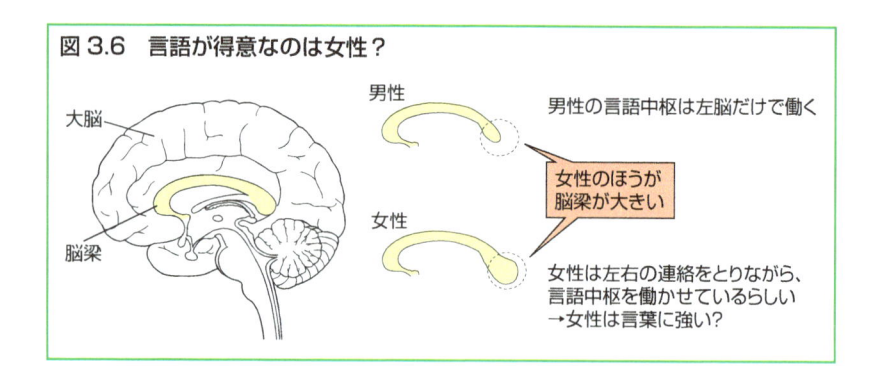

男性の言語中枢は左脳だけで働く

女性のほうが脳梁が大きい

女性は左右の連絡をとりながら、言語中枢を働かせているらしい
→女性は言葉に強い？

### （1）性的興味をつかさどる部分　～前視床下部間質核（性的二形核）

　間脳視床下部の前方にある前視床下部間質核（性的二形核）と呼ばれる神経細胞群の大きさが、男性のほうが女性より大きいことがわかっています。そして、同性愛男性のこの部分は、普通の異性愛男性のものより小さいことがわかっています。どうやら、この部分は性的興味や衝動をつかさどっている部分のようです。同性愛は、育ちの影響もあるのでしょうが、生まれつきの、脳に対するアンドロゲンの影響の違いが大きいのではないかと考えられます。

### （2）脳梁

　さらに、左右の大脳半球をつなぐ脳梁は、女性のほうが大きいことがはっきりしています。女性は話しているときに、左右の脳が同時に働いているのに対し、男性は左脳だけが働いている場合が多いことがわかってきています。女性では左右の連絡をとりながら言語中枢を働かせているようで、脳梁が太いことが関係しているのではないかと考えられています（図3.6）。

### （3）左半球と右半球（左脳と右脳）

　いろいろなテストをしてみると、空間認識能力は男性のほうが高く、言語能力は女性のほうが高いという結果が出ますが、これも左脳の機能は女性がいくらか勝っており、右脳の機能は男性がいくらか勝っている結果と考えられます。そういえば、女性のほうが悪く言えば「おしゃべり」だし、よくいえば「流暢に」しゃべりますよね。ただ、これらの男女差は平均的な差であって、これに個性が加わりますと、一人一人については逆転して

いる場合もあることを認識しておかなければなりません。

# からだの性、そしてこころの性

　これまで見てきたように、性は受精の瞬間に決まるものではなく、まずY染色体のSRY遺伝子が働くかどうかで方向が決まり、その結果、卵巣と精巣のどちらが形成されるかが決まり、精巣ができればそれからアンドロゲン（男性ホルモン）が出されるようになり、その作用によって、からだの性が決まるのでした。さらに、その後（まだ、胎内にいる間ですが）、脳の発達過程でアンドロゲンのシャワーを浴びるかどうかで、脳の性分化が起こり、こころの性が決まってくるといえます。

## (1) 性染色体とからだの性の不一致

　ところが、この過程のどこかで、異常が起こる場合があります。たとえば、SRY遺伝子が働いても、細胞のアンドロゲン受容体に異常があると、精巣はできてアンドロゲンは出されるのに、作用が及ばず、外部生殖器が女性型になり、女性として育てられてしまうということがあります（精巣性女性化症）。この場合はこころの性も女性です。以前、女子のスポーツ選手で、セックスチェックの結果、XY型であったために男性であると判定され、メダルを剥奪されたことがありましたが、女性とみなすべきではないかと問題になりました。

## (2) こころの性とからだの性の不一致

　また、先天性副腎過形成症の場合、染色体や遺伝子の性は女性であり、からだの性は女性型になりますが、脳がアンドロゲンのシャワーを浴びるので、こころの性は男性的になってしまいます。

　かつてアメリカで、生まれて間もない時期に、ペニス（陰茎）を損傷した男の子は、女の子として育てたほうがよいと思われてきた時代があり、その場合、思春期になると、やはり違和感が強まり、男性としての性を選ぶようになったとのことです。これは、こころの性だけを変えようとしても、そうはいかないことを示しています。

　近年、日本でも、こころの性がからだの性と一致しない人（性同一性障害者）に対しては、こころの性にからだの性を一致させる手術を行うべきだとの主張が強まり、実際にいくつかの病院で行われるようになりまし

た。戸籍の問題であるとか、いろいろ変えなければならないことがあるようですが、こころの性を重視する方向には僕は賛成です。

　性同一性障害や同性愛などは、生物学的に考えると正常とはいえませんが、その原因は本人の行いのせいではありませんし、親の育て方のせいでもないことがはっきりしてきたといえます。原因は発生・成長過程の生物学的な偏りにあるようですから、より当人が違和感なく生きられるように、手助けしてあげることが望ましいのではないでしょうか。

**くま**「先生、そろそろ家に帰ろうよ。疲れたよ。男でも疲れるよ」
**先生**「そうだな、ところで、くま介は本当に男、いや雄なんだよな」
**くま**「当たり前だよ。くま介って名前だし」
**先生**「最近、人間でも男か女かわからない名前が多くて困る。女の子だと思ったら、男だったりしたり、逆だったり」
**くま**「2013年生まれの赤ちゃんの名前で一番多いのは、男の子は『悠真』、女の子は『結菜』ちゃん。ともに初のトップだって。それから、男の子は「○太郎」の"3文字漢字"名前の人気が出てきたらしい（明治安田生命調べ）。ぼくも『くま介』なんていう単純な名前じゃなくて、もっとイマドキのがいいな。『ルポライター　クマスキー』とか」
**先生**「それじゃ、ロシアのクマだ。『くまごろう』とかいいんじゃない？　『くまべえ』とかもいいね。うん、似合ってる似合ってる」

　くま介は、僕をにらみつけると、無言で人ごみの中を走り抜けていった。

入学式

# 4月
April

# ヒトの発生と再生医療

4月●入学式

新入生、新入社員の初々しい姿を見ると、どこか心が引き締まる思いがする。くま介も、ルポライターとして、そろそろ本腰を入れ始めたのか、図書館に毎日出かけている。何を調べているかは、不明だ。

**くま**「今日、電車の中で、お腹の大きな妊婦の人に席をゆずってあげたんだ。えらいでしょ」

**先生**「う、電車に乗ったのか。歩いて行きたまえ」

**くま**「その人、喜んでいたよ。あのお腹の中に赤ちゃんがいるんだよね。人間って人工が好きだから、赤ちゃんもプラスチック容器の培養液の中でつくっちゃうのかと思ったら、案外自然なところもあるみたいだね」

**先生**「当たり前だ。ところで、どうやって赤ちゃんができるかわかるのかい？」

**くま**「そんなこと聞かないでよ。照れるじゃないか。コ、コウノトリかな」

**先生**「本気でコウノトリなど信じていないくせに……」

## 奇跡の旅立ち、受精

### （1）たった1つの受精卵から命が始まる

さあ、あなたの由来を考えてみましょう。ヒトのからだは約200種類、約60兆個の細胞の集合体です。細胞は細胞分裂によって数を増やしてきたのですから、最初までたどれば、たった1個の受精卵にまで遡ることになります。そう、あなたはたった1個の細胞からスタートしたのです。

では、その受精卵はどこで誕生したのでしょうか？　受精と呼ばれる、その劇的なできごとは、母親の輸卵管（p.58 図4.1）の膨らんだところで起こったのです。輸卵管には、卵巣から排卵され、精子の到着を待っている直径約0.13mmの卵子がいました。そこへ、性交によって注入され、膣から子宮、輸卵管と長い距離を懸命に泳いで、精子がたどり着き、そのうちの1個が合体します（受精）。精子は父親のゲノムの半分をもち、卵子は母親のゲノムの半分をもっています。

最初の1個の精子が卵膜を溶かして卵の中に進入すると、卵細胞膜で神経細胞に似た興奮状態（電位の逆転）が起こり、それが全体に広がって、後続の精子を拒否するようになります。

### （2）輸卵管の中でラン（卵？）デヴー

1回の射精でおおよそ3億個の精子が出されます。一方、卵母細胞（卵

の元で、卵巣にある）は胎児のときに約 200 万個できるきりで、その中で一生に排卵される卵子は約 500 個といわれています。そして排卵は左右の卵巣から 1 か月に 1 個ずつ月経周期の 14 日目頃起こります。

　精子の泳ぐ実際の距離は 20cm ぐらいのものでしょうが、べん毛を含めて長さ約 0.06mm（60μm）の精子ですから、人間の身長に直すと、泳ぐ距離は約 6km の遠泳になります。不思議なことに、膣に注入された精子は、そこで子宮から分泌される酸性の粘液によってダメージを受け、ただちに 1/1000 ぐらいに減少します。子宮口から輸卵管を遡って、卵のところまで達する精子は 100 個程度なのです。激烈なサバイバルゲームですね。放出されたばかりの精子は受精能力がなく、それを獲得するためには子宮および輸卵管の中で数時間、過ごす必要があり、そして受精能力を保持しているのは約 2 日間です。

　卵子のほうは、排卵後だんだん受精能力が低下し、20 時間を超えるとほとんど失われるのです。だから、精子とタイミングよく出会わなければ受精できないのですが、えてして妊娠してほしくないときには、妊娠してしまうものですから、注意が必要です。

**くま**「精子は、卵子にたどり着いた頃は、もうふらふらなんじゃないのかな。6km の遠泳でしょ。船に乗せてくれればいいものを。男はつらいね」
**先生**「男はいつの時代も、ふらふらさ。でも、女になる精子もいるんだよ」
**くま**「？？？？　そうか。男になる卵子もあるわけだ。じゃあ、受精卵になってからの話を教えてよ。今度は共同作業だね」

## 受精から誕生まで

### （1）まずは子宮壁を目指す

　ともかく、受精までの厳しい選抜を勝ち抜いた精子が卵子にたどり着いてやっと受精卵となって、これからがヒトへの旅立ちの始まりです。先にはいろいろな関門が待ち構えています。輸卵管の膨大部で受精した受精卵は、卵割を行いながら輸卵管を移動していき（卵自身は運動しませんが、輸卵管の壁の上皮細胞の線毛によって送られる）、受精後 3 ～ 5 日目、16 ～ 64 細胞期（桑実胚期）に子宮に到達します。卵割が進むにしたがって、

胚に内腔（卵割腔）ができ、栄養芽層と内部細胞塊からなる胚盤胞（胞胚）になり、子宮壁に着床し、胎盤が形成されます（図4.1）。

> （注）受精卵の遺伝子や染色体構成に何らかの欠陥がありますと、着床に成功しませんし、着床しても、途中でうまく発生が続かず、自然流産するものもあります。また、当然ですが、輸卵管に障害がある場合にも着床に至りません。そのような場合に、内視鏡で見ながら、卵巣から卵を体外に取り出し、試験管の中で精子と受精させ、卵割が始まって数～数十細胞になるまで培養した後、子宮に移植するのが体外受精（授精）です。

## （2）子宮壁の柔らかなベッドの上で、からだがつくられる

　胎盤は、栄養と酸素の供給と、老廃物の受け渡しの場です。胎児は羊膜に包まれ、羊水に浮かんで成長していきます（図4.2）。

　その後の過程は、図4.3のようになります。11週目には体長4～5cm、体重10～15gとなり、ほぼヒトの形になり、38～40週目には体長約50cm、体重約3000gに達し、出生のときを迎えるのです。

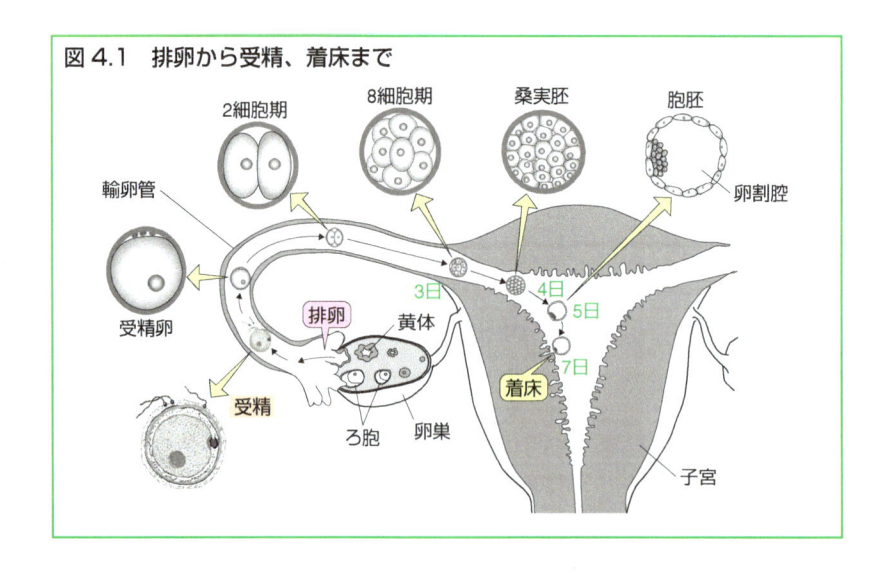

図4.1　排卵から受精、着床まで

ヒトの発生と再生医療

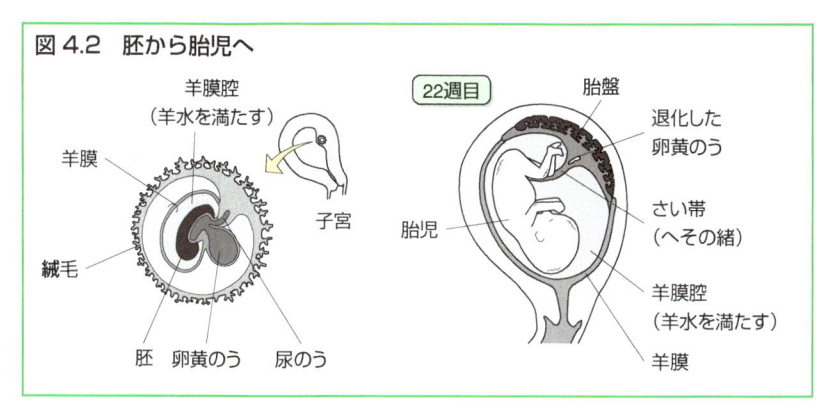

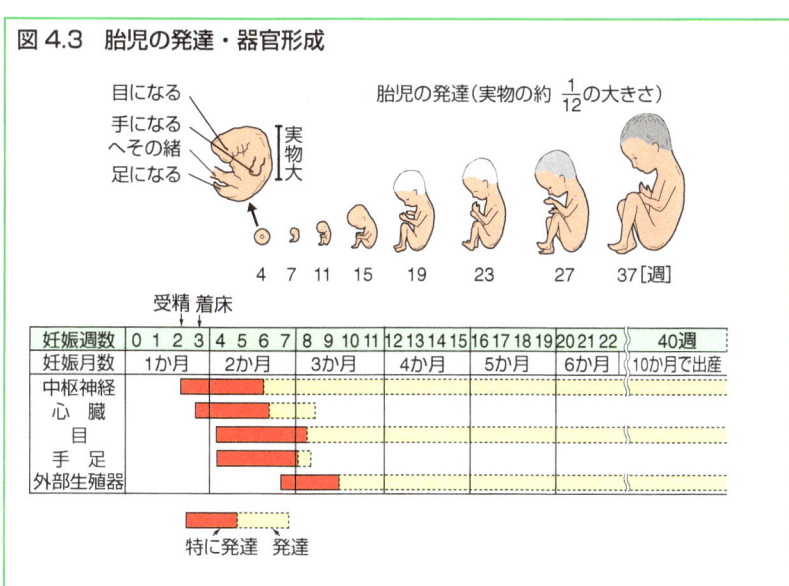

### 図 4.2　胚から胎児へ

羊膜腔（羊水を満たす）
羊膜
子宮
絨毛
胚　卵黄のう　尿のう

22週目
胎盤
退化した卵黄のう
胎児
さい帯（へその緒）
羊膜腔（羊水を満たす）
羊膜

### 図 4.3　胎児の発達・器官形成

目になる
手になる
へその緒
足になる
実物大

胎児の発達（実物の約 $\frac{1}{12}$ の大きさ）

4　7　11　15　19　23　27　37 [週]

受精　着床

| 妊娠週数 | 0 1 2 3 | 4 5 6 7 | 8 9 10 11 | 12 13 14 15 | 16 17 18 19 | 20 21 22 | 40週 |
|---|---|---|---|---|---|---|---|
| 妊娠月数 | 1か月 | 2か月 | 3か月 | 4か月 | 5か月 | 6か月 | 10か月で出産 |
| 中枢神経 | | | | | | | |
| 心　臓 | | | | | | | |
| 目 | | | | | | | |
| 手　足 | | | | | | | |
| 外部生殖器 | | | | | | | |

特に発達　発達

▶3週で神経管、3週後半には心臓が拍動を開始、4週目には手足の原基が形成、6週目には手足の関節、7〜8週目には指が形成される。また、5〜6週目に生殖腺原基ができるまでは男女の違いはなく、男女の違いができるのはそれ以後で、6週目以後に男で精巣が、8週目に女で卵巣ができ、その後精巣からの男性ホルモンのアンドロゲンの作用を受けて男性化していく。

▶妊娠週数は、最終月経の開始日から満の週数で数える。月経開始日〜6日が妊娠0週、7〜13日が妊娠1週。妊娠0〜3週が妊娠1か月。

4月●入学式

## column 妊娠検査キットの原理

　受精卵が着床すると、胎盤が形成されますが、その絨毛細胞からヒト絨毛性ゴナドトロピン（hCG、黄体形成ホルモンとよく似たもの）というホルモンが分泌されます。これは母体の腎臓を経由して尿中に排出されます。市販の妊娠検査キットはこのホルモンの有無を調べるものです。

　妊娠検査キットは、まず検査用の尿に含まれる hCG を金コロイド標識抗体と反応させるのです。それがセルロースの検査紙の中を浸潤していくと、テストラインで hCG 特異的抗体（固相化抗体）が待ち構えていて、それがhCG－金コロイド標識抗体と抗原抗体反応（hCG と反応）し、金コロイド標識抗体が集積して赤く発色するのです。もし hCG が尿中にないと、結合していない金コロイド標識抗体だけが浸潤していき、テストラインを素通りして、コントロールラインにある抗原特異的抗体（抗免疫グロブリン抗体）と反応し、赤く発色します。テストラインに赤い線が出る（コントロールラインはどちらも発色）と妊娠していると判定されるのです。

　例えて言うなら、持ち物検査ラインが二重になっていて、まず最初のラインで刀剣（＝ hCG）を保持しているかどうかが金属探知機でチェックされ、保持しているものは最初のテストラインで止められます。保持していないということで通過した者は二次ライン（コントロールライン）に並ぶという原理です。

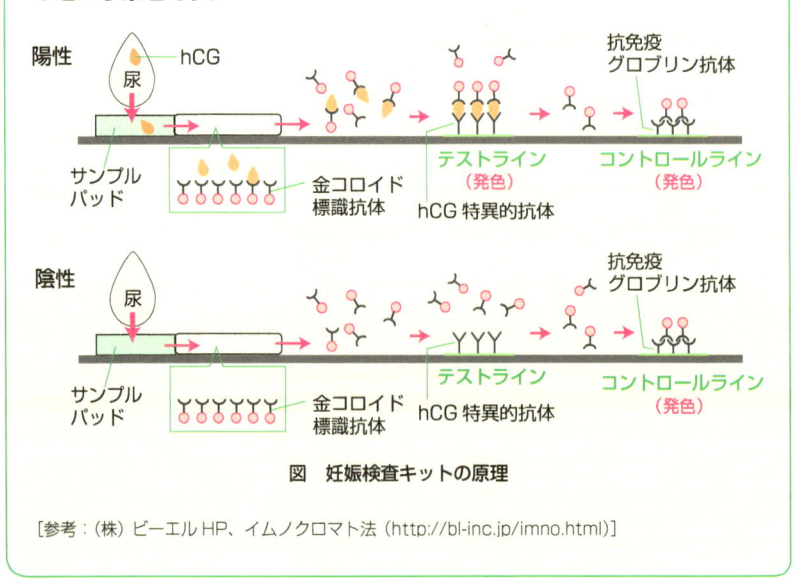

**図　妊娠検査キットの原理**

［参考：(株)ビーエル HP、イムノクロマト法 (http://bl-inc.jp/imno.html)］

ヒトの発生と再生医療

> **column　中絶は是か非か**
>
> 　国によって、人によって、大きく意見が分かれているのが人工妊娠中絶の問題です。すでに着床した受精卵や胎児を死に至らしめるのですから、しないに越したことはないのですが、妊娠を望まないのに妊娠してしまったというケースはしばしば起こります。経済的に育てることが困難な場合、まだ中高生で育てる気も能力もない場合、レイプされて妊娠してしまった場合などが考えられます。
>
> 　キリスト教のカトリック宗主国では、受精したときから人間であると考えますので、中絶は殺人であり、いかなる理由があっても許されない行為ということになります。しかし、それは女性の産む産まない権利を軽視しているのではないでしょうか。わが国では、母体保護法があり、中絶の条件として「妊娠の継続が身体的または経済的理由により母体の健康を害するおそれがある場合」と「強姦（レイプ）で妊娠した場合」の２つをあげています。この場合でも、中絶が認められるのは「妊娠満22週未満」とされています。この根拠は、これを越えると母体外で生命を維持する可能性があるからとのことです。最近では、出生前診断がいろいろな方法で行われるようになり、それで胎児が重い障害をもつことがわかった場合にも、経済条項を拡大解釈して、中絶を選ぶ人が多くなりました。しかし、これをめぐってはさまざまな対立する意見があります。

**くま**「……さてと、受精卵が分裂を繰り返すと、どうして、手足ができるのかなあ。その順番って決まっているのかなあ。卵は、いくら分裂してもやっぱり卵だと思うのに。卵の中に大工の小人がいて、卵の中でえっさえっさ働いているのかなあ。そこがくま介の永遠の謎だ」

**先生**「それは DNA の情報によって、行われているんだよ。受精卵の DNA には、ヒトならヒトになるための、レシピが書かれているって、前に話したじゃないか。忘れたのかい？　そのレシピにしたがって、特定の遺伝子が次々に働いて、タンパク質がつくられ、反応が起こり、そして手や足がつくられていくんだよ」

4月●入学式

**くま**「やっぱり小人説は却下か。そりゃそうだよね」

## ヒトの発生で働く遺伝子

　みなさんは「個体発生は系統発生を繰り返す」という言葉を聞いたことがありますか？　19世紀の後半にドイツのヘッケルが唱えた説（反復説）で、個体の発生の過程では、その動物に至るまでの進化の過程があたかも繰り返されるように見えるということです。ヒトの発生過程を見ても、初期には尾がありますし、鰓孔（えらあな）に相当する（相同の）構造が見られます。また、体毛も濃い時期があり、反復説があてはまるように見えます。

　発生の過程では、特定の遺伝子群が次々と働くのですが、ヒトの発生の過程でからだをつくるために働く遺伝子は、ネズミなどの他の動物の遺伝子ととてもよく似ていて（相同、同じものに由来）、働く順序も同じだということが、最近わかりました。マウス（ハツカネズミ）だけではなく、ショウジョウバエともかなり共通している遺伝子が働いているのですから、驚きです。

　からだのある範囲の形成の号令をかける遺伝子をホメオティック遺伝子というのですが、これらはいくつかの錠前（遺伝子群）を開けることのできるマスターキーのような遺伝子で、「中間管理職遺伝子」などともいわれ、会社でいえば課長ぐらいの役割を果たします。自分の課の数人、数十人の社員に指令を出して、あるプロジェクトを実行するのですね。この遺伝子の突然変異はホメオティック突然変異といって、かなり劇的な大きな変異を引き起こします。ショウジョウバエでいうと、普通は触角が生えるところに肢が生えるなどの変異です。このホメオティック遺伝子は、ショウジョウバエでまず発見され、さらに目を形成する号令をかけるホメオティック遺伝子、肢を形成する号令をかけるホメオティック遺伝子など、ホメオティック遺伝子どうしで共通するDNAの塩基配列が見つかり、それはホメオボックスと名づけられました。

　その後、このホメオボックスとほぼ同じ塩基配列が、カエルやヒトでも見つかったのです。ホメオボックスをもつ遺伝子は、総称してHox遺伝子群といいます（図4.4）。

　このように、からだを形成していく原理は、遺伝子レベルでは脊椎動物

**図 4.4　ショウジョウバエと哺乳類との Hox 遺伝子群の比較**
（同じ色のものは、相同な Hox 遺伝子の働く位置）

ショウジョウバエ

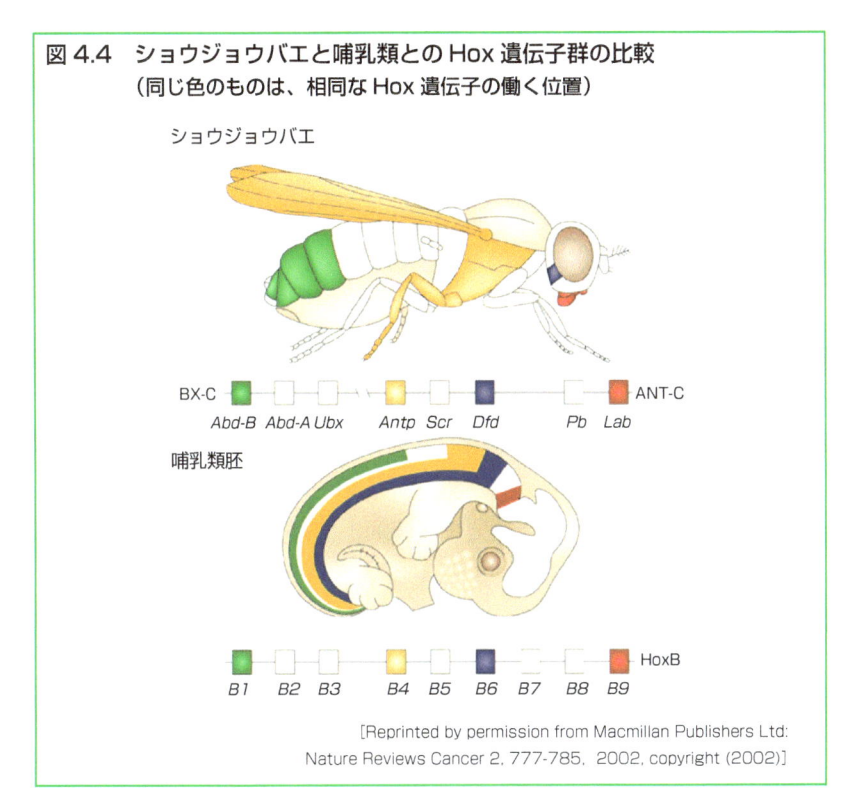

BX-C　Abd-B　Abd-A　Ubx　Antp　Scr　Dfd　Pb　Lab　ANT-C

哺乳類胚

B1　B2　B3　B4　B5　B6　B7　B8　B9　HoxB

[Reprinted by permission from Macmillan Publishers Ltd: Nature Reviews Cancer 2, 777-785, 2002, copyright (2002)]

に共通するものであり、それらがアレンジされて（突然変異して）進化してきたといえます。ですから、発生の段階で進化と似たような段階を経るのも、納得できますね。

**くま**「うーん、もう1つ質問。受精卵が分裂を繰り返すなかで、目や手になる細胞に分かれていくのは、ゲノムのレシピによるということだけど、それは、地域密着型なの？　それともインターネット式？」

**先生**「言っていることがよくわからないが」

**くま**「たとえば表皮になる細胞は、場所でだいたい決まるの？　それとも場所はまったく関係なく、全体から選び出されるの？」

**先生**「場所の影響が大きいね。目などの複雑な構造をつくるときは、鍵となる細胞があって、その細胞が別の細胞に影響を与え、影響を与えられた細胞がさらに別の細胞に影響を与える、といったことが行われているんだよ」

**くま**「そこんところ、もう少し詳しくお聞かせ願えませんかね。いやあ、お時間はとらせません。え、私ですか、刑事クマンボです。あれ？　古い？」

## 誘導と誘導因子

　胚を構成する細胞は、発生のある段階になると、未分化の状態から特定の組織や器官を構成するものに専門化（これを分化という）していきます。その過程は胚の部分どうしの誘導と応答が、連鎖反応のように続いていくことによるといえます。

　イモリでは、①まず植物極側の細胞から誘導物質が分泌されて、動物極側の隣接部位を中胚葉へと誘導し、②中胚葉になる部分の原口背唇部が外胚葉を神経板へと誘導し、③神経板は両端が融合して神経管となり、④神経管からできた脳の突起の眼杯が表皮を水晶体へと誘導するという具合です（図4.5）。

　誘導を起こすものを形成体（オーガナイザー）といいますが、誘導というのは形成体の一方的な作用ではなく、受け手のほうも応答能をもっていなければなりません（誘導物質の受容体があるかどうか）。たとえば、眼杯

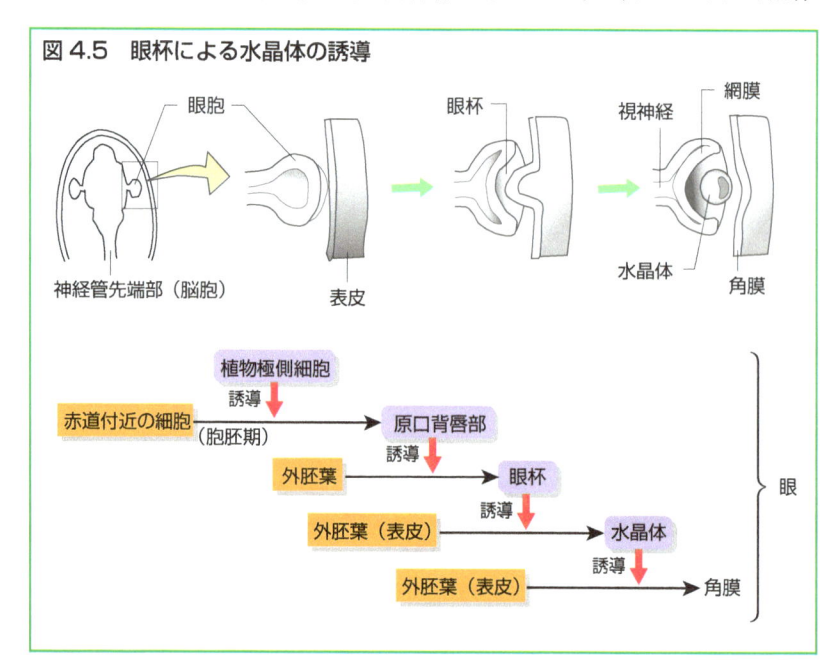

### 図4.5　眼杯による水晶体の誘導

による誘導は胴部の表皮に対しては起こらないのです。また、現在では、さまざまな誘導物質が特定されてきており、それらの濃度勾配が重要な位置情報として働いていることもわかってきました。誘導は、応答する細胞がもつゲノムの特定の遺伝子群を活性化することによるということは、もうおわかりですね。

　もう1つ、述べておきたいのは、発生の過程では、細胞の自殺（プログラム細胞死、アポトーシス）が頻繁に起こるということです。一例をあげますと、手と指の形成では、最初丸い手の膨らみが形成された後、指になる部分の間の細胞（鳥の水かきのような部分）が自殺していき、指のある手が完成するのです。

## クローン動物の意味するもの

### (1) 分化後に、不要になった遺伝子は捨てられる？

　さて、発生の過程では特定の遺伝子群が次々と働くと書きましたが（p.62）、分化後、必要のなくなった遺伝子も最後まで保持しているのでしょうか？　受精卵が分裂を繰り返し、胚になったのですから、分裂した各細胞は受精卵と同じ遺伝子をもっているはずです。でも、筋肉になる細胞はもう消化酵素の遺伝子などは必要ないでしょうし、神経細胞にはもう結合組織に独特のコラーゲンなどの遺伝子は必要ないのではないでしょうか？　だったら、不要な遺伝子は、遺伝子ごと捨ててしまってもよいのではないかとも思われます。

### (2) 分化した後の細胞から、完全な個体をつくり出せるか

　それはどのようにしたら判明するでしょうか？　最もはっきりするのは、分化を終えた体細胞から、完全な1個体をつくることができるかどうかですね。もし、完全個体が発生すれば、分化した細胞にもゲノムのすべてが保持されていると断定することができますよね。

　ヒドラやプラナリアなどの体制の簡単な動物は、再生能力が強く、切り刻んだ断片から1個体が再生しますから、ゲノムが分化後の細胞にも保持されているといえますが、より複雑な体制をもつ脊椎動物ではどうかです。これは1963年にイギリスのガードンが、アフリカツメガエルの小腸上皮細胞から取り出した核を除核卵（未受精卵から核を除去したもの）に注

図4.6 クローンガエルをつくる

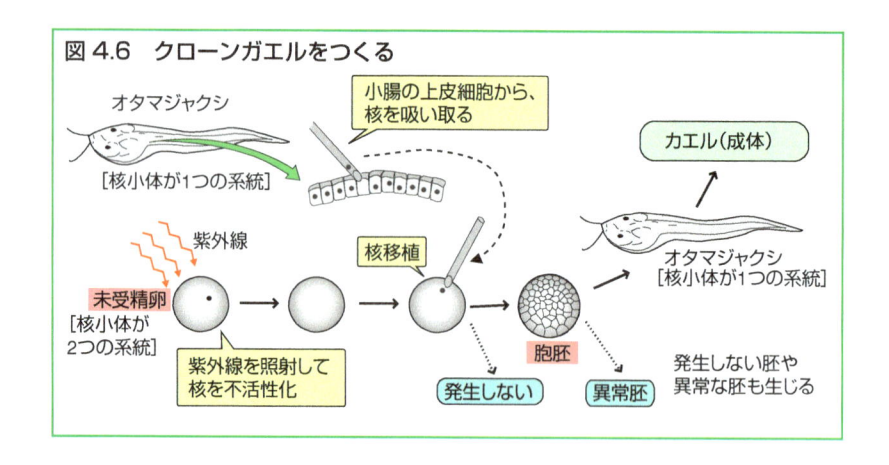

入することで、正常なオタマジャクシ（クローン*ガエル）へと発生させることに成功したことによって証明されました（図4.6）。両生類でクローン個体ができるなら、哺乳類でもできるだろうと、当時は考えたのですが、なかなかうまくいかず、無理かもしれないと考えられていました。

ところが1996年、イギリスのロスリン研究所のウィルマット博士らによって体細胞クローンヒツジ"ドリー"が誕生したのです。これにより、哺乳類の分化後の体細胞にも完全なゲノム（すべての遺伝情報）が備わっているという説が確立したのでした。

つまり、細胞分化は働く遺伝子が変わることで起こると考えられるのです。まるで、ピアノ自体は同じでも、どの鍵盤を叩くかによっていろいろな曲になるように。

* クローン：無性的に生じた遺伝的に等しい個体や細胞などのこと。

**くま**「知ってる、知ってる、ドリー君でしょ」
**先生**「お、さすがくま介もそのくらいは知っているか」
**くま**「顔と名前は知っているよ。つくり方の原理は知らないけどね。そういう人（クマ）って、結構多いんじゃないかな」

## クローン動物をつくる方法

哺乳類のクローン個体をつくる方法には、受精直後の胚の細胞からク

ローンをつくる方法（受精卵クローン法）と、体細胞からクローンをつくる方法（体細胞クローン法）があります。

## （1）受精卵クローン

　受精卵クローンというのは、体外受精させた受精卵を発生させ、多細胞になった胚の細胞をばらばらにし、それぞれの細胞の核を、あらかじめ核を除いた未受精卵（除核卵）に移植し、それらを別の雌親（仮親）の子宮に入れて育てる方法で、1980年代から行われています。最初は、核移植せずに、発生初期の2細胞期や4細胞期の各細胞（割球）を直接子宮に入れる方法が用いられましたが、2細胞期では成功しても、4細胞期では成功しませんでした。核移植を行うようになって、かなり発生が進んだ段階（30〜50細胞期）の胚細胞でも成功するようになりました。受精卵クローンは、どんな特徴をもった大人（成体）になるかは育ててみないとわからない点が、体細胞クローンと異なります。ですから、利用価値は体細胞クローンよりも、やや劣るといえます。

## （2）体細胞クローン

　クローンヒツジ"ドリー"は、体細胞クローンです。この場合は、乳腺細胞の核を、他の雌個体から得た、未受精卵の核を除いた除核卵に移植し、発生を始めた胚（胚盤胞）を仮親の子宮に入れて育てたのでした。核移植のためには、生きた細胞（細胞膜をもつ）が必要で、電気刺激を加えることで除核卵と融合させる必要があります。電気刺激は、普通は精子の進入で与えられる卵割開始の刺激の代わりもしているのです。また、成功のためには、乳腺細胞を低栄養培地で培養して、休止した状態（$G_0$期）にすることが必要でした（図4.7）。

　「コロンブスの卵」のように、一度成功すると続々と成功するようになるもので、その後、体細胞クローンは、ウシ、ブタ、ネズミ、ネコなど、いろいろな動物で成功するようになりました。ですから、ヒトでも、成功の可能性は大いにあるといえるのでしょう。また、からだのどの体細胞にも同じゲノムがありますから、元になる細胞は、皮膚の細胞や筋肉の細胞でもよいのです。また、ウィルマット博士らは、1997年にはドリーに続いて、ヒトの血液凝固因子の遺伝子をもつクローンヒツジ"ポリー"を誕生させました（p.71）。このように遺伝子を組み換えたクローン動物も作製可能な

## 図 4.7 体細胞クローンのつくり方

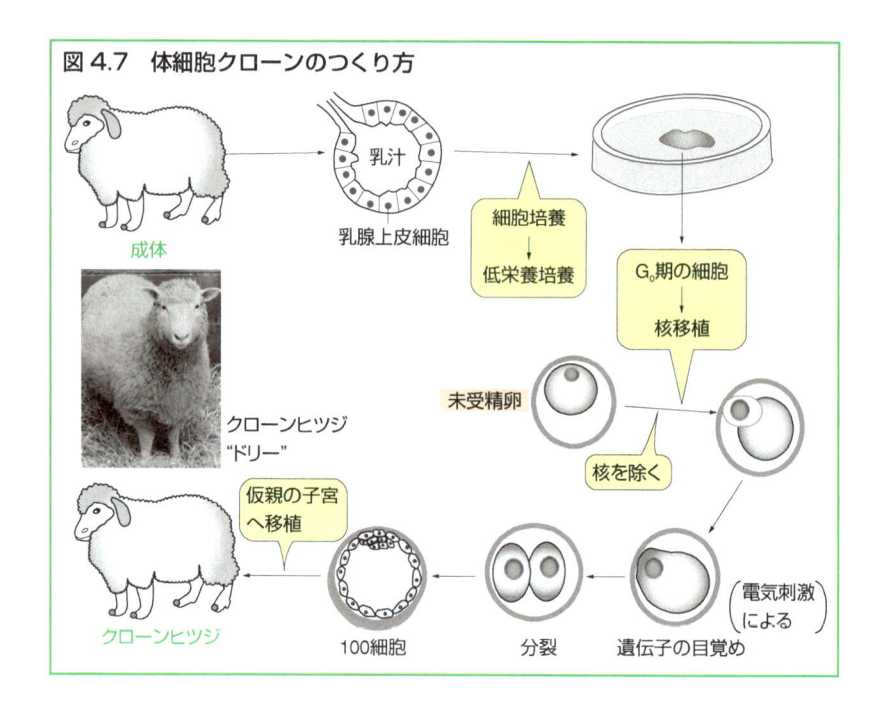

のです。さらに、動物の除核卵にヒトの体細胞の核を移植して、発生させることなどもできるかもしれません。

**くま**「なんだか工作しているような感じだね。さすが人間様だ。クマには想像もつかないよ。まあ、ぼくは、この紅白饅頭でも食べるとするか」
**先生**「お、おい。それは、お隣さんからもらったものでは。いつのまに」
**くま**「おいしいなあ。こんなおいしいお饅頭もつくれるし、クローン動物もつくれる、人間ってのは、すごい生き物なんだなあ。嫌みじゃないよ」

## クローン技術の問題点

　ここまで読んで、クローンはとても簡単につくれるようになったと思われたかもしれませんが、いろいろと問題は残っています。クローンヒツジ"ドリー"の場合でも、核移植した卵は277個からスタートしてたった1頭の成功でしたが、成功の確率は0〜4％にとどまっています。

　また、クローンウシなどでは、過体重児になったり、胎盤が発育不全だっ

たり、臍帯（へその緒）が異常だったり、甲状腺が欠損していたり、いろいろと欠陥をもった個体が多いことが問題になっています。

　その原因として、ゲノムの"刷り込み"が関係しているようです。通常の生殖（有性生殖）では、精子と卵ができるときにそれぞれ異なる遺伝子が不活性化処理され（これをゲノムの"刷り込み"という）、受精後の発生の過程で、精子・卵由来の染色体の遺伝子が別の働きをするようになるのですが、体細胞由来の染色体では、この"刷り込み"が通常の受精を経る場合と異なるため、遺伝子の働き過ぎや働き不足が生じるのではないかと考えられています（すなわち、エピジェネティックな変化（column 参照）が関係しているのです）。

　また、体細胞には細胞分裂の回数に限界があることがわかってきました。染色体の末端のテロメアという反復配列が分裂ごとに短くなっていき、ある長さになると分裂できなくなるのです（p.206）。生殖細胞が形成されるときにはテロメラーゼが働いて、元の長さに戻るのですが、体細胞クローンでこれが元に戻らない可能性があります。ドリーが3歳で老化したヒツジがかかる関節炎を患ったのもそのせいかもしれません。（ドリーは進行性の肺疾患のため、回復が見込めないことから安楽死しました。6歳の短命でした。）

　このように、体細胞クローンには、いろいろまだまだ未解決の問題があるといわねばなりません。

## column　エピジェネティクスとは

　エピジェネティクスは、DNAはすべて同じでも、それを他の分子が修飾すること、つまりメチル基がついたり、ヒストンと呼ばれるタンパク質がついたり離れたりすることによって、遺伝子の発現が影響を受けることで、本に例えれば、傍線をつけたり、付箋をつけたりするのに似ています。

　こうして、遺伝子を取り巻く周りの状況を修飾することで、遺伝子の発現のパターンや細胞の性質を変えることができるのです。また、いったん確立した修飾の状態を娘細胞にも伝達でき、遺伝子の発現パターンや細胞の性質が継続・記憶されるようになります。このため、クローンといって

も、互いに異なる性質をもつことがあることがわかりますね。

　また、生物は、発生・分化の各段階において、ゲノムの中の必要な遺伝子を発現させ不要な遺伝子の発現を止めるという厳密な調節を行っています。この調節、すなわち遺伝子発現の制御により、同じゲノムをもつ細胞が心臓や肺や脳神経など形も働きも異なる組織や器官に分化し、その状態のまま体内で長く維持されますが、これもエピジェネティクスの例なのです。

　ストレスや体内時計のリズムもエピジェネティクスに影響を与えるようです。生活習慣病と呼ばれているものはもちろん、躁うつ病などある種の精神疾患もエピジェネティクスと関係があることがわかってきました。

　ゲノムに起こったエピジェネティックな変化は、生殖細胞が形成される際に消去され、次世代には伝わらないものが多いのですが、場合によっては、それが生殖細胞を通じて次世代に伝わるものもあることがわかってきました。こうなると、「獲得形質が遺伝する」場合があるといってもよいことになりますね。

　ヒトゲノム解読後、このエピジェネティクスの研究がさかんになり、ゲノムがすべてを決めるのではなく、環境によるゲノムの使い方の違いが個性を決めるのに関係することがわかってきたと言えるでしょう。

## クローン技術の有用性

　科学者たちは、いったい何のためにクローン動物などをつくろうとしているのでしょうか。

### (1) 畜産分野での利用

　第一に、畜産分野での利用が考えられます。高い能力（毛並がよい、肉がうまい、ミルクを多く出すなど）が証明済みの家畜を、どんどん増やすことができるからです。同じように、競走馬やペットの増殖にも利用可能ですね。園芸植物や栽培植物のように考えればよいのです。

### (2) 絶滅の危機に瀕している生物を救う

　第二には、絶滅に瀕している種、たとえばイリオモテヤマネコやアムールトラなどを、体細胞クローン技術を利用して増殖させることへの期待で

す。映画「ジュラシック・パーク」では、琥珀に閉じ込められていたカ（蚊）の体内にあった恐竜のDNA（そのカは恐竜の血を吸った直後であった）から恐竜を復元したのでしたが、大真面目にマンモスの復元ができないかという取り組みも行われています。氷の中に閉じ込められたマンモスの遺体が今でも時々発見されるので、損傷を受けていない体細胞が得られる可能性があるからです。それを用いて現生のインドゾウの除核卵に移植し、インドゾウの子宮に入れてマンモスを誕生させようという計画です。成功すれば、大変なことですね。ただ、最初のクローンマンモスは仲間がいないのですから、一人ぼっちです。また、数頭が生まれたとしても、遺伝子に多様性がなく、自然に返してもその後の繁殖は無理だと思われます。

### (3) 医薬品の開発

第三に、遺伝子組換えを行ったクローン動物を利用して、有用な医薬品となるタンパク質をつくるということです（図4.8）。クローンヒツジ"ポリー"はヒトの血液凝固因子の遺伝子をもっていましたが、このようにヒ

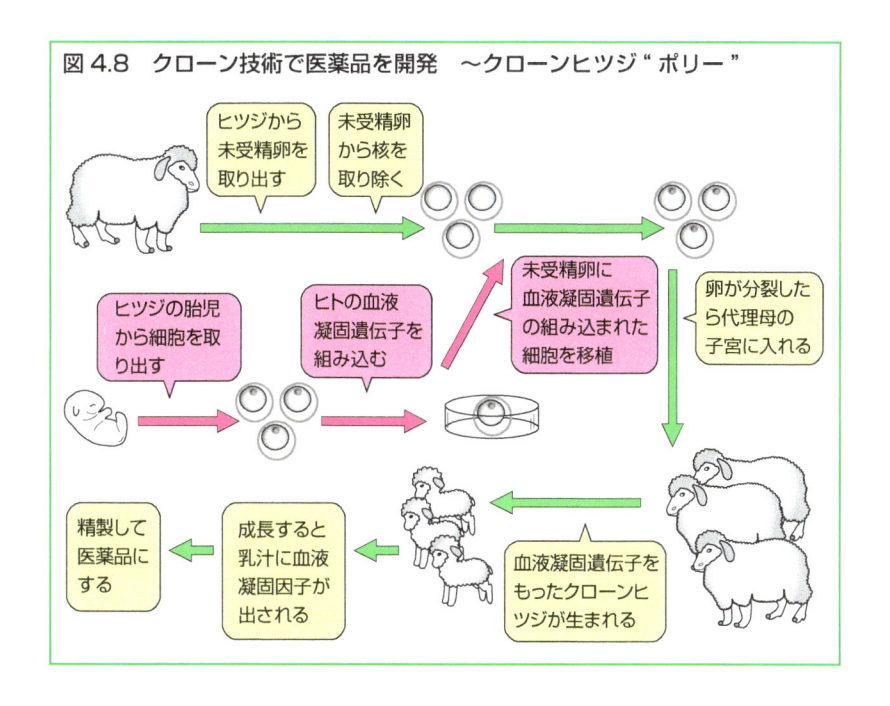

**図4.8　クローン技術で医薬品を開発　～クローンヒツジ"ポリー"**

トの血液凝固因子やホルモンなどを生産し乳汁の中に分泌してくれる家畜を多数育てて、動物製薬工場をつくろうというのです。ヒト細胞をタンク培養（フラスコではなく、大きなタンクでの培養）して医薬品をつくることは可能ですが、大変なコストと注意が必要なので、クローン技術を用いるほうが、よほど効率的といえるでしょう。

### (4) 臓器移植

　第四に、遺伝子組換えを行ったクローンブタを作製し、ヒトの臓器移植に用いることが考えられています。ミニブタの臓器は、大きさや機能がヒトにちょうど合うとされ、ヒトへの移植用臓器として期待されているのです。ただし、異種間臓器移植のため、ヒトの抗体がブタの臓器の細胞表面にある抗原に反応して、移植後数分で激しい拒絶反応を起こしてしまいます。そこで、この抗原の遺伝子を壊した核を除核卵に移植し、移植用クローンブタをつくることが試みられ、すでに成功しています。臓器提供者が少ないという悩みを解消できる可能性があるのです。

**くま**「さすが、人間は技術屋だなあ。ぼくは先生の話についていけないよ。そうだ散歩にいこうよ。公園に行って、そこで話の続きをしてよ」
**先生**「そうするか」
**くま**「ぎゃー。へんなのが、部屋の壁にいる。気持ち悪い」
**先生**「それはヤモリだよ。なんだ、クマのくせに知らないのかい」
**くま**「ヤモリ？　それってイモリのこと？」
**先生**「どちらもトカゲに似ているが、ヤモリは爬虫類でイモリは両生類だ。イモリは水の中かそばにいる」
**くま**「ああ、そうだった。まあいいや、続きは、外でね」

## 再生医療・移植医療とクローン技術

### (1) 人間の再生能力は？

　イモリを見たことがありますか？　僕が幼かった頃、田舎には普通にいました。7〜8cmぐらいの大きさで、腹が赤くて、ギザギザ模様がありましたから、アカハライモリだったのだと思います。「噛みつかれたら、雷が鳴るまで放さない」といわれていましたが、迷信でしょう（今も飼ってい

ますが、そんな怖いものではなく、かわいいものです)。

　両生類のイモリは、手（前肢）でも、足（後肢）でも、尾でも、切り取っても、そのうちまたそこから元と同じものが再生します。もっと下等なプラナリア（扁形動物）などは、頭を切り取ってしまってもまた再生します。ヒトはそうはいきません。手足をもぎとられたら、もう再生してくることはありません。

　ヒトの場合、手足は無理ですが、皮膚や消化管内壁は傷がついても再生しますし、肝臓なども一部切除しても再生します。ですから、親などが子どもに肝臓の一部を与える生体肝移植が行われるのです。親の肝臓は、細胞分裂して増殖し、やがて元の大きさに戻るのです。

## (2) 臓器移植と拒絶反応

**・個人個人の標識となる HLA**　　ところで、心臓や肝臓や皮膚などの臓器を移植したときに、拒絶反応が起こるのはどうしてでしょうか。それは、ヒトは個人個人の標識を細胞ごとにもっているからです。それを HLA（ヒト白血球抗原、組織適合性抗原）といいます。これは、多数の遺伝子に支配されており、数万種類の型があります。兄弟姉妹では同一になる確率がかなりありますが、非血縁者の場合は一致する確率は数万分の1です。HLA の異なる組織が体内にあると、免疫細胞はこの違いを見分けて、キラー T 細胞によって殺してしまうのです（p.138）。こうして移植臓器が壊死・脱落するのが拒絶反応です。

　最近は、シクロスポリンという免疫抑制剤（T 細胞の増殖を抑制）で、拒絶反応をかなり抑えることができるようになりました。ただ、免疫抑制剤を使用すれば感染が起こりやすくなり、長期間にわたって危ない綱渡りを強いられることになります。

**・角膜移植**　　亡くなった人の角膜をもらって移植するという話を聞いたことがあるでしょう。角膜は他人のものを移植しても容易に生着するのです。ですから、角膜が保存されている角膜バンクを通じて、移植が行われています。それは、ヒトが死亡しても、角膜は直接外界から酸素を取り込んでかなりの間生き続けていること、そして、角膜には血管が分布しておらず、免疫系から隔離されていることがその理由です。つまり、角膜は、個体の中の半独立国のようになっているのです。ですから、別の個体の角

・**脳の神経細胞**　同じように、脳の神経細胞も、血液脳関門によって免疫系から隔離されていて、拒絶反応が起きにくくなっています。パーキンソン病（p.114）は、脳の中でも中脳の特定部位（黒質部分）の神経細胞が死滅していき、動作がぎこちなくなっていく病気ですが、この脳の部位に胎児の脳の神経細胞（ドーパミン分泌細胞）を移植することで改善することがわかりました。しかし、胎児の脳を移植用として得るのは難しく、倫理上問題もあります。では、ほかにどういう手があるのでしょうか。

　移植や再生医療における拒絶反応の問題や提供臓器の不足問題や倫理上の問題をクリアできる可能性があるということで浮かび上がってきたのが、何にでも分化させることのできる「幹細胞」です。

## 移植医療に幹細胞を利用する〜ES 細胞と iPS 細胞

　幹細胞というのは、未分化段階、または初期化した細胞のことで、ES 細胞（embryonic stem cell；胚性幹細胞）と iPS 細胞（induced pluripotent stem cell；人工多能性幹細胞）とがあります。

### (1) ES 細胞（胚性幹細胞）

　ES 細胞は、発生初期の胚（受精後 5 〜 7 日の着床前の胚）の胚盤胞と呼ばれる胚（胞胚）の内部細胞塊を取り出して、特殊な培地で培養することでつくられます（図 4.9）。1981 年にマウスでつくられたのが最初で、1998 年には、ヒトでも確立しました。

　ES 細胞は、普通の体細胞と違って、増殖し、いろいろな増殖因子を加えてやれば、各種の器官や組織の細胞に分化させることができます。ときには「万能細胞」などともいわれます。ですから、この細胞を使ってドーパミン産生細胞をつくって、胎児の脳の細胞の代わりに、パーキンソン病の患者の脳に移植することが可能になります。また、多種類の HLA の細胞をバンクとして貯蔵しておけば、拒絶反応の少ない ES 細胞を選んで、目的の器官の細胞に分化させてから移植することが可能です。

　ただ、ES 細胞をつくるのに、誰の胚、あるいは卵細胞と精子を用いたらよいか、そこが問題です。体外受精用に保存してある凍結卵や凍結精子を用いるか、ボランティアに頼むか、どちらかです。いずれにしても、胚は、

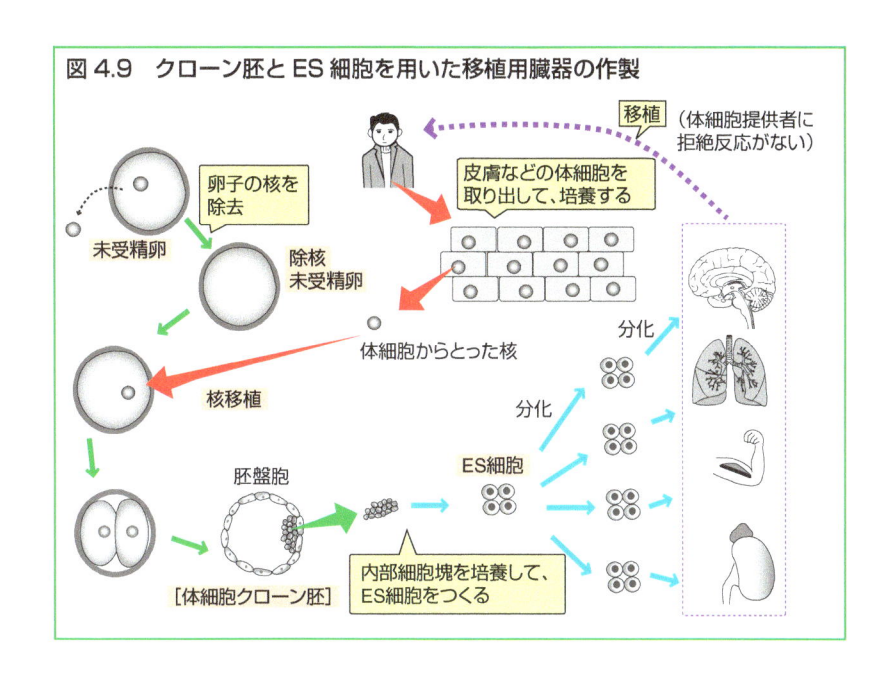

図 4.9 クローン胚と ES 細胞を用いた移植用臓器の作製

子宮に入れて着床させれば、ヒトになる可能性のあるものですから、軽い気持ちでは扱えません。

また、患者本人のクローン胚をつくって（ある女性から得た卵の核を抜き取った除核卵に、患者の体細胞の核を移植し、体外で発生させてクローン胚に育てる）、それから得た ES 細胞を目的の組織に分化させて移植を行えば、拒絶反応の心配はまったくなくなります。これができれば、移植臓器不足もかなり解消されるのではないでしょうか。

しかし、ヒトクローン胚をつくることは、クローン人間をつくる操作の初期の操作と同じです。違いはその胚を子宮に入れるかどうかです。ですから、クローン人間と同様に、倫理的宗教的理由から「認めるべきではない」という声も強いのです。

### (2) iPS 細胞（人工多能性幹細胞）

iPS 細胞というのは、人間の皮膚などの体細胞に、ごく少数の遺伝子（初期化因子）を導入し、数週間培養することによって、さまざまな組織や臓器の細胞に分化する能力とほぼ無限に増殖する能力をもつ多能性幹細胞に変化させたもののことです。名付け親は、世界で初めて iPS 細胞の作製に

成功した京都大学の山中伸弥教授（2012年のノーベル医学生理学賞を受賞）です。山中教授は2006年にマウスの、2007年にヒトのiPS細胞の作製に成功しました。

　iPS細胞は、採取に問題のない体細胞を使ってつくることができるので、受精卵を破壊する必要がなく、倫理的問題が回避される点、また、iPS細胞は患者自身の細胞から作製することができ、分化した組織や臓器の細胞を移植した場合、拒絶反応が起こらない点などが、ES細胞より優れているといえます。

　しかし、懸念される点もあります。それは細胞に導入される初期化因子ががん化にも関係する遺伝子であるため、患者に移植した場合に、初期化因子が再活性化されてがんが生じるのではないかという点です。その懸念の払しょくに今多くの努力がなされています。

　暖かな春の風がそよそよと吹いている。川面に反射する太陽の光がまぶしい。くま介はベンチの上で目を閉じて寝ている。平和な午後の昼下がりだ。僕の話が単調で寝てしまったようだが、クマ相手に目くじらをたてることもないだろう。
**くま**「しまった！」
**先生**「どうしたんだ、突然。目が覚めたか」
**くま**「昼ご飯、食べるの忘れた。たいへんだ」
**先生**「なんだ、そんなこと」
**くま**「冗談じゃないよ。動物の基本は食べて眠ること。それをないがしろにするなんて、『けもの道』に反する。ハンバーガー買いに、クマドに行ってくる。クマドね。関東ではクッマ？」
　くま介はクマドナルド、いやマクドナルド目指して走っていった。

### ハイキング

# 5月
</br>May

# こころは脳が
# つくるのか

5月●ハイキング

　さわやかな風が吹き抜ける。小鳥のさえずり、新緑の木々。そんな休日を求めて箱根の山に向かった。しかし、目の前は車、車。横も車。予想通り、交通渋滞にはまった。

**くま**「これが、噂のゴールデンウィーク渋滞だね。歩いたほうが速いや」
**先生**「じゃあ、くま介は歩きたまえ。車の中が狭くて重苦しいのだ」
**くま**「いやいや、渋滞体験も貴重だから、ぼくは頑張るよ。でも、なんでみんな山とか海に行きたがるんだろうね。人間は、人工的な建物が好きなんでしょ」
**先生**「いや、やはり自然はいいものだ。空気もおいしいし、こころが洗われる」
**くま**「人間のこころって洗えるの？ 洗ってはまた汚れていく、そんなもの？」
**先生**「難しい質問だな」
**くま**「思慮深いクマといわれているんだ、ぼくは」
**先生**「まあ、目的地まではまだまだだから、車内講義といきますか」

## こころって何だろう

### (1) こころの定義

　「こころ」って何でしょうか。定義するのは、なかなか難しいですね。広辞苑（第5版）では、「人間の精神作用のもとになるもの。また、その作用」と出ています*。そのほか比喩的に用いる場合や、心臓を意味する場合もあるようです。

　　＊　細区分として、①知識・感情・意志の総体。「からだ」に対する。②思慮。おもわく。③気持。心持。④思いやり。なさけ。⑤情趣を解する感性。⑥望み。こころざし。⑦特別な考え。裏切り、あるいは晴れない心持などがあげられています。

### (2) 動物はこころをもつか

　ヒト以外の動物は「こころ」をもたないのでしょうか。童話の中では、動物たちが人間と同じようなこころをもって、泣いたり笑ったり、思案したりしていますが、それを読んでも特に違和感を覚えません。現実の世界ではなくて、おとぎ話の世界だからでしょうか。

　アメリカ・ジョージア州立大学言語研究センターの研究によると、ボノボと呼ばれるチンパンジーのカンジ（愛称）は、誰かが妹をいじめると間

に割って入るとのことです。かわいそうだ、助けてやりたいという「こころ」をもっていることは確かです。カンジも妹のパンバニーシャ（愛称）も、自分の欲しいものや人にやって欲しいことを記号と手振りで伝えます。自分の意志、すなわち「こころ」をもっているからです。また、イヌやネコにも「こころ」があるから、ヒトと通じ合えるのでしょう。

爬虫類や鳥類はどうでしょう。僕自身、どちらも飼ってみたことがありますが、「こころ」が本当に通じ合えたとは思えませんでした。ただ、感情はあるように思いました。さらに、虫になると、もう「こころ」を通じ合わせることは難しいように思いますが、敵と闘ったり、餌になる動物を追いかけたりする姿を見ていると、「自分」という意識はあるように思われます。

こうやって見ていくと、動物にはレベルの違いはあれ「こころ」があり、「こころ」は、哺乳類、霊長類、ヒトと進化してきたように思われます。

**くま**　「一寸の虫にも五分の魂さ。それに、この車にだってこころはあると思うよ。こうタラタラ走っていたんじゃ、ストレスが溜まっているはずだよ」
**先生**　「確かに、のろのろばかりでは、エンジンによくないが、車のこころのことは、僕にはよくわからんがね」
**くま**　「あー、どうでもいいけど、このトンネル長いね。灯りも暗いし、空気も悪そうだし。幽霊もいっぱいいそうだ。写真でも撮ろうかなあ」
**先生**　「やめなさい」
**くま**　「幽霊が恐いの？　幽霊って、死んだ人の肉体から離脱した魂だと思っているんでしょ。非科学的だよ。幽霊は鬼なんだよ、まったく」

## こころとからだは離れる？　離れない？

### （１）死んだら、肉体はただの物質？

では、「こころ」と「からだ」はどういう関係にあるのでしょうか。17世紀にデカルトは、心身二元論を唱えました。これは、「こころ」は「からだ」とは別の存在で、これらが一体になっているときに生きているのであり、「こころ」が「からだ」から離れていくのが死である。そして、死んだあとの肉体は「モノ」に過ぎない、という考え方です。

このような、こころとからだは別物だという考え方は欧米の人たちに強いようで、欧米で臓器移植が進んできたのも、こういった考え方が背景にあるからだと思います。

　日本の古来の考え方は違うようです。山にも、木にも、雷にも、何にでも「こころ」が宿るというアニミズム的な考え方です。ですから、故人の遺髪や爪にも、そして故人が愛した机やペンにも「こころ」が宿っているように思うのです。日本人は特に遺骨に執着するといわれますが、それはこのような考え方からくるのではないかと思います。

### (2) こころは脳の働き？

　さて、話を戻して、「こころ」は今、生物学ではどう捉えているのでしょうか。「こころ」は「脳の働き」だというのが答えでしょう。ですから、脳を離れた「こころ」というのは考えられないのです。死ぬということは、結局脳がダメージを受けて働きを失うことで、「こころ」だけが霊魂や幽霊として残ることは考えられないということになります。

　今アメリカでは、死んだ直後に脳を冷凍し、ずっとマイナス70℃の液体窒素の中で保存しておき、将来、科学が進歩したときにそれを移植して（いったい誰に？）生き返らせるという触れ込みで営業している会社があります。

　もし将来、冷凍していた脳の移植が本当に可能になって、行われたら、どういうことになるのでしょう。その人の「こころ」はそのまま戻るのでしょうか。移植されたからだを見て「おかしい、このからだは自分のからだではない。顔も全然違う。元のからだに戻せ！」と混乱することはないのでしょうか。脳を交換移植することができた場合にも、こんなことが起こるのではないでしょうか。

## 脳の基本構造

　「こころ」すなわち「精神的な作用」が脳の働きであることは、今では疑う人はほとんどいなくなりました。そして、「精神作用は、脳内の神経細胞（ニューロン）がつくる回路網の情報伝達パターンに関係している」という仮説が有力になっています。まずは、脳について説明しましょう。

図 5.1 ヒトの脳

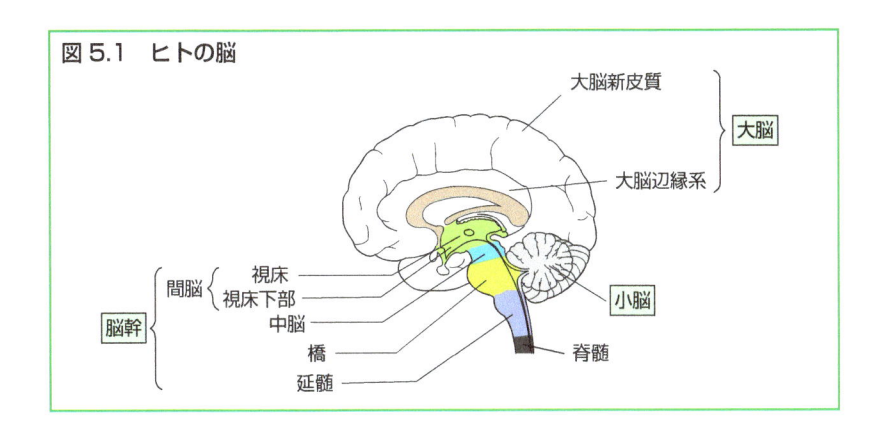

## (1) 脳のありか

　脳はまるで豆腐のようにぶよぶよしています。脳は、頭蓋骨の中に、3つの膜に包まれて存在します。まず、頭蓋骨の下にコラーゲン線維に富む硬膜があり、その下にクモの巣状の突起をもつクモ膜があり、その下に軟膜があり、軟膜が脳に張りついています。

　クモ膜と軟膜との間にはクモ膜下腔があり、脳脊髄液が循環し、血管が多数走っています。豆腐のような脳はこうして脳脊髄液の中に浮かんで、外からの衝撃をやわらげているのです。

## (2) 脳の区分

　脳は、大脳と小脳と脳幹（間脳・中脳・橋・延髄）とからなります（図5.1）。そして大脳は右と左の半球に分かれて、それぞれ右脳、左脳と呼ばれます。脳幹はキノコの柄、大脳はキノコのかさの部分のようなもので、それが大きく左右に分かれているといえるでしょうか。

# ニューロンの集合体としての脳

## (1) 140 億個のニューロン

　大脳の重さは成人で1400gぐらいあり、その中に約140億個のニューロン（神経細胞）が存在するといわれています。1つのニューロンは神経細胞体と1本の軸索と多数の樹状突起からなり、軸索の先端が、他のニューロンの樹状突起や細胞体と接続しています（図5.2）。接続といっても、ぴったりとくっついているのではなく、間が少し開いています。この連絡

図5.2 神経細胞の構造

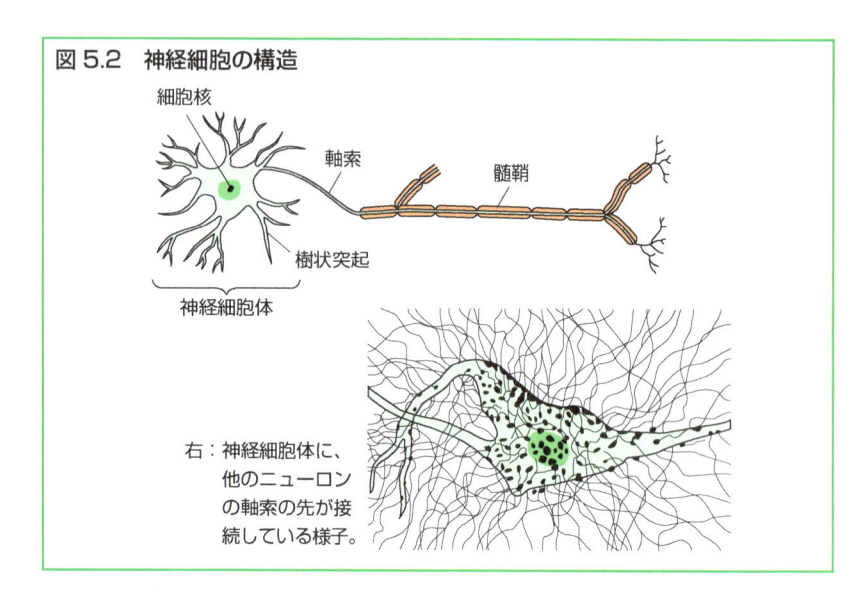

細胞核
軸索
髄鞘
樹状突起
神経細胞体

右：神経細胞体に、他のニューロンの軸索の先が接続している様子。

部をシナプスといい、1つのニューロンに1万～10万個あります。

　脳では、ニューロンは複雑な網状の構造になって集まっていますが、ニューロンとニューロンのつながり方は、おおまかには遺伝子によって決められています。ただ、その結びつきの強さは後天的な条件（よく用いられるかどうか）によって異なってきます。

### (2) ニューロンの働き　～伝導

　ニューロンなどの細胞（感覚細胞、筋細胞も含む）は、適当な刺激を受けると、興奮を起こします。興奮は細胞膜に起こる電気的な変化として生じます。ニューロン内では、電気的な変化、すなわち活動電位（インパルス、神経衝撃）を起こしている部位が次々とドミノのように移動していくことで興奮が伝わります。これを伝導と呼びます。個々のインパルスは起こるか起こらないかで（全か無かの法則に従う）、いつも一定のパターンです。興奮の伝導速度（インパルスの伝わる速度）は、無髄神経で秒速数m、有髄神経（髄鞘をもつ）で秒速約120m（0.01秒で1.2m進む）にもなります（図5.3）。

### (3) シナプスの働き　～伝達

　ニューロンとニューロンの連絡部であるシナプスでは、軸索の先端から放出された神経伝達物質が、間隙を通って次のニューロンの樹状突起の受

## 図 5.3　伝導と伝達

樹状突起、細胞体、活動電位、軸索、伝導、抑制性シナプス電位（GABA）、興奮性シナプス電位（アセチルコリン／ノルアドレナリン）、終末繊維、シナプス、伝達

## 図 5.4　シナプスでの伝達

トランスポーター、シナプス小胞、神経伝達物質、受容体（レセプター）、神経終末、興奮、ミトコンドリア、シナプス前膜、シナプス間隙、シナプス後膜

---

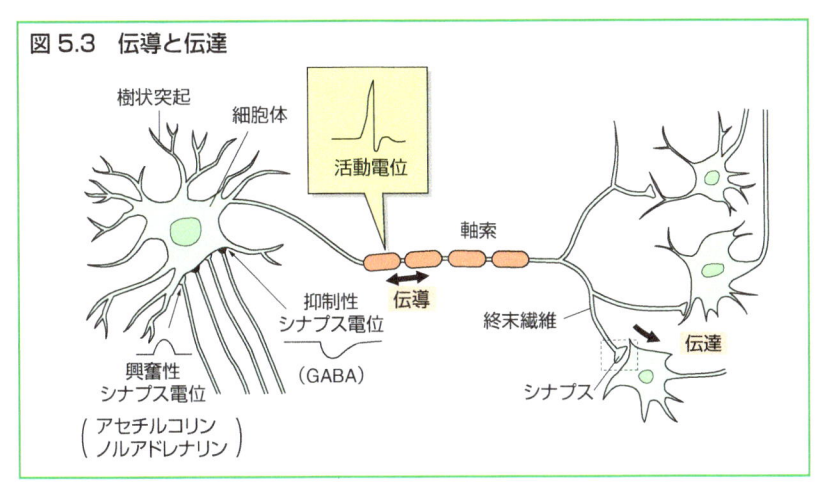

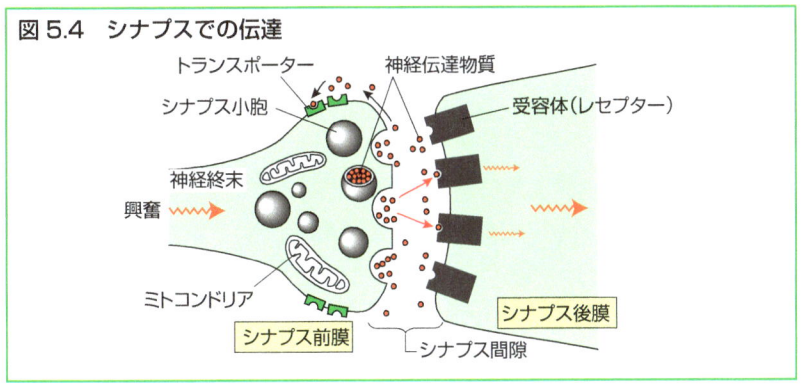

容体（レセプター）に結合することによって、信号（情報）が次のニューロンに伝わります。これを「興奮の伝達」といいます（図5.3、図5.4）。興奮の伝導と伝達は別の概念ですから、注意をしてください。

シナプスには、興奮性のものと興奮を鎮める抑制性のものがあります。神経伝達物質としては、興奮性のシナプスでは、アセチルコリンやノルアドレナリンなどが、抑制性シナプスではGABA（「ギャバ」と読む、γ－アミノ酪酸）などが知られています。

図5.4にシナプスにおける伝達のしくみを示しておきました。放出された神経伝達物質は分解酵素で分解されるとともに、一部はトランスポーターを通じて神経終末に回収されます（再取り込み、p.115 図6.6）。

**くま**「GABAって、健康食品のお茶やチョコレートに入っている奴？ 高ぶった神経を鎮めるとか、血圧を下げる作用があるとか聞いたけど、同じ物？」

**先生**「同じだけどね、GABAは脳には直接作用はしないよ。脳には、血液脳関門という関所があって、通れるものと通れないものがある。GABAは通れないから、外から摂取しても脳の中には入れないんだ。GABAは脳のニューロンが自分でつくっている物質なんだよ。GABA受容体が異常だと不安（強迫）神経症になるらしい。アルコールや抗不安薬はこの関所を通って、この受容体に働いて抑制を強めることで、不安を打ち消すらしいけどね」

### （4）グリア細胞

　脳にはニューロンのほか、ニューロンに栄養を補給しているグリア細胞があり、この2つが助け合って脳を形づくっています。「グリア」というのは、にかわ（膠）のことで、脳には結合組織がなく、グリア細胞が間を埋め、ニューロン周辺の環境を整えているのです。

### （5）神経細胞体は大脳皮質に集まっている

　大脳の表層（大脳皮質）は、少し灰色がかった色をしていて灰白質といい、ここに神経細胞体が集中して存在しています。大脳皮質は厚さ約2mmで、コラムと呼ばれる柱状の神経細胞の集まりが単位になっており、さらに各コラムは6層からなる層状構造をとっています。それぞれの層は、特徴のあるニューロンが集まっています。そして、大脳皮質だけでも、$14 \times 10^{13}$個以上のシナプスがあります。大脳皮質には複雑なしわがあり、そのしわを広げて伸ばすと、ほぼ新聞紙見開き分の面積になります。これから話しますが、大脳皮質は、思考や運動、感覚の中枢がある部分で、新聞紙1枚で、からだのおもな働きを支配しているのですから、奇跡的というほかありません。

## column　ヒトの脳をほかの動物と比べると

　脊椎動物における脳の発達をみると、古い部分は共通性が高く、それに新しい部分が付け加わっていったとみることができます（図）。進化的に特に古い部分というのは、脳幹（と小脳）で、これは爬虫類脳ともいわれたりします。この脳幹の上に、扁桃体や海馬などの原皮質・古皮質（大脳辺縁系）が加わっていくのですが、これは哺乳類脳と呼ばれます。

　ヒトの脳でほかの動物と大きく異なっているのは、大脳新皮質が特に発達していることです。そして、大脳新皮質の多くを占めているのは、大脳の前半分の前頭葉です。

　脳の大きさ（重さ）と知能は比例するのでしょうか。まず、動物の脳の重さは、からだの大きさにほぼ比例するようで、たとえば、ゾウは約4000g、ウシは約450g、イヌは約100g、ウサギは約50gです。ヒトの男子の脳の重さは約1400gで、ゾウより小さいですから、単純に脳の大きさに知能が比例するとはいえないようです。

　次に、からだの中で脳の占める割合を重さで比べてみると、脳の重さ1に対してからだの重さはウマ400、イヌ257、ゴリラ100、ヒト38で、相対的に脳が重いほうが頭がよいように思えます。しかし、スズメ34、テナガザル28、シロネズミ28となっていて、そうともいえないようです。

　結局、知能は脳全体に占める前頭葉の比率が最も関係するようで、ヒトは30％、チンパンジー17％、イヌ7％、ウサギ2％となっています。

[Ch. Jakobによる。参考：『驚異の小宇宙 人体 別巻2　ビジュアル人体データブック』、日本放送出版協会]

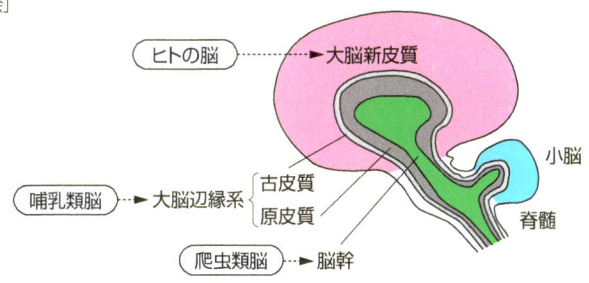

図　古い脳に新しい脳が加わってヒトの脳に

**くま**「こころとは何かって話だったのに、神経や脳のことばかりだね。たとえば、川に手を入れて、冷たいって感じて手を引っ込めるのは、神経が関係しているってわかるよ。でも、それがこころというものなのかな。こころって、もっと捉えどころのないような感じがするけど」

**先生**「1つ1つの神経細胞の活動が、統合されて、こころになるんだよ」

**くま**「うむ。こころって、わかったようでわからないんだな、何度聞いても」

**先生**「昔の偉人たちも、いろいろと悩んだようだよ」

## column 昔の人が考えた脳とこころ

　こころ、すなわち精神活動が脳にあると考えたのは、遠くギリシャ時代にさかのぼります。しかし、同時代のアリストテレスは、心臓が精神活動の中心だと信じていました。以来、緊張したり興奮したりするときは、心臓がドキドキすることから、一般の人たちは「こころは心臓（ハート）にある」と考えてきたのです。一方、ローマ時代に入ると、ガレノスが「記憶の場は脳にある」と記載しています。彼の説によると、脳には脳室があり、ここに霊気が貯えられて、これが精神活動を担うものだとされました。17世紀のデカルトは、ヒトのこころは脳とは別に存在すると考えました。

　18世紀になると、ガルが「脳には機能が局在していて、発達している部分では脳が膨らんでいる」と提唱しました。ガルは、脳の発達による骨の出っ張りが顔や容貌に表れると考え、「骨相学」を発展させ、上流階級でもてはやされたのです。彼は出目の人は暗記力が強いとか、額の広い人は決断力があるなどと主張したのです。さらに容貌によるだけで金持ちと貧乏人が見分けられるという説もまかり通ったのです。

　ガルの「骨相学」は今ではまったく根拠を欠いた、いい加減なものであることがはっきりしています。しかし、「大脳のいろいろな部分に機能がおおまかに局在している」ということは、現在の脳科学によってますます確かなことになっています。そして、確かに重大な誤りはあったけれども、ガルは脳の解剖学の近代的概念を確立したのだと評価する人もいるのです。

## こころはどこでつくられるか

　脳の機能について、一通り説明してきましたが、さて、脳とこころはどのように結びつけて考えればいいのでしょうか。「こころ」は、広辞苑の説明にもあるように、大きく分けると、知・情・意（知識・感情・意志）の3つの要素があるといえますが、脳はおおまかにこれらを分担しているようです（図5.5）。

　「知」は大脳の後ろ半分の頭頂側頭葉（頭頂葉・側頭葉・後頭葉）と呼ばれる部分で営まれています。ここには、感覚刺激の情報が流れ込み、それを統合して「知」が形成されます。知の要素をこころと考えるのは、違和感がある人も多いかもしれません（p.90）。

　「情」は、主に大脳辺縁系と脳幹の頂端（間脳）の視床下部の働きといえます（p.87）。

　「意」は大脳の前半分の前頭葉で営まれています（p.88）。

### (1) 情と大脳辺縁系

**・情動とは**　　まず「情」、すなわち「感情」から、説明しましょう。ヒトの「感情」は、主観的な要素が入り込むので、客観的なデータをとって調べることが困難なため、動物で表情や血圧や発汗などの形に表れる変化をみて、客観的に調べます。動物のときは、「情動」という言葉を用います。

　情動には、大きく分けて、「快情動」と「不快情動」があり、快情動は接近行動を、不快情動は攻撃または逃避行動を起こします。情動は、行動を

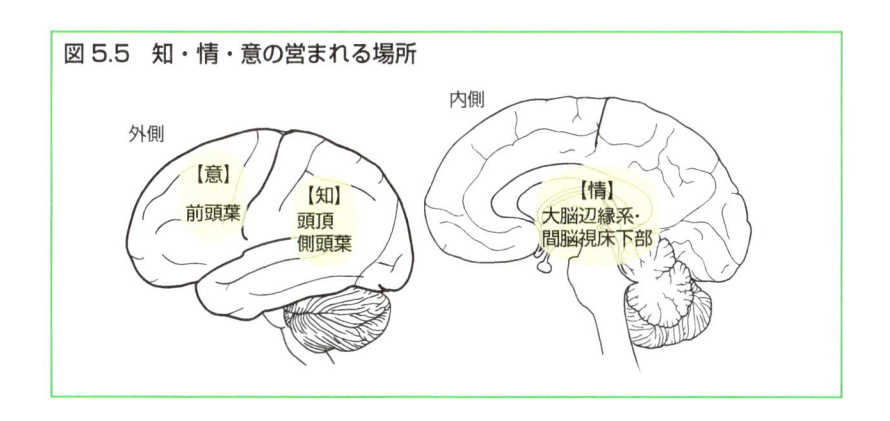

図5.5　知・情・意の営まれる場所

外側
【意】前頭葉
【知】頭頂側頭葉

内側
【情】大脳辺縁系・間脳視床下部

支配する価値判断の現れだといえるようです。

- **情動の中枢**　では、情動の中枢はどこでしょうか。視床下部を電極で刺激すると、怒ったり、恐怖のようすを示して逃げたりします。大脳を全部取り除いても、視床下部以下が残っていれば非常に怒った表情や動作を行うので、視床下部が情動の中枢といえます。
- **大脳辺縁系**　この視床下部を取り巻いている大脳の深い部分は、大脳辺縁系と呼ばれる古い脳の部分です（図5.6）。この大脳辺縁系の扁桃体という部分を壊すと、情動反応は起こるのですが、価値判断を間違えやすくなります。たとえば、ネコが研究者の白衣に性行動をしかけたりするようになるのです。このことから、扁桃体は情動行動するための価値判断を行う部位だと考えられます（図5.7）。

また、大脳辺縁系の海馬（形がタツノオトシゴに似ていることからつけられた名前、似ている？）と呼ばれる部位は、記憶を貯えるのに重要な役割をもっていて、視床下部は海馬とやりとりして、過去の経験（記憶）と照合しているようです（p.96）。

つまりヒトの場合は、情報を大脳皮質によって分析し、扁桃体へ流し、そこで価値判断を行い、海馬を使って経験と照合し、最終的に視床下部に送り込んで、感情をつくっているといえるでしょう。

### (2) 意志と関係する脳の部分

次に、「意」つまり「意志」について見てみましょう。

- **意志の前に動機づけがある**　例として足を動かすときのことを考えてみ

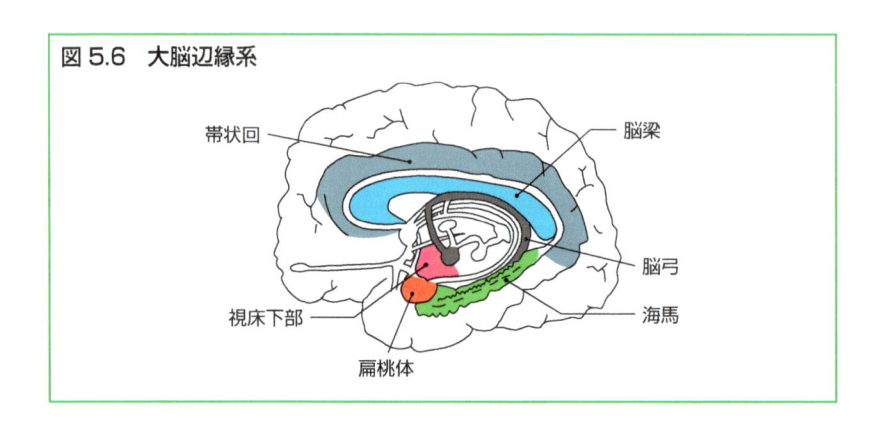

図5.6　大脳辺縁系

ましょう。大脳前頭葉には運動野（p.94）という運動中枢があり、足を動かす指令はここから発信されています。「足を動かす」指令が出されるには、反射などの例を除いて、まずは「足を動かしたい」という意志が脳に生まれているはずです。そして「足を動かしたい」という意志が生まれる前には、まず動機づけが脳で行われるのです。

　動機づけの中枢は、大脳辺縁系の一部である帯状回（たいじょうかい）という部分です。帯状回の活動が高まると、大脳前頭葉の補足運動野という部分が刺激されて運動の意志を表す信号がつくられるのです。その信号を運動野が受け取り、運動野から足を動かす指令が出されると考えられます（図5.7）。

・**前頭連合野に自我の中枢がある**　　ところで、大脳前頭葉の運動野より前の部分（前頭連合野）を切除するとどうなるでしょうか。1950年頃までは、精神に異常をきたした人が暴れないように前頭葉の一部を切除するという「ロボトミー」という手術がよく行われました。手術しても、直接的な障害は起こらず、記憶も保たれ、一見大きな悪影響は起こらず、患者はたしかに従順でおとなしくなりました。しかし、「積極性がなくなる」、「周囲に無関心になる」、「抑制がきかず感情の起伏が激しくなる」など人間らしさがなくなってしまったということです。どうやら、前頭連合野には人間らしさを支える中枢、すなわち自我の中枢があるらしいのです。このようなこ

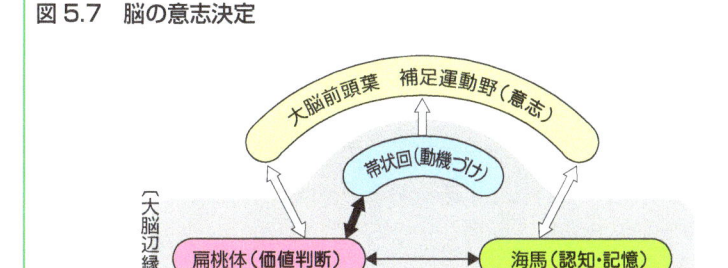

### 図5.7　脳の意志決定

大脳前頭葉　補足運動野（意志）

【大脳辺縁系】
帯状回（動機づけ）
扁桃体（価値判断）　　海馬（認知・記憶）

▶補足運動野と呼ばれる部分が損傷を受けると、自分からは何もせずに、ボンヤリ1日中座っているようになる。また、指を実際には動かさないで、ただこころの中で指を動かすことを想像しつづけると、補足運動野の活動が高まる。
補足運動野の活動を高めている（補足運動野に信号を送っている）部分は、大脳辺縁系の一部の帯状回である。この部位に損傷を与えると、やはり自発的な運動は示さなくなる。つまり、この帯状回が動機づけの中枢である。

とがわかり、ロボトミーは非人道的ということで、その後は行われなくなりました。

くま 「難しい言葉が多くて、よくわからないや。日常的な言葉で説明してよ」
先生 「専門用語だからなあ。それを使わないで、脳の前のほう、中のほう、あっち、こっち、なんて言っても、はっきりしないだろう？」
くま 「とにかく、脳にはいろいろな役割分担が場所によってあるってことだよね。1丁目には畑、2丁目には八百屋、3丁目にはスーパー、4丁目には銭湯、5丁目には団地ってあって、1丁目の畑がつぶされると、八百屋さんに品物が届かなくて、団地のみんなは困るって感じかな」
先生 「そうそう、そんな感じだよ」

## 見て認識するとはどういうことか

さて、「知」すなわち「認識」について考えてみましょう。最も研究が進んでいるのは、視覚による認識です。

### (1) 目で見るのではなく、脳で見る

何かを見るとき、まずその像が目の水晶体を通して、目の網膜に映し出されます。そして、目の網膜からの情報は、視神経を通じて、後頭葉の視覚野に伝えられ、像として識別されます。ここで、初めて「もの」が見えるのです。脳で見ているのであって、決して、目で見ているのではないのです。後頭部を打つと脳震盪を起こし、視野が真っ暗になりますが、それは脳の後頭葉にある視覚野が打撃を受けたからです。

左右どちらの目からも、右半分の視野の情報は左脳、左半分の視野からの情報は右脳の、各視覚野に伝えられます（p.99 図5.12参照）。左右の目からの情報の違いは距離などの分析に用いられ、立体視が可能になるのです。また、網膜に映る像は上下が逆になった倒立像なのですが、視覚野で正立像として認識されます。

### (2) 視覚情報が二手に分かれ、頭のてっぺんと横へ

後頭葉の視覚野に入った情報は、まずその特徴が抽出され、視覚情報は二手に分かれて、頭頂連合野と側頭連合野に送られます（図5.8）。

頭頂連合野に障害があると、目で見たものの空間的な関係がわからなく

なります。たとえば、自動車が動いて近づいていることがわからない。約2秒ごとの瞬間映像は捉えられるのですが、動いているかどうかを判断するのは困難なのです。

側頭連合野ではものの形に関する情報を処理していて、この部分が損傷を受けると、人の顔がわからなくなったり（相貌失認）、似た文字の区別ができなくなることがわかっています。また、この部分は、形や色から、食物かどうかを識別するのに関与しています。

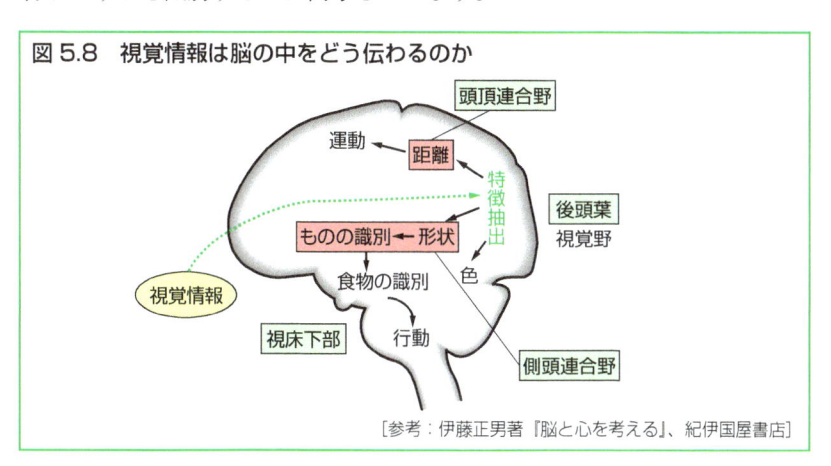

図5.8 視覚情報は脳の中をどう伝わるのか

［参考：伊藤正男著『脳と心を考える』、紀伊国屋書店］

### column　顔の認識

人の顔の認識に関して、私たちは特に優れていて、いつも模様や対象の中に人の顔を探しています。ですから、人面魚とか、火星の砂漠が映っている映像の中に人の顔を見つけたりするのです。心霊写真もこれですね。

私たちは、普通なら見た途端に、脳のいろいろなところで同時に情報を処理して、誰の顔か、会ったことのある人の顔かどうかを判断しています。側頭連合野のある部分には顔細胞、すなわち顔を識別する専門細胞の集まりがあり、そこが障害を受けると、物体ならそれが何であるかいえても（たとえば歯ブラシを見せたとき「歯ブラシ」と答える）、知っているはずの人の顔を見ても誰それと答えられなくなります。「相貌失認」と呼ばれています。想像しにくいのですが、目の特徴とか鼻の特徴とか、細部については識別できるのですが、全体として特定の人の顔と認識できないよう

です。ですから、鏡に映った自分の顔を見ても、それが自分の顔だと認識できません。何度見ても、知らない誰かなのですね。

### (3) 並列処理した情報を組み合わせて認識

　私たちは、見えるものを、形、色、大きさ、動き、それは何かなどを脳の別々の部分で識別し、その後で情報をつなぎ合わせて識別しています。頭頂連合野と側頭連合野に送られた視覚情報はその後、どうなるのでしょうか。たとえば、赤い自動車が近づいてきたとき、脳内では、「赤い」は生の感覚刺激で後頭葉の視覚野で処理、「自動車」であることは側頭連合野、「近づく」は頭頂連合野で処理されています。そして、それらの分割処理された情報をつなぎ合わせて、見えているものを理解しているのです。そして「赤い自動車が近づいてきた」と瞬時にわかるのです。なぜ分割して情報が並列処理されているのかですが、同じところで処理するともっと時間が必要になるのではないか、並列処理なので瞬時にわかるのではと考えられています。

**くま**「あ、先生、このインターチェンジで降りるんだよ。話に気をとられていたでしょ。話をしながらでも、標識を見たり、ブレーキを踏んだりしなきゃ、だめだよ」

**先生**「ながら運転は事故のもとになるから危ないんだ。携帯電話をかけながらの運転もいけないんだ。クマとの会話はそれ以上に危ない」

**くま**「失礼だなあ。それにしても、脳っていうのは、一度に何もかも処理するんだから、すごいよなあ、不調になったりしないのかなあ」

**先生**「そりゃ、あるさ。それは、また今度話すよ」

## 脳はだまされやすい

　脳は見えたすべてを捉えているのではなく、あるものに注意を払い、ほかのあるものは注意しないというように、必要に応じて、認識するものを選択しています。私たちは手品で簡単にだまされますが、それは全体が見えていると思わせておいて、注意をそらし、その間に気づかれないで何か

をやってしまうからなのです。

　さらに、脳はとてもだまされやすいのです。それは、さまざまな錯覚（錯視）の例を見れば明らかです。「カニッツアの三角形」と呼ばれる図（図5.9）では、三角形は描かれていないのに、見えてきますね。それは、脳が自ら推測しているからなのです。脳はありのままを映し出しているのではなく、自分でいろいろ補ったり修飾したりして像をつくりあげているのです。脳の中にはいろいろなモデルが蓄積していて、外界からの情報が来ると、そのどれかを選択して抽出しているのでしょう。だから錯覚が起こるのです。

図5.9　カニッツアの三角形

**くま**「ふー、やっと着いた。車はここにおいて、山の中に入ろう。ここからはぼくが道案内するよ。たけのこ堀りの穴場や、おいしい水飲み場もあるよ」
**先生**「それは楽しみだ」

**くま**「あれ、道に迷ったみたいだ」
**先生**「クマのくせに、山道に迷うのか？　しっかりしてくれよ」
**くま**「地図があればなあ。まあ、お弁当でも食べながら、一息入れようよ。心配しない、心配しない。そうそう、脳の機能について、地図のようなものをつくらなかったの？　人間って何でも調べるのが好きじゃない？」
**先生**「勉強熱心なんだか、この場をごまかしているんだか、わからないなあ」

　＊　ポッゲンドルフ錯視と呼ばれる現象。現在地からつながる1本の線は本当は左から2番目の「左」を指しているのだが、一番左端の「右」を指しているように見える。

## 大脳皮質の機能の分担

さて、こころと脳の関係を説明してきましたが、特に大脳皮質は、物事を判断したり、知覚したりと、思考や運動、感覚の中枢が分布しています。大脳皮質の機能は一様ではなく、各部位がそれぞれ特定の役割を分担しているのです。機能から、運動野、感覚野、連合野に分けられます（p.97 図5.11）。

### (1) 運動野

運動野は、中心溝の前頭葉側の部分（中心前回）を中心とする領域です。随意運動を行う場合は、この領域から脊髄にまで軸索を伸ばしているニューロンによって行われます。この運動野には、動かすからだの部分に対する分担があり、最下部から上方に向かって、頭部、頸部、上肢、胴体、下肢とちょうど逆立ちしたように、部位（左右反対側ですが）の運動を担っています。ですから、「ホムンクルス（こびと）」などといわれます（図5.10）。特に顔の部分が大きいのですが、それは表情豊かにコミュニケーションをとる、ヒトの特徴を表しているといえます（顔には表情筋という表情をつくり出す筋肉がついています）。

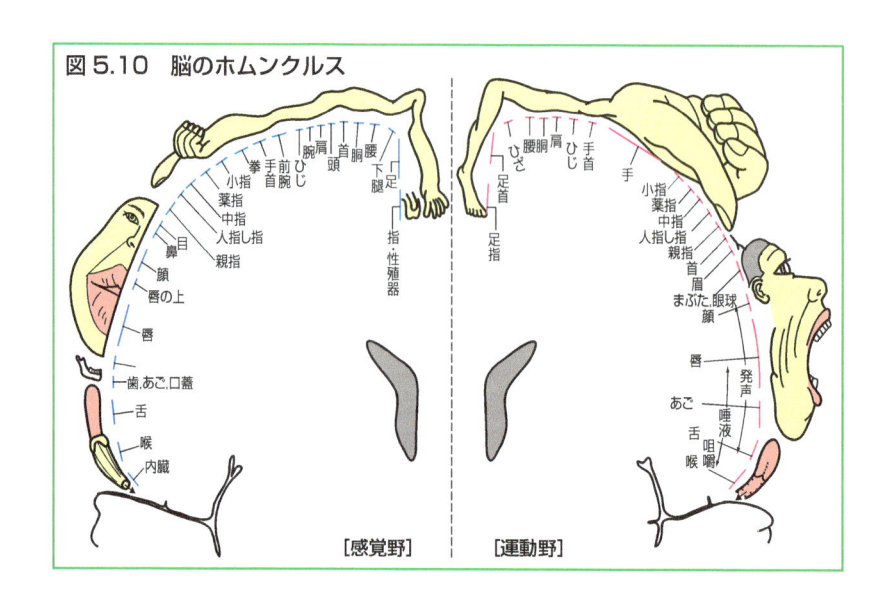

図5.10　脳のホムンクルス

## （2）感覚野

**・体性感覚野**　感覚野のうち、体性感覚野は中心溝の頭頂葉側（中心後回）にあり、触覚・圧覚・痛覚・温度感覚などの感覚をつかさどっていて、からだの反対側からの感覚刺激を受け入れています。やはりこちらも「ホムンクルス」がいるようになっていて、私たちが敏感に感じるところ（唇や手）ほど広くなっています（図5.10参照）。キスや愛撫をする理由はこんなところにあったのですね。

**・聴覚野と視覚野**　聴覚野は、体性感覚野に隣接する側頭葉の部分にありますが、視覚野だけは、かなり離れた部位の後頭葉にあります。

## （3）連合野

運動野と感覚野のほかの部分は「連合野」と呼ばれます。連合野は高次の神経活動を統御しているところで、入ってきた感覚情報を過去のデータと照合して意味を理解したり、それに対処する判断をするところです。側頭連合野のある部分が損傷を受けると身近な人の顔を見ても誰だかわからなくなるという例をあげましたが、過去のデータとの照合や意味づけができなくなるのですね。

---

**column　存在しない手の感覚が顔に？**

不幸にして、事故などで手足（四肢）を切断してしまった場合のことですが、今は存在しない手足の感覚が残るということです。ない足がかゆいとか、小指が痛いとか。しかも、第三者が頬を触ると、（存在しない）手の指を触られたような感覚が起こるのだそうです。痛いときなどは、その頬の部分をさすると、痛みが弱まる場合もあるそうです。このような感覚を幻肢とか幻肢痛などといいます。

どうしてこんな奇妙なことが起こるかですが、これも体性感覚野のホムンクルスと関係があるのです。体性感覚野に腕や手の感覚をつかさどる部分があり、手が失われると、その領域が縮小し、隣接する部分が広がるようです。そして、隣接する顔の感覚の領域が本来の腕や手の感覚の領域まで広がるのではないかと考えられます。そのため、第三者が頬を触れば、頬が触られた感覚も起こるのですが、それに加えて、腕、手、指が触られ

た感覚も起こると理解されます。

　感覚は脳で起こるのであって、手（そのもの）で起こるのではないことが、このことからもわかります。

## column　海馬と記憶

　記憶には、20～30秒間だけ覚えている「短期記憶」と、ずっと長期にわたって忘れない「長期記憶」とがあります。たとえば友達とレストランに行って、友人の食べたい料理を聞いて、店員に注文するのは、短期記憶（友人の料理を記憶した）です。一方、小学生時代の担任の先生の名前を覚えているのは長期記憶です。また、短期記憶は、長期記憶へと移し替えられるもので、初めて会った人のことを、1週間後会ったときにも思い出せるのは、短期記憶が長期記憶に移し替えられたからです。また、メモを見ながら押していた電話番号を、いつのまにかメモなしでかけられるようになるのも長期記憶に移し替えられたからです。

　大脳辺縁系の海馬を損傷すると、短期記憶はできますが、長期記憶に移すことができなくなります。覚えるそばから忘れていくのです。そのため海馬は、長期記憶の機能に関与していると思われますが、そんな患者でも損傷前の昔のことは覚えています。したがって、海馬は、短期記憶を長期記憶に移し替えている部位で、長期記憶を蓄積する場所ではないかと考えられています。

　海馬の神経細胞に、短い刺激を頻繁に与えると、だんだんシナプスの伝達効率が高まり、その状態が数週間も続くということ（長期増強）がわかっており、そのしくみの概要も解明されてきました。このような、使われることによるシナプスの性能の向上（シナプスの可塑性）こそが、記憶の基礎過程だと考えられます。それには神経伝達物質の放出量の増加やレセプターの数の増加などが関係していることがわかってきています。

　長期記憶は、大脳新皮質の頭頂連合野と側頭連合野のあちこちに保存されるようです。記憶は多数のニューロンによる情報伝達の回路の形成によって成立すると考えられます。この情報の流れのパターンが繰り返されることで記憶は保持されるようです。

年をとると度忘れすることが多くなるのは、この回路を担っている神経細胞が酸素供給不足などで死んだり、樹状突起が減少したりして、記憶の自動興奮回路が中断されてしまうことによるようです。高齢で、認知症になると、食事をして 30 分も経たないのに「ご飯はまだか」といいます。それなのに、子どもの頃の話は忘れていません。これも海馬の機能が異常になっているのだと思われます。

くま 「お、前方に若いカップルを発見。お。包丁しながら接吻しています」
先生 「ぶっそうだな、包丁じゃなくて、抱擁だろう。無理に接吻とか、古い言葉を使って」
くま 「ぼくは文才あるルポライターだからね。ところで、こころが脳にあるんだから、才能も脳にあるんだよね。文章力は脳のどこにあるんだろう」
先生 「頭の左側の部分らしいよ」
くま 「ふむ、ここか。なるほど、出っ張っている気がする」
先生 「それは、ただのコブだろう」

## 言語中枢はどこに

言語能力は、大脳皮質の連合野の働きによりますが、この中枢は多くの場合、大脳左半球にあります。右利きの人の 90％以上が左半球、左利きの人では約 70％が左半球にあるようです。

言語中枢の 1 つのブローカの運動性言語中枢（図 5.11）は、頭に浮かんだ言葉を音声として言葉にする働きがあり、ここが障害を受けると、他人

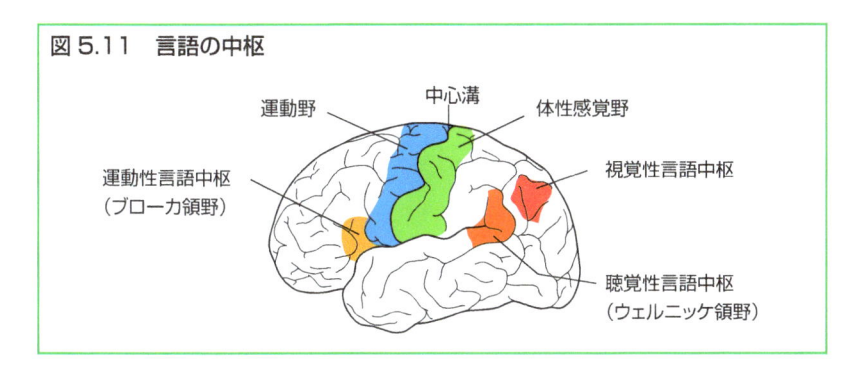

図 5.11 言語の中枢

が話す言葉は理解できるのですが、言葉が頭に浮かんでも自分が口に出して話すことはできなくなることになります。この中枢は、舌やあごやのどの運動を司る運動野に隣接しています。

聴覚野に隣接する部分と、その後方に広がる部分が障害を受けると、他人の話している言葉の意味が理解できなくなります。この領域は、音声として聴覚野に入ってきた感覚刺激を、言葉としてその意味を理解する中枢で、ウェルニッケの聴覚性言語中枢（図5.11）といいます。

字を見て言葉の意味を理解する中枢（視覚性言語中枢）は、ウェルニッケの中枢の後ろにあります（図5.11）。

言葉を理解し、自分から発するのに、脳のどの部分が重要かは判明してきましたが、言語理解と言語形成がどういうしくみでなされるのかは、まだよくはわかっていません。

**くま**「右と左では、大脳の機能が違うのか。そうか、ぼくはね、ものを考えるとき、どうも左側の歯をかみ締める癖があるんだ。これは無意識に左脳を刺激していたってことかなあ。ぼくって天才だ」

**先生**「歯並びが悪いだけじゃないの？　それに、左側をかみ締めると刺激は右脳に伝わるんだよ。まさか直接脳を締めあげているんじゃないだろうから」

**くま**「そうか、どっちがどっちかわからなくなった。でも、見て見て、ぼくの歯。立派でしょう」

**先生**「こ、恐いからやめてくれ。うむ？　くま介、虫歯じゃないか、その奥歯。歯医者にいったほうがいいな」

**くま**「それは聞かなかったことにして、右脳はどんな機能があるの？」

## 右脳と左脳

### (1) 右脳と左脳の得意分野

僕の知り合いが脳梗塞で倒れたのですが、左半身が不随で、左手も左足も動かない状態になってしまいました。ただ、言葉を話したり、理解したりするのは、まったく影響がないとのことで、このことから、右脳の一部に損傷があると推定されます。

絵画や音楽などを鑑賞して感動するような、全体的、直感的、アナログ

的な情報の処理（音楽、図形、空間認識などイメージ的な知的活動）は右脳が得意とされています。それに対し、左脳は言語や文字からのデジタルな情報処理（言語の意味理解、論理的思考、計算など）を行っているとされます。基本的には、左右半球は共同してはたらいていると考えるべきですが。

### (2) 右脳と左脳のつながりをなくすと

　右脳と左脳は脳梁でつながり、情報交換をしていますが、この脳梁を外科的に切断してしまうことが、かつてはありました。このような患者を分離脳患者と呼びますが、分離脳患者は左右に独立した「意識」をもっているといえるようなのです（図5.12）。ですから、右手で三角形、左手で四角形を同時に描いてもらうと、すらすらとそれぞれ正確に描けるということです。みなさんもやってみてください。左右違う絵を同時に描くのはとても難しいですよ。

---

**図5.12　右脳と左脳の連絡が切れると**

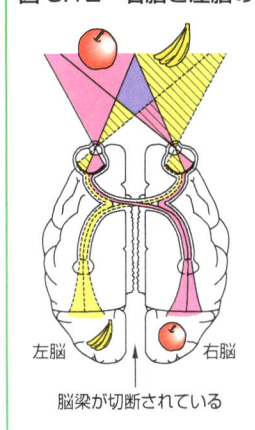

左脳　　右脳
脳梁が切断されている

[左右の脳が連結していない人に、見えているものを訊くと]
　左右の視野に別のもの（リンゴ、バナナ）を瞬間的に見えるようにする。
　左の視野のリンゴは、左目の鼻側の網膜と右目の耳側の網膜で像がとらえられ、その情報は右脳の視覚野に届く（耳側の網膜からの線維は交叉しないで同じ側の視覚野へ入るので）。
　右の視野のバナナは左目の耳側と右目の鼻側の網膜で像がとらえられ、その情報は左脳の視覚野に届く。
　分離脳の人に「何が見えますか」と訊くと、「バナナ」と答えるが、「見えたものを図（リンゴ、バナナ、ミカン、トマトなどが並んでいる）の中から選んで、左手で指してください」というとリンゴを指し示す。それは、左右の脳とも像を認識しているが、言語中枢は左脳にだけあるので、言葉で言えるのはバナナとなり、左手は右脳の運動野に支配されているから、右の視覚野で見えているリンゴを指し示すのである。

(R.W.スペリー、1974)

---

### (3) 日本人と欧米人の脳は違う？

　また、日本人と欧米人で、同じ音をどちらの脳で聞いているかを調べた実験があります。そうすると、バイオリンや機械音は、日本人も欧米人も右脳で聞いているのですが、鳥や虫の鳴き声は、日本人は左脳で、欧米人は右脳で聞いていることがわかりました（図5.13）。日本人は、鳥や虫の鳴

## 図5.13　日本人と欧米人の脳機能の違い

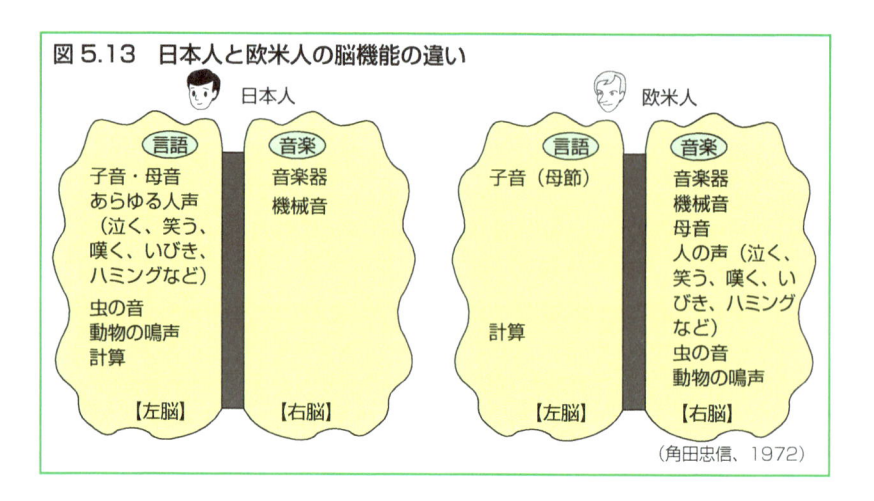

**日本人**

【左脳】言語
- 子音・母音
- あらゆる人声（泣く、笑う、嘆く、いびき、ハミングなど）
- 虫の音
- 動物の鳴声
- 計算

【右脳】音楽
- 音楽器
- 機械音

**欧米人**

【左脳】言語
- 子音（母節）
- 計算

【右脳】音楽
- 音楽器
- 機械音
- 母音
- 人の声（泣く、笑う、嘆く、いびき、ハミングなど）
- 虫の音
- 動物の鳴声

（角田忠信、1972）

き声を「言葉」のように聞いているのですね。そういえば、「ツクツクホウシ」「チンチロリン」「コケコッコウ」など日本の表現は、写実的な音というよりも、何か話しているかのように表現していますよね。ずっと子どものときからアメリカに育った日本人は、欧米人と同じように聞いているのだそうで、脳がどのように働くかには、文化的な影響がとても強いことがわかります。

　よく理解するためには声に出して読むのがいいといわれますが、文章を朗読し、暗誦しながら味わうことは、音楽的な要素も踏まえて、左脳だけでなく右脳も働かせることになり、記憶を強め、理解を深めることになるのではないでしょうか。漢字文化圏では読字障害が少ないという結果が出ていますが、これも漢字には意味が含まれているので、字を絵として理解している面があるからではないかと思われます。

### column　脳活動を画像として捉える

　最近は、PET（ポジトロンCT装置）やfMRI装置などを用いて、ふだんの脳活動を画像として捉えることができるようになりました。いずれも、活動がさかんな部位へは供給血流量が増えることを捉えるものです。PETでは放射能をちょっと浴びますが、fMRIのほうは放射能は用いず、巨大な磁石と電波の力を用いて脳の情報を断層写真として撮影するものです。

これで、電極を押し込むようなことをせずに、音楽を聴いたり、話したり、本を読んだりしているときに、脳のどの部分が働いているかを知ることができるのですから、すばらしいことです。

　東北大学の川島隆太教授によると、被験者が単純な足し算や会話や音読をしているときは、とても前頭前野が活動しているということです。単純な足し算などは、認知症老人のリハビリにも役立つようです。このような努力によって、「脳力」を発達・維持させることになるといえそうです。声に出して読むことや単純な計算をすることなどの効用が証明されたといえるでしょう（しかし、批判的な意見も存在するようです）。

## column　念ずるだけで、コンピュータを操作する

　「念じたとおりのことが実現する」ということができる時代が来つつあります。文字を思い起こすだけでキーボードを操作し、文章を書いたり、「寒い」「熱い」と脳が念じればその脳波が家電を動かすしくみです。そのようなことが、「ＢＭＩ（ブレイン・マシン・インタフェース）」と呼ばれる技術で実現可能になってきました。

　現在はまだ研究段階ですが、頭にベルト状の「脳波計」を取り付け、脳波などのデータを取り出し、それを判読して、キーボードや家電のスイッチを操作するのです。今は、まだ、念じることで、すぐにスイッチが入るわけではなく、指示通りに動く確率は、７～８割だということですし、スイッチが入るまでに６～１３秒ほどかかるそうです。

　脳で念じただけでコンピュータやロボットを動かす「テレキネシス」、遠く離れた場所にいるロボットを動かす「テレポーテーション」、主観的な認知を読み取る「テレパシー」、脳の活動から映像を取り出す「念写」なども、可能性が現実のものとなってきました。

　この技術は、アメリカで軍事用として開発されてきましたが、今後は超高齢社会や医療の分野での活躍が期待されます。

[資料：「念力が使える？　脳と機械をつなぐ新技術」サイエンス ZERO.
http://www.nhk.or.jp/zero/contents/dsp274.html］

**くま**「うーん、さわやかな風だ。道もわかったし、気持ちがいいねえ。脳もよろこんでいるんだねえ、叫びたい気持ちだ」

**先生**「叫ぶのはやめたほうがいいよ。人間が聞いたらびっくりするだろう」

**くま**「じゃあ、相撲かなあ。先生、相撲とろうよ」

　じゃれてくるので、振り払ったら、くま介がころころ転んでしまった。その様子を通りすがりの人が写真に撮ってブログにアップしたので、僕は「クマを投げ飛ばした先生」として有名人になった。くま介一生の不覚らしい。

## 梅雨　6月 June

# 脳の調子を
# 左右するもの

木々の緑がしっとり雨にぬれている。くま介は「人間に投げ飛ばされたクマ」のレッテルを貼られてから、ふさぎこんでいる。「穴があったら入りたい」と言っては、押入れに入ったりしている。今日は朝から、てるてる坊主に何やら話し掛けている。

**先生**「何を話しているんだ？」
**くま**「人生（クマ生）に晴れる日はくるのかなぁって聞いたら、当分雨だっていうんだ。あー、なんだか、頭の中にカビが生えた感じだ」
**先生**「おい、カビは頭の中には生えないよ。まあ、季節の変わり目は、誰でも体の調子が悪くなったりするからな。僕も頭がよく働かなくて、困ることが多いんだ。脳の働きがよくない感じなんだ。そのことについて話をしてあげよう」
**くま**「脳の調子が悪い人に、話してもらっても、なんだかなぁ」

## 「脳調」が悪い

　友人と飲むのは楽しいですね。でも、どうしても飲みすぎてしまい、翌日は眠くて頭がぼーっとしてしまいます。僕は、このような状態を「脳調」が悪いと言っています。まったくのオリジナルな造語ですが、「体調」があるなら、「脳調」があってもよいのではと思っています。みなさんの今日の「脳調」はいかがですか？

　こんなときは、濃いコーヒーを飲むと、すっきりするものです。カフェインによって頭が覚醒するのですね。つまり脳が活性化するのです。

　さて、このように、頭が冴えている、集中できるというときと、頭が冴えない、ぼーっとしている、という違いはどうして生じるのでしょうか。つまり脳がうまく働いたり、働かなかったり、その違いはどうして生じるのでしょう。

## 脳波で脳の状態を調べる

### （1）脳波とは？

　脳の状態の違いは「脳波（EEG：electro encephalo gram）」によって調べることができます。脳における情報の伝送は、電気的な信号によって行われていますが[*]、このようなニューロンの電気的な活動の総和は、一定

図 6.1　脳波

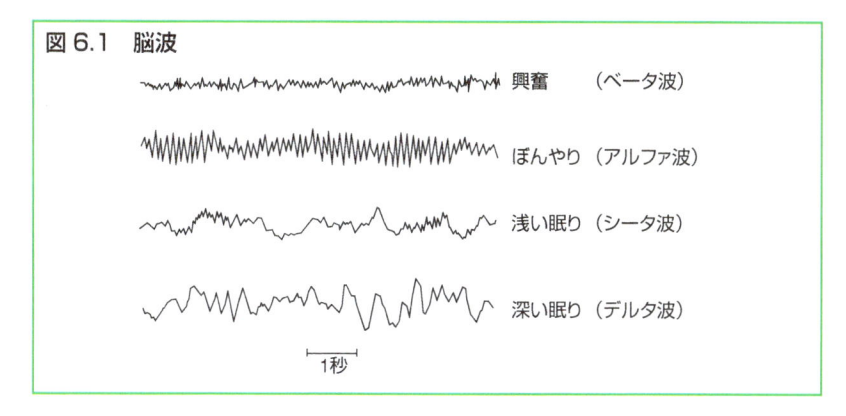

興奮　　（ベータ波）
ぼんやり（アルファ波）
浅い眠り（シータ波）
深い眠り（デルタ波）

|1秒|

の波形として捉えることができます。これが脳波です（図 6.1）。ですから、脳波は、あくまで脳の活動状況を示しているのですが、最近では、脳波などの計測と解読技術が進んできて、何を考えているかの一部をうかがい知ることができるようになりつつあるようです。

　＊　神経細胞と神経細胞が連絡するシナプスの部分では、電気信号は化学物質（神経伝達物質）の受け渡しで伝送されます（p.82）。

## （2）リラックスしているときはアルファ波

　脳波は、その波の振動数によっていくつかに分類されています。人間が目覚め、頭を働かせているときは、14〜34Hz（ヘルツ；波が1秒間に振動する数）のベータ（$\beta$）波が得られます。これに対し、安静状態でぼんやりしている状態では、8〜13Hzのアルファ（$\alpha$）波が得られます。眠っているときは4〜7Hzのシータ（$\theta$）波や0.5〜3Hzのデルタ（$\delta$）波が得られるようです（図6.1参照）。

　ぽーっとした状態から覚醒するとき、つまり意識がはっきりしている状態への変化は、脳波でいえばアルファ波からベータ波への変化となります。脳幹の網様体と呼ばれる部分が活動状態になり、そこから興奮が大脳に送られることによるとされています。

**くま**「うーん、眠いや。どうも雨音が眠りを誘うような気がする」
**先生**「人が話しているのに、失敬じゃないか、眠いなんて」
**くま**「ごめんね。ぼくは起きていたいんだけど、脳が休みたがっているんだ。あれ？　眠っているときって、脳も眠っているんだよね。でも、脳が眠って

いても、息はできるってこと？　夢も見る？」
**先生**「くま介が居眠りしないなら、睡眠のことを話すよ」

# 睡眠とは

## （1）眠らないでも大丈夫なの？

　個人差はありますが、睡眠時間は大体7〜8時間が普通ですから、人生の1/3は眠っていることになります。眠るのは無駄だから眠らずに働こうとしても、数日でがまんができなくなって眠ってしまいます。眠るのは脳の積極的な働きなのです。

　ヨーロッパに行ったとき、ちょうど日本の真夜中に相当する時間が、向こうの真昼間でした。眠くて眠くて、きつい時差ぼけになりました。考えてみれば、眠って当然の時間に、環境はなぜか昼間で、活動しなくてはならないのですから、からだも脳も混乱しますよね。睡眠は食欲と同じ生理的な欲求で、これを意のままにコントロールすることはできません。寝だめをしたり、寝る時間をずらしたりすることはできないのです。また、眠っているとき、脳は休んでエネルギーの消費量を減らすというわけではなく、エネルギー消費量は変わらないのですよ。

## （2）目覚めている睡眠もある？

　睡眠は2つの相があり、それが周期的に現れます。1つはレム（REM）睡眠で、もう1つはノンレム（NON－REM）睡眠です（図6.2）。

・**レム睡眠**　　REMは rapid eye movement（急速な眼球運動）の略で、眠っていて意識はまったくないのですが、目玉がきょろきょろと動くこと

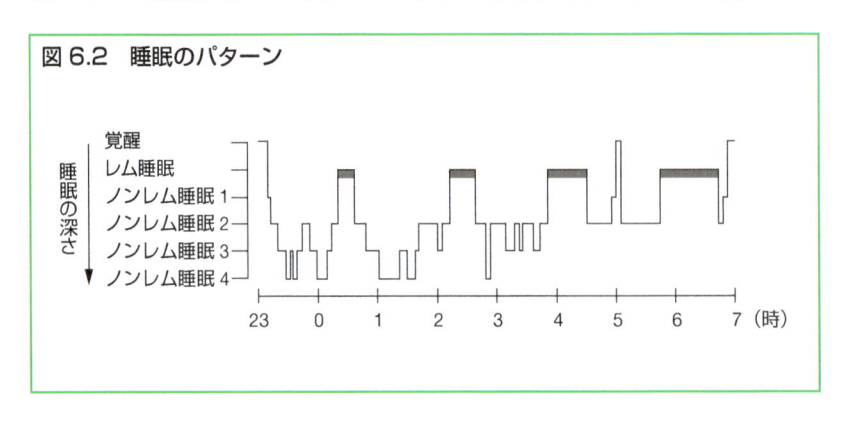

図6.2　睡眠のパターン

から名づけられました。この睡眠の相では、心拍・呼吸・血圧などが不安定になります。ペニスの勃起も見られます。脳波を調べてみると、覚醒しているときと似た波（4〜7Hzのシータ［θ］波）が出ます。このときに夢をみていることが多いのです。ですから、レム睡眠時は、脳は試運転状態だけど、からだは休んでいる状態といえます。

・**ノンレム睡眠**　これに対し、ノンレム睡眠は深い眠りで、このときは目玉の動きはあってもゆるやかで、血圧や心拍も安定しています。脳もからだも、ともに休んでいる状態といえます。脳波は0.5〜3.5Hzのデルタ（δ）波になります。

・**レム睡眠からノンレム睡眠へ**　レム睡眠がノンレム睡眠に変わるときは、脳内の神経伝達物質が変化しています。アセチルコリン（p.116）で作動する神経細胞によってレム睡眠が起こり、セロトニン（p.115）が出されてノンレム睡眠が起こることがわかっています。また、覚醒はノルアドレナリン（p.114）で作動する神経細胞が受け持っています。

・**睡眠パターン**　一般的には、図6.2のように、まずノンレム睡眠が90分ほど続き、その後にレム睡眠が10〜20分ほど続きます。これが1セットになって、一晩に4〜5回繰り返されます。夢はレム睡眠のときに見ているようです。高齢になると、睡眠がこま切れになって、全体的に眠りが浅くなったり、早朝に目覚めたりしますが、これはあまり睡眠する必要がなくなってきたからだと思われます。また、長く眠ろうと思って寝床に早く入って、寝床で長く過ごしすぎると、かえって熟睡感が減るようです。

・**金縛り**　非常に疲労したときなどに、いきなり眠りに入ったとたんにレム睡眠がくることがあり（入眠時レム睡眠）、このときに、かすかに意識のある夢うつつの状態になることがあるのですが、からだは思うように動きませんので、いわゆる「金縛り状態」になります。また、幽霊を見たというのも、たいていはこのときです。

**先生**「おい、爪で腕をひっかくのはやめたらどうだ？　何しているんだ？」
**くま**「眠気覚ましだよ。人間の学生さんもボールペンの先とかで手の甲を突っついたりするんでしょ。でも、効かないなあ。眠いよ」
**先生**「一度眠くなったら、外から刺激を与えてもだめらしいよ。内側から自発的

**くま**「お、面白いよ。先生のお話は。でも単調なんだな、話している調子が」

**先生**「それは、学生にも言われたことがある。うむ、それでどういうわけか、学生たちは授業の終わりに近づくと目が覚めるみたいなんだよね」

**くま**「先生も大変だねぇ。あれ、なぜか、目が覚めた。何か食べようかなあ。新ジャガとアスパラガスのバター炒めなんてどう？」

　くま介は、キッチンに行き、そして2時間戻ってこなかった。

🟢🟢🟢🟢🟢

**くま**「昼寝は大事だね。うむ。でも、ふつう寝るのは夜だ。まぶしいと眠れないし。睡眠は、疲れたから眠るのか、それとも夜がくるから眠るのか、どっちなの？」

**先生**「どっちの要素もあるんだよ」

## 体内時計

### （1）1日のリズムは約24時間

　先ほど海外旅行をしたときの時差ぼけの話をしましたが、時差ぼけは何日かすると外界の昼夜のリズムに近づいてきて、ついには感じなくなります。また、休日などに昼寝をすると、翌日も同じ時間になると眠くなったことはありませんか。これは、私たちのからだにはほぼ24時間を周期とする体内時計が動いていて、それが1日のリズム（サーカディアンリズム*、概日リズム）をつくりだしているからなのです。

　まったく明暗の変化のないところで、何日も過ごし、自分の思うままに（自由継続リズムで）寝起きするという実験では、ヒトの体内時計はほぼ24時間という結果が出ています。

　しかし、個人差があり、1時間ぐらいはずれるようです。ずれている人の場合でも、外界の昼夜のリズムによってこの位相のずれは修正されますので、通常は一致しています。時差ぼけになっても、体内時計は明期が始まると位相が早められ、数日かかって一致するようになることがわかっています。体内時計とそれによるサーカディアンリズムは、すべての生物（細菌も動物も植物も）がもっていることがわかっており、地球の自転によ

る1日周期に適応した現象だといえます。

　　＊　サーカディアンリズム：circa＝ラテン語で「おおむね」、dian＝「1日」の意味。

**くま**「時差ぼけを直す方法はあるの？　ぼくもヨーロッパやアメリカに行くかもしれないから。何しろ目指すはグローバルなライターだからね」

**先生**「時差ぼけは、現地の朝に無理にでも起きて、強い日差しを浴びることがよいらしい。光が目から入って、体内時計がリセットされるんだ。いっぺんにとはいかないけどね。それに、ひざの後ろに強い光を当てても効果があるという報告もあるんだよ。コーネル大学のキャンベル博士が1998年に発表している」

## (2) 体内時計はどこにある？

　ヒトなどの哺乳類の場合、体内時計がある部位は、脳の奥の視床下部にある視交叉上核であることがわかっています。この部位は、他と切り離されてもサーカディアンリズムが続き、さらに目の網膜からの光の情報によってリズムの位相がシフトすることもわかりました。

　視交叉上核を壊して、1日のリズムがなくなったラットに、出生直後の別のラットの視交叉上核を移植すると、移植を受けたラットは1日のリズムを回復することも示されました。

　最近では、体内時計を動かしている遺伝子の研究も進んでいます。ショウジョウバエのサーカディアンリズムに関する遺伝子とそっくりの遺伝子がヒトでも発見されており、視交叉上核の細胞ではほぼ24時間周期（連続暗でも）で働きを変化させていることも、つきとめられています。

## (3) メラトニン

　もう1つ、間脳の松果体も体内時計に関係があることがわかっています。この部分はメラトニンという睡眠ホルモンを放出していて、この放出量の変化にサーカディアンリズムが見られるのです。この部位は視交叉上核の体内時計からのリズムの指令で動いているようです。効果のほどはわかりませんが、メラトニンは睡眠を促進するだけでなく若返り薬として、アメリカではスーパーなどでも市販されているとのことです。

また、最近、ヒトの体細胞はすべてそれぞれ遺伝子で制御されている体内時計をもっていることがわかってきました。肝臓や心臓もそれぞれ半自律的な24時間周期の時計をもっているようなのです。

**くま**「脳に体内時計があるっていうのはわかるけど、肝臓の細胞にもあるとはびっくり。すべての細胞に？　朝がきたら、細胞どうしで『おはよう』、なんていっているのかなあ？　うん？　夜は全部の細胞が休み？」
**先生**「夜に活発に活動する細胞もいるんだよ。人間だって、夜働く人もいるだろう。24時間営業の店で働いている人や、医療現場の人とか、深夜バスの運転手さんとか」
**くま**「ルポライターも夜遅くまで原稿を書くから、昼夜逆転しがちだね」
**先生**「くま介は仕事がないから、関係ないんじゃないか」
**くま**「ひどいなあ。ぼくだって睡眠について取材してきたんだよ。国は睡眠不足や睡眠障害などの問題に対応すべく『健康づくりのための睡眠指針2014（厚生労働省）』を出しているんだ（表6.1）」
**先生**「ほう、よく知っているね。最近、睡眠障害に悩む人が増えてきたからね。大きな原因は、24時間社会の拡大だね」
**くま**「睡眠に問題があると、高血圧・心臓病・脳卒中などの生活習慣病のリスクが高まるらしい。睡眠障害は『からだやこころの病気』のサインのことがあるんだって。冬季うつ病も特徴的な睡眠障害を示すとか」
**先生**「そういえば、僕もいびきが尋常じゃないと妻に言われたな」
**くま**「異常ないびきは『睡眠時無呼吸症候群』の場合もあるんだって。突然死んじゃうこともあるんだよ。専門医に相談することだね」
**先生**「いろいろと忙しくてね、わざわざ医者へ行くのも……」
**くま**「忙しい人は、ほかにももっといると思うよ」

## 24時間働けますか？

　深夜運転のタクシーやバスの運転手や道路工事の従事者、夜勤の看護師の方々は、夜中に活動して、昼間睡眠するという周期です。日中に活動して、夜眠るというふつうのパターンからはずれています。慣れれば、何の問題もないのでしょうか？　研究によると、活動の効率は正常の昼夜周期

### 表6.1 健康づくりのための睡眠指針 2014

**〜睡眠12箇条〜**

1. 良い睡眠で、からだもこころも健康に。
2. 適度な運動、しっかり朝食、ねむりとめざめのメリハリを。
3. 良い睡眠は、生活習慣病予防につながります。
4. 睡眠による休養感は、こころの健康に重要です。
5. 年齢や季節に応じて、ひるまの眠気で困らない程度の睡眠を。
6. 良い睡眠のためには、環境づくりも重要です。
7. 若年世代は夜更かし避けて、体内時計のリズムを保つ。
8. 勤労世代の疲労回復・能率アップに、毎日十分な睡眠を。
9. 熟年世代は朝晩メリハリ、ひるまに適度な運動で良い睡眠。
10. 眠くなってから寝床に入り、起きる時刻は遅らせない。
11. いつもと違う睡眠には、要注意。
12. 眠れない、その苦しみをかかえずに、専門家に相談を。

(厚生労働省、2014)

のときに比べて、明らかに低いとのことです。睡眠は、長さだけでなく、とる時間帯も考慮する必要があるのです。

　チェルノブイリの原子力発電所の事故も夜中に起こっています。やはり運転を制御していた従業員の脳やからだの機能のレベルが、やや落ちていたのではないかとみられるのです。つまり、脳の視交叉上核の時計は慣れとともに夜型にリセットできたとしても、からだの各部の時計が混乱してしまうからではないかと考えられています。

　体内時計のリセットには、光が1つの鍵になっています。夜型になってしまった場合は、朝日や強い光を浴びるといいといわれています（図6.3）。不登校児や出社拒否の人たちには、体内時計の働きが狂っている場

### 図6.3 体内時計のリセット

合が多いことも知られていて、体内時計をリセットするために強い光を浴びる「光療法」というものがあります。こうして、体内時計のリズムを正常に戻すと、うそのように、朝方から活動できるようになることもあるのです。

ときどき観光バスや深夜輸送トラックの事故があって、その勤務形態が体内時計をまったく無視した無理のあるものになっていたことが後になって明らかになることがあります。勤務時間を命ずる立場にある人は、十分体内時計のことを考慮に入れてほしいものです。また、体内時計のリセットを確実に行えるように、職場や学校の明るさをより強くすることなど、職場作業の環境を整備する試みも大切でしょう。

> **column　ヒトは4つの時計をもつ？**
>
> 　ヒトは4つの時計があるといわれています。
> 　1つはインターバルタイマーです。楽しい時間はすぐに過ぎてしまうけれど、退屈なことをやっているときは時間がとても長く感じられますね。これは、脳に残り時間を計るキッチンタイマーのような時計があるからで、この時計は、大脳基底核にある黒質と呼ばれる部位からドーパミンという脳内の神経伝達物質が放出されることで動くようです。パーキンソン病は、神経細胞が変性し、このドーパミンが不足することで、運動障害を起こす病気ですが、ドーパミンが少ないため体内タイマーの進行が遅れるので、ふつうには短時間でたやすくできる動作でも、ずいぶん長い時間がかかってしまいます。
> 　第二の時計は、本文に説明したサーカディアンリズムをつくる時計です。視交叉上核にある体内時計が、睡眠・血圧・体温などの1日周期の変化をつかさどっています。
> 　第三の時計は、季節をはかる時計です。ほとんどの動物ははっきりした季節周期をもっていて、毎年決まった時期に冬眠・移動・交尾などをします。ヒトはあまりはっきりした季節周期をもっていませんが、季節性感情障害とか冬季うつ病というのがあります。日照時間と日常生活が一致していないことで起こるようで、これは光療法で治療できます。

第四の時計は寿命をつかさどる時計です。これには、細胞分裂の回数を制限しているテロメアの短縮、突然変異の蓄積、活性酸素の処理能力などが関係しているようです（p.204 参照）。

## 脳内物質の働き

### （1）神経細胞のネットワークをつなぐ物質

　さて、脳はどのようなしくみで体内時計の役割を果たすのでしょうか。そして、脳の調子の良い悪いは、生化学的、医学的にはどのように説明されるのでしょうか。

　脳ではニューロンがきわめて複雑なネットワークをつくっているのですが、ニューロンとニューロンのつなぎ目はシナプスと呼ばれ、そこでは神経伝達物質という化学物質を介して、情報が伝えられています（p.83）。末端（シナプス前膜）から放出された神経伝達物質は、次のニューロンの細胞膜（シナプス後膜）にある受容体に結合して作用します。次のニューロンの興奮を促進するシナプスもあれば、興奮を抑制するシナプスもあります。ニューロン間の伝達の調節がうまくいかなくなると、脳の機能がうまく働かない状態になります。感情や思考が不安定になったり、内臓や筋肉などからだの機能に障害がでます。

### （2）神経伝達物質のいろいろ

　おもな神経伝達物質は全部で 100 種類以上あるといわれていますが、作用がはっきりわかっているものは 30 種類程度です。大きく分類すると、アミノ酸、モノアミン、ペプチド（アミノ酸の短い鎖）などがあります。これらの物質は、神経伝達物質としてだけでなく、脳内ホルモンなど、もっと多様な調節作用にも関係しているようです。

　アミノ酸の例としては、グルタミン酸やグリシンや $\gamma$-アミノ酪酸（GABA）などが、モノアミンの例としてはノルアドレナリン、セロトニンやドーパミンなどが、ペプチドの例としてはオピオイドペプチド（エンドルフィンなど）などがあります（図 6.4）。

　これらの神経伝達物質のうち、モノアミンとペプチドは感情や感情の病気（精神疾患）に影響しているということができるでしょう。

図 6.4　神経伝達物質のいろいろ

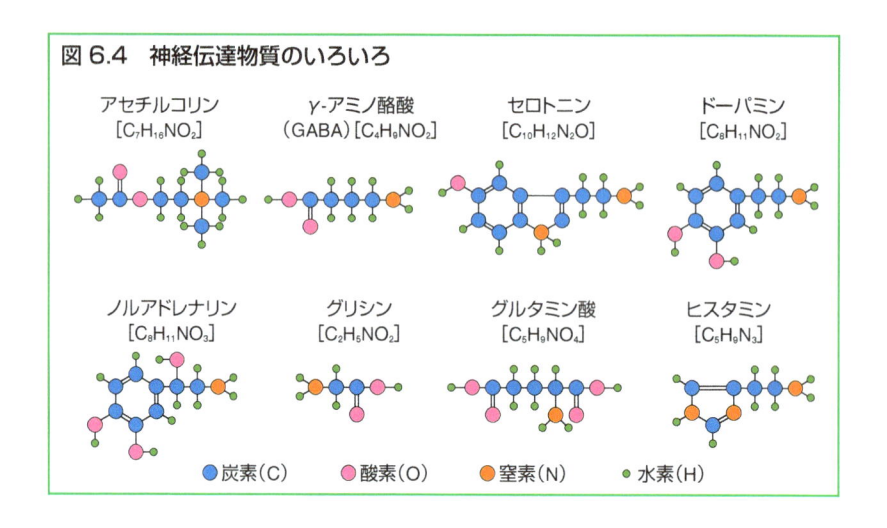

アセチルコリン [$C_7H_{16}NO_2$]
γ-アミノ酪酸（GABA）[$C_4H_9NO_2$]
セロトニン [$C_{10}H_{12}N_2O$]
ドーパミン [$C_8H_{11}NO_2$]
ノルアドレナリン [$C_8H_{11}NO_3$]
グリシン [$C_2H_5NO_2$]
グルタミン酸 [$C_5H_9NO_4$]
ヒスタミン [$C_5H_9N_3$]

●炭素（C）　●酸素（O）　●窒素（N）　●水素（H）

・モノアミン系　　ノルアドレナリン、ドーパミン、セロトニンはアミノ基を1個だけもっているので、「モノアミン」と呼ばれています。

　ノルアドレナリンは、交感神経の末端から出される興奮性の神経伝達物質として有名ですが、脳内ではノルアドレナリン神経系（脳幹の橋にある青斑核という部分にある神経細胞から、視床下部、大脳辺縁系、大脳皮質の隅々にまで達する神経系）によって分泌されています。青斑核とノルアドレナリンは不安や恐怖反応に大きく関与していることがわかってきました。

　ドーパミンは統合失調症やパーキンソン病に関係しています。ドーパミンが過剰に放出されると、統合失調症に特有の症状である幻聴、幻視、誇大妄想などが現れるのです。また、ドーパミンが不足すると、自分の意志で前に進むことができなくなるパーキンソン病の症状が現れます。また、アンフェタミンなどの覚醒剤やコカインなど

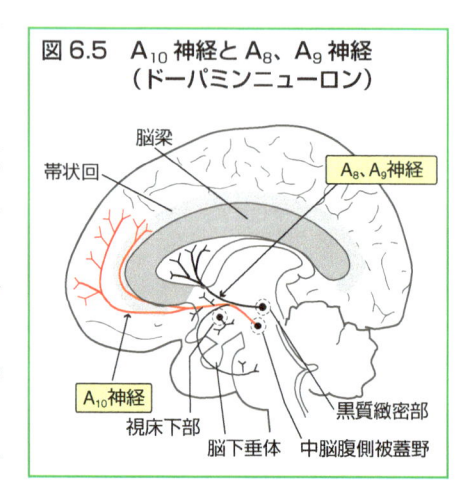

図 6.5　$A_{10}$ 神経と $A_8$、$A_9$ 神経（ドーパミンニューロン）

脳梁
帯状回
$A_8$、$A_9$ 神経
$A_{10}$ 神経
視床下部
脳下垂体
中脳腹側被蓋野
黒質緻密部

## 図 6.6 抗うつ薬のメカニズム

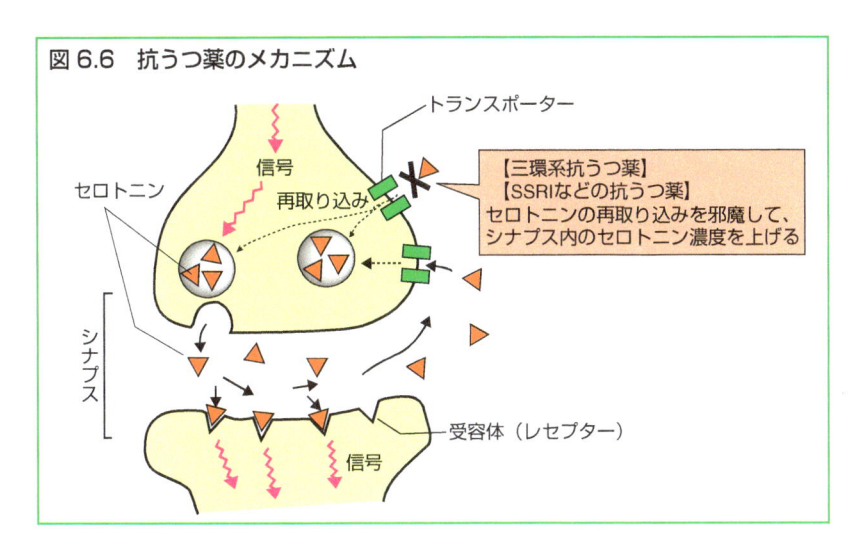

- セロトニン
- 信号
- 再取り込み
- トランスポーター
- 【三環系抗うつ薬】【SSRIなどの抗うつ薬】セロトニンの再取り込みを邪魔して、シナプス内のセロトニン濃度を上げる
- シナプス
- 受容体（レセプター）
- 信号

の麻薬を服用して幸せな気分になっているときには、脳内でドーパミンの作用が強くなっています。ドーパミンを出す神経（$A_8 \sim A_{16}$ 神経）のうち、$A_{10}$ 神経がとくに注目されています。この神経は、脳幹の快感中枢（中脳腹側被蓋野）から、視床下部（食欲中枢や性欲中枢がある）を通って前頭連合野につながっています。この神経はヒトに特有のものらしいのですが、いろいろなときにドーパミンをホルモンのように分泌して、快感を引き起こしているようです（図 6.5）。

セロトニンはうつ病や躁うつ病に関係しているといわれています。どうやら、セロトニンニューロン群とノルアドレナリンニューロン群は相互に作用しながら共同して感情や欲求を高める方向に働いているようで、セロトニンが不足すると、感情が大きく落ち込み、うつ病の症状が現れるのです。選択的セロトニン再取り込み阻害薬（SSRI）は、放出されたセロトニンが再吸収されるのを抑え、セロトニン濃度を高く保つ効能がありますが、これが劇的にうつ病の症状を抑えることがわかり、代表的な抗うつ薬として知られるようになりました（図 6.6）。

・ペプチド系　　オピオイドペプチドは、5〜30 アミノ酸からなる小さなタンパク質で、エンドルフィンとエンケファリンがあります。これらは脳下垂体や視床下部などで分泌され、痛覚を調節しています。

エンドルフィンは「体内（内因性）モルヒネ（endogenous morphin）」

という意味でつけられた名前ですが、本当はモルヒネが、にせエンドルフィンなのです。アヘンの成分であるモルヒネはエンドルフィンなどのまねをし、その受容体に結合して、脳をだまして痛みを感じなくさせ、ストレスを減らします。最も強力な鎮痛剤、麻酔剤で、がんの末期医療などに用いられます。

　ジョギングは、傍目にはつらそうですが、やっている本人は気分がハイになってきます。それもエンドルフィンが脳で多く出されているからです。

・**アセチルコリン**　アセチルコリンは、末梢神経のシナプスでは普通に働いている神経伝達物質ですが、特に自律神経系のうち副交感神経の末端から出されるもので、心臓の拍動を抑制することや瞳孔を縮小させることで知られています。脳の中でも、注意、学習、記憶などの領域をコントロールするのにアセチルコリンは活躍しています。

**くま**　「ちゃんと、目を覚まして聞いたけど、よくわからないなあ。脳が自分で、脳の調子も調節しているってことだよね。どうやって？　己を律するってむずかしいと思うけどな」

**先生**　「脳は複雑だから。くま介みたいな単純な考え方では理解できんだろう。まあ、たくさんの神経細胞がお互い協力しあいながら、アクセルとブレーキのように働く神経伝達物質をつくって、コントロールしているんだよ」

---

### column　不安障害の治療

　私たちが生きているのはストレスの多い社会です。そして、最近、理由のわからない不安や恐怖によるパニック発作が繰り返し起こり、そのために独りで外出できなくなったり、学校や会社に行けなくなったりして、日常生活が満足にできなくなる人が増えているようです。このような異常な状態を不安障害（不安・恐怖症）といいます。

　それにはパニック症（パニック障害）や強迫性障害、社会恐怖などがあり、それぞれメカニズムには違いがあるようですが、いずれも脳幹の橋にある青斑核が関与しています（p.81 図5.1）。青斑核のノルアドレナリン

性神経細胞は脳の各所につながっており、さまざまな感覚情報を脳内で統合し処理しています。生存にとって有害で危険な情報を察知すると、警報を発する経路です。したがって、青斑核は不安・恐怖を起こす中心的な部位で、ノルアドレナリンは不安・恐怖反応に関係しています。パニック障害や不安症をもつ人は、ノルアドレナリンの量や受容体の感受性が異常になっている場合があるようです。

また、セロトニン作動性神経も大脳辺縁系に神経繊維を送り、不安・恐怖のコントロールに関係しています。不安・恐怖を誘発させる神経細胞や脳内物質は他にもあることがわかっていますが、これらの物質の分泌や再吸収、受容体の感受性に作用する薬剤によって、不安・恐怖反応を抑えることが行われるようになりました。

不安・恐怖症の原因は複雑で、その治療には、ある課題を実行することを反復する行動療法があり、それがメインともいえます。さらに薬物療法は行動療法を促進する効果があるものとして期待されています。最近は、電極を脳の特定部位に挿し込んで電気刺激を与えたり、挿し込まないで外部から電気刺激を与えたりすることで、治療効果を上げることもできるようになっています。

## (3) お酒を飲むと感情が高ぶるのは？

お酒を飲むと気分が高揚するのは、なぜでしょう。それにはドーパミンが関係しています。ドーパミンは、快感をもたらすといわれる脳内物質ですが、ドーパミンを出すドーパミンニューロン（脳の腹側被蓋野にある）と、このドーパミンニューロンの働きを抑制する抑制性の GABA ニューロンがあります。アルコールを飲むと、それが脳内に入って、$A_{10}$ 神経などを抑制するニューロンに作用し、活動電位の発生を抑えます。その結果、抑制性ニューロンからの神経伝達物質 GABA の分泌が抑えられ、ドーパミンニューロンが抑制されなくなり、ドーパミンが多量に出されて、気分がよくなると考えられます。

モルヒネやエンドルフィンも、アルコールと同じように、この抑制性ニューロンの働きを抑えることで、快感を生じています。

## (4) カフェインの効果

コーヒーや紅茶などに含まれるカフェインにはいろいろな作用がありますが、眠気を吹き払い、気分を爽快にし、仕事の意欲を増す作用はその代表的なものでしょう。就寝の4時間前以降のカフェイン摂取は入眠を妨げる作用があります。それが効くしくみはちょっと複雑ですが。脳内の眠気を覚ますニューロンのシナプス（神経伝達物質はノルアドレナリンかドーパミン）では、神経伝達物質とともにアデノシンが放出され、それは自己ニューロンの抑制（負のフィードバック）に働きます。カフェインがあると、アデノシンの代わりに受容体に結合してしまい、フィードバックがかからなくなり、眠気を覚ます働きがより強まるのです。

## (5) タバコがやめられないのは？

タバコの煙にはベンゾピレンなどの発がんを促進する物質が何種類も含まれ、吸い込む主流煙よりも、先から立ち上る副流煙のほうがむしろその濃度が高いこともわかってきています。また低温燃焼ですから、あの悪名高いダイオキシンもつくられています。

タバコをどうして吸いたいのでしょうか。そして、どうしてやめられないのでしょうか。タバコの主成分であるニコチンは、シナプスにおいて、神経伝達物質であるアセチルコリンの受容体に結合し、アセチルコリンの代わりに働いて、その神経の作用を強めます。そのため、特に脳幹の網様体に働いて、精神を緊張させ、覚醒を高めるので、頭がすっきりして能率が上がるように思われるのです。また、ニコチンは反対に、脳内の賦活系を抑制する働きもあり、精神を安定化する作用もあります。

そして、血中ニコチンが常時多いと、耐性が生じてあまり効かなくなり、神経は受容体を増やしてしまいます。それで、やめたときにはリバウンドが生じてニコチン渇望がおきてしまい、身体的依存ができてしまって、やめられなくなるのです。

ニコチンには、アセチルコリンの代わりに働いて、末梢の血管を収縮させるとか血圧を上げる作用などもあって、呼吸器系・循環器系の疾患を悪化させます。百害あって一利なしですから、タバコはやめましょう。

**くま**「先生はタバコを吸ったことがないの？」

**先生**「いや、実は若いときは吸っていた。フランス映画で『勝手にしやがれ』というのがあってね、主役のジャン・ポール・ベルモンドがいつもくわえタバコでカッコよかった。それに憧れて吸い始めたんだよ。でも、タバコの害を教えている教師が吸っていてはいけないから、思い切ってやめたんだよ」

**くま**「やめられたのって、えらいね。ところでフランス映画もいいけど、時代劇で、キセルをくわえた職人さんも粋だよ。ポンポンと煙草盆に灰を落としたりしてね。そうそう、時代劇といえば、悪（あく）どいことをしている商人が小判を包んで代官（だいかん）さまに渡す場面があるんだけど、悪代官はありがとうって言わないんだよね。『おぬしも悪（わる）だのう』って笑って言うんだ。どうしてだろう？」

**先生**「悪だから悪といってるんだ。大人の世界には昔からいろいろとあるのだ。いちいち僕に聞かないで、自分で考えたり調べたらどうだ？」

**くま**「え？ 機嫌が悪いね。何でも先生に訊いたほうが喜ばれると思ったのに。人間関係ってむずかしいなあ。うん、まさにストレス社会だ」

# 現代社会と脳

　現代社会は、高度な文明に支えられたハイテク社会です。しかし、便利さの反面、その技術革新に遅れないように必死についていかなければならず、逆にマシンに使われているような状況になって、強いストレスを受けているともいえるでしょう。また、人間関係もますます複雑になり、それでいてさまざまな分野で競争原理が導入されてきて、緊張を強いられています。ときには社会から孤立し、順応できずに、悩んでしまうこともあるのではないでしょうか。

## （1）自律神経系と内分泌系の混乱

　ストレスを与えられると、脳は神経を介してストレスを受け取り、自律神経系の交感神経を通じて副腎髄質が刺激され、アドレナリンが放出されます。また、一方では、脳は内分泌系を通じて、副腎皮質刺激ホルモンの多量の放出が行われ、そうした状況が長期間続けば、脳やからだが、害作用を受けることになります。たとえば、食欲不振、消化不良、胃潰瘍などを起こしたり、免疫系が弱まって、抵抗力がなくなったり、心身症になっ

図 6.7 脳とストレス

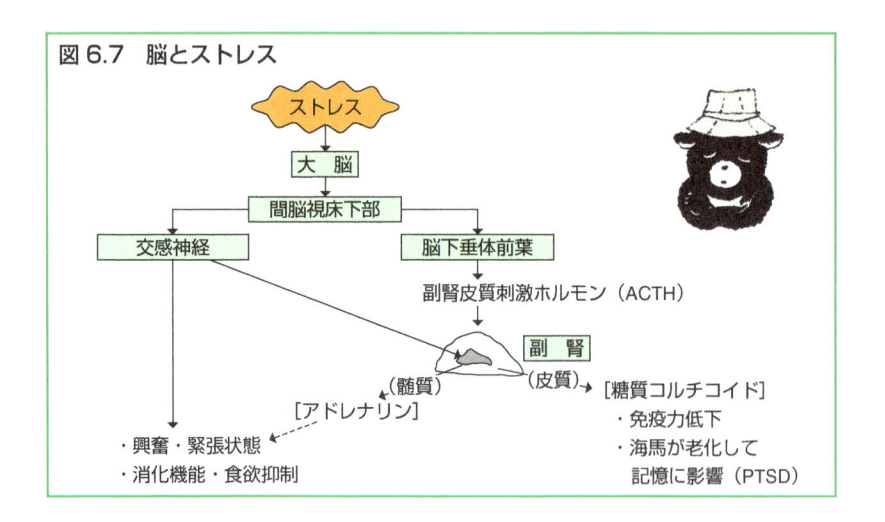

ストレス → 大脳 → 間脳視床下部 → 交感神経、脳下垂体前葉
脳下垂体前葉 → 副腎皮質刺激ホルモン（ACTH）→ 副腎
副腎（髄質）→［アドレナリン］
副腎（皮質）→［糖質コルチコイド］
・免疫力低下
・海馬が老化して記憶に影響（PTSD）
交感神経 →
・興奮・緊張状態
・消化機能・食欲抑制

たりしてしまいます。

### (2) PTSDと海馬

　大災害や大事件に遭遇して命の危機にさらされた場合、その後、事件の状況が突然思い出されたり、寝つきが悪くなったり、その場所に近づきたくないなどの症状が続くことがあります。この症状をPTSD（post-traumatic stress disorder；心的外傷後ストレス障害）といいます。最近、PTSDの患者の脳では、海馬が縮小していることがわかりました。どうやら、ストレスホルモンの副腎皮質ホルモン（糖質コルチコイド）が海馬に作用するようです。

　また、幼児虐待などで、養育期に強いストレスを受けた場合にも、海馬でのニューロンの新生が少なく、海馬が縮小しやすいことがわかってきています。ストレスに弱い脳になってしまうということです（図6.7）。

### (3) キレる子ども、落ち着きのない子ども

　近年、キレる子どもが増えているといわれます。ちょっとしたきっかけで不満が暴発してしまうとのことですが、大脳新皮質の前頭連合野による抑制が効きにくくなっているのではないかと思われます。欲望と行動は、大脳辺縁系（アクセル）と大脳新皮質（ブレーキ）が互いに牽制することで成り立っています。「キレる」場合は、ブレーキが利かなくなって、アクセルだけが踏みっぱなしという状態になっているようです。やはり、現代

社会が幼児に与える強いストレスが原因と思わないわけにはいきません。

また、最近、小学校などで、動きが激しく注意散漫で集団から外れやすい子どもが増えているといわれています。このような子の中には、注意欠如・多動症（注意欠陥・多動性障害、attention-deficit/hyperactivity disorder、以下 ADHD）の子どもが多く含まれるようです。だいたい小児の3％ぐらいの子が ADHD ではないかと思われており、男子に圧倒的に多いのが特徴です。直接的な原因はわかっていませんが、何らかの脳の機能障害、とくに神経伝達物質レベルでの異常が想定されています。遺伝性があることがわかっていますが、環境も影響があるようです。塩酸メチルフェニデート（商品名：リタリン）という薬が治療に用いられています。

## column 遺伝子解析によって脳の異常を調べる

ヒトのゲノムがすべて解読されて、22000 ぐらいの遺伝子があることがわかってきました。今では、個人個人のゲノムや遺伝子を調べることも可能になってきています。そして、脳の機能を遺伝子のほうから追究することもさかんに行われるようになりました。こうして、性格や知能に関係すると思われる遺伝子も見つかってきていますし、精神的な障害を引き起こしている遺伝子の異常もだんだん明らかになってきました。

一例を挙げますと、スウェーデンで行われた実験ですが、自閉症とアスペルガー症候群の人を男 141 人、女 18 人を対象に遺伝子解析が行われました。家系ごとに自閉症でない人と自閉症の人とを比較して、違う遺伝子（変異遺伝子）があるかどうかを調べるのです。そして、ある家系で、ニューロリギン4という遺伝子が1つの塩基だけ違う（点突然変異）ことがわかったのです。他にも原因遺伝子がある可能性はありますが、これが原因の一つである可能性がはっきりしたのです。そして、この遺伝子が脳で何をしているかが追究されました。その結果、これはシナプスをつくるために2つの細胞膜（前膜と後膜）をつないでいるタンパク質であることがわかりました。つまり、この分子に異常が起こることで、シナプスが形成できなくなることがわかったのです。神経と神経の伝達がうまくいかないのです。言語野での神経伝達がうまくいかないことが自閉症の原因の一つであることがこうして明らかにされたのです。

[参考：石浦章一著『生命に仕組まれた遺伝子のいたずら』、羊土社、2006]

**くま**「あー、ぼくの描いたアジサイの絵にカビが生えてる。ひどいなあ」
**先生**「カビの力はすごいからなあ。現代社会の中でも力強く生きているよ。人間の体内にいるものもいるし、コンピュータの中にも生えたりするし、国宝の高松塚古墳の壁画もカビの攻撃を受けているらしいじゃないか」
**くま**「うむ。力強いやつらだ。見習わねば」

　くま介はそう言いながらも、風呂場のカビを薬剤を使って徹底的に掃除していた。手が荒れたと言って、騒いでいたが、疲れたのかその晩はぐっすり眠ったようだった。

## 7月

暑中お見舞い

July

# 病気と健康

梅雨が明けた。くま介は健康のためとかいって、必ず昼寝をするようになった。要するに暇なのだ。

**くま**「うーん、蚊に刺されたよ。ぼくを狙うなんて生意気だ」

**先生**「無防備に寝ているからだよ。毎日起きては、ソフトクリームをなめて、テレビ見て、またお休み。うらやましいよ。ちゃんと取材には行っているのか」

**くま**「この前、暑中見舞いの書き方を取材したよ。『暑い日が続きますが、おからだを大切になさってください』という言葉がキメ文句らしい。とにかく相手のからだを気遣うことが、人間世界では礼節というらしい。あ、そうそう、先生はおからだの調子いかがですか」

**先生**「とってつけたように聞かれたってうれしくないよ。じゃあ、こっちが質問するね。くま介は、健康かい？」

**くま**「え？　健康だと思うけど。心の傷も癒えたし。健康って、病気じゃないってことだよね」

**先生**「病気じゃなくても、健康ともいえないってことは、あるんじゃないのかねえ」

## 健康って何ですか？

### (1) 健康は病気じゃないこと？

　あなたは、今、健康ですか？　風邪などをひいている人は「ちょっと健康ではない」と答えるでしょう。では、風邪が治ったら、健康でしょうか？

　今、受験勉強中の人は、どうも受験することがストレスになって、よく眠れないし、食欲がないかもしれません。だから、健康とはいえないと感じているかもしれません。差別に苦しむ人やセクハラを受けている人も、健康とは感じていないでしょう。どうも、健康とは「病気でない」ということだけを意味するのではなさそうですね。からだの健康だけでなく、こころの健康もあります。そして、こころの健康を脅かしている原因が、本人だけでなく、家族や社会にある場合もあるでしょう。

### (2) クマと人間では健康の考え方が違う

　また、健康の考え方や感じ方は社会や文化によって違うと思います。アマゾンなどの密林の中に住む人たちは、非常に活動的で、ほとんど裸で、

狩りのため何日も野宿したり、木に登ったり、小舟を漕いだり、泳いだりしています。見るからに健康そうです。ところが、文明国の尺度からすれば、彼らの多くは不健康ということになります。体内にいっぱい寄生虫が宿っていたり、脱臼などをしていることも多いからです。でも、彼らは自分が病気だとは思っていないのです。ですから、健康をどうみるかは、社会や文化によっても異なっているのだと思います。

### (3) 健康の定義

健康の定義で最も有名なのは、1946 年に世界保健機関（WHO）が採択した世界保健憲章でしょう。原文で見てみましょう。

"Health is a state of complete physical, mental and social well-being and not merely the absence of disease or infirmity."

これは、以下のように和訳されます。

「健康とは、病気でないとか、弱っていないということではなく、肉体的にも、精神的にも、そして社会的にも、すべてが満たされた状態であることをいいます（日本 WHO 協会訳）」

この WHO の憲章は、健康を実にみごとに定義していると思います。身体的、精神的だけでなく、社会的に良い状態でなければならないのです。しかし、現実は、多くの人が「不健康」、あるいは「半健康」という状態で、完全に健康な人なんて、いないのかもしれません。

2014 年（平成 26 年）に厚生労働省が 20 歳以上の人を対象に行った健康意識の調査によると、全体では「非常に健康だと思う」は 7.3%、「健康な方だと思う」66.4%、「あまり健康ではない」21.7%、「健康ではない」4.6% でした。ほぼ 4 人に 1 人が「健康ではない」「あまり健康ではない」と答えていることになります。しかも、20 〜 39 歳の男子では約 33%（3 分の 1）の人が、「健康ではない」「あまり健康ではない」と答えているのです。また、健康への不安感への調査では、「健康への不安感のある人」が、年齢層で多少の違いはありますが、約 60% になっています。

これらの結果は、健康づくりに取り組む必要性の高さを示しているとも考えられますが、一方では健康観にも問題があるように僕は思います。

> **column　健康でないといけないの？**
>
> 　「完全な健康」は理想です。しかし、自分が健康でないと強く思いすぎて、神経質になりすぎているのも問題ではないでしょうか。
>
> 　私たちは「健康」かどうかを調べるために、健康診断や検査をしますが、その結果、「正常」とされる範囲から少しでも逸脱すると、気になってしかたがなくなる人もいるようです。そして自分は「病気」だと悲観してしまい、本当に病気になってしまったり、また「健康食品」を買い求め、悲壮な決意でウォーキングしたりする、「健康至上主義（ヘルシズム）」になったりしてしまうのです。
>
> 　「病気は異常だ、異常は取り除かなくては」とみんなが思い込んでいる社会は、「効率至上主義」の社会で、病人は健常者ではないとし、差別することになるのではありませんか。ですから、僕は、「病気と闘う」という言葉は好きではありません。日本には「一病息災」とか「持病」とかいう言葉もあります。「病気と付き合っていく」という考え方のほうが好きです。「半健康」の人たちや障害をもった人たちを排除しないで、互いにこころを通い合わせ、いたわり合い励まし合いながら生きていく、暖かい社会ができないものかと思います。もちろん、病気を治し、より元気になることができるように、医学が進歩するに越したことはないのですが、健康や病気については広い視野から考えることが必要だと思います。

**くま**「先生、熱く語っていたね。先生は健康自慢っていうより、病気自慢タイプだからね」

**先生**「話し出したら止まらないだけだ。一度も病院に行ったことがないなんて自慢する人がいるが、いつかは病院のお世話になることもあるかもしれない。病院通いの人間を馬鹿にするのはいけないのだ」

**くま**「そうだねえ。それに、いわゆる偉人と呼ばれる人は、病気がちな人が多かったようだね。そうそう、馬鹿は風邪をひかないっていうし」

## 病気って何ですか？

　健康を害するのは何といっても病気ですね。病気を定義しようとする

と、「健康」と同じように難しいですね。「からだの秩序が何らかの原因で異常のほうに偏った状態」とでもいえばよいのでしょうか。病気と健康の間に、はっきりした物理的境界があるわけではないのです。

病気はからだの状態のことで、病気というものがからだに入ったり出たりするわけではありません。「病気と闘う」というときは、その原因となったものと闘う、もしくは、からだが異常から正常に戻ろうと一生懸命になっている状態といえるでしょう。

**くま**「健康ではないことを、不健康というのかな。非健康というのかな」
**先生**「不健康だよ、たぶん。不健康な生活っていうよね。非健康は、非健康的って使うんじゃないかな。非にアクセントをおくんだよ。それで非健康的な食生活とかいうんだ。どうして日本語まで教えなきゃならないんだ」
**くま**「怒らないでよ。健康によくないよ」
**先生**「うむ。気を取り直して、ここで問題を出そう。病気の原因にはどんなものがあると思う？」

## くま介への問題〜病気の原因は？

【問題】（1）〜（14）の病気のおもな原因を、下の㋐〜㋛のなかから1つずつ選びなさい。

(1) エイズ　(2) 結核　(3) BSE（牛海綿状脳症）　(4) 風邪　(5) みずむし
(6) 糖尿病　(7) 脚気　(8) マラリア　(9) 肺がん　(10) 喘息（ぜんそく）
(11) 食中毒　(12) ダウン症　(13) 血友病　(14) PTSD

[原因]
㋐細菌　㋑ウイルス　㋒ビタミン欠乏　㋓生活習慣　㋔染色体異常　㋕遺伝子異常　㋖原生動物　㋗菌類（カビ）　㋘アレルゲン（アレルギーの原因物質）　㋙タバコに含まれるベンゾピレンなどの化学物質　㋚感染性タンパク質プリオン　㋛恐怖体験

【解答】
(1)−㋑　(2)−㋐　(3)−㋚　(4)−㋑　(5)−㋗
(6)−㋓　(7)−㋒　(8)−㋖　(9)−㋙　(10)−㋘
(11)−㋐　(12)−㋔　(13)−㋕　(14)−㋛

**くま**「迷うなあ。原因を 1 つに絞れないよ。たとえば、この前先生が風邪をひいたのは、直接はウイルスによるんだろうけど、『面白くないことがあって、遅くまで酒を飲んだときに、冷房をつけっぱなしにして寝た』のが本当（?）の原因とも考えられるよね」

**先生**「鋭い分析だ。クマとは思えん。喘息（ぜんそく）や花粉症にしても、直接的には何らかのアレルゲンによるが、自動車の排気ガスに含まれる粉塵がアレルギーを誘発しているという報告もある。環境や習慣も考慮することが必要なのである」

## 社会や環境まで含めて、病気の原因を考える

### （1）結核がまた流行し出したのはなぜ？

・**明治～昭和初期の結核の流行**　結核は、結核菌という細菌がからだに感染して病巣をつくる病気で、特に肺結核が多く見られます。肺結核になると、咳き込んだとき、痰に血が混じったりします。胸部 X 線写真をとると、肺に陰影が映ります（肺に空洞ができている）。明治から昭和の初期にかけては、結核が流行し、多くの人が結核にかかり亡くなりました。日本では長く死亡要因の第 1 位を結核が占めてきたのです。明治の女流作家の樋口一葉は 24 歳で、作家であり歌人である石川啄木も 26 歳でやはり結核で亡くなりました。

・**第二次大戦後、結核の患者は減少**　やがて、第二次世界大戦後、結核で亡くなる患者は急に少なくなりました（図 7.1）。その理由は抗生物質が使われだしたからだといわれていますが、本当にそうなのでしょうか？

　結核の感染がピークだった明治から大正にかけては日本の産業革命期で、無謀な帝国主義的発展期にあたります。その時期の花形産業は繊維工業で、それを担ったのは人身売買同様に遠い農村から連れてこられた女子でした。農家はあまりの貧乏に耐えられず、女の子、ひどい場合には 7、8 歳の幼女まで人買いに売ったのでした。彼女たちは「監獄よりもつらい」寄宿舎に閉じ込められ、ろくな食事も与えられず、毎日 14 ～ 16 時間、徹夜もあるという過酷な労働条件で、逃げ出す人も多くいたのです。これが「女工哀史」ですが、女工たちはこのような条件のもとで、次々と結核に倒れていったのです。

図 7.1　死亡率の推移（主要死因別）

人口10万対

[資料：厚生労働省「人口動態統計」]

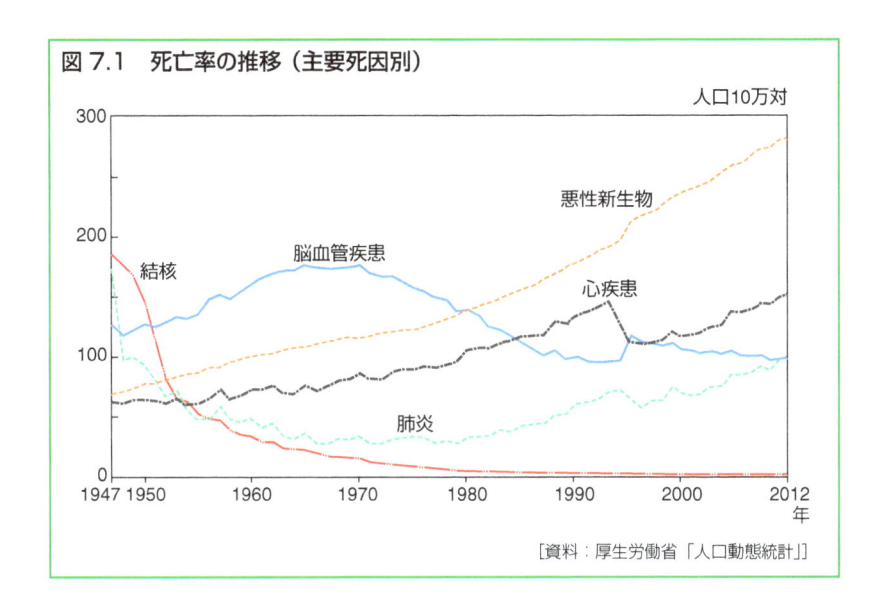

　さて、第二次世界大戦後に急速に結核が減ったといいましたが、その当時、抗生物質はまだあまり使われてはいませんでした。このことを考えると、結核で亡くなる者が減った原因を抗生物質の開発だけと考えることはできないのです。戦争が終わって、生活レベルが徐々に向上し、環境の衛生状態がよくなっていったことや労働条件が向上したこと、栄養不良も減少したことに、結核が減ってきた原因があると思われます。抗生物質はその減少をさらに速めたというぐらいに考えたほうがいいのです。

・**結核の再流行**　しかし、1990年代に入り、結核が再び増えはじめました。世界的には1993年にWHO（世界保健機関）が結核の非常事態宣言を出していますし、日本でも1997年には38年ぶりに新規患者が増加に転じ、1999年には『結核緊急事態宣言』が出されました。

　＊　2000年以降、減少傾向は続いていますが、2012年現在まだ年間2万人を超える新規結核患者の届け出があります。人口10万対の結核罹患率（17.7）でみると、米国の4.3倍、カナダの3.8倍、オーストラリアの2.8倍、フランスの1.9倍で、欧米先進国と比較して未だ高い状況です。（厚生労働省「人口動態統計」）

　日本で結核患者が再び増えた原因は何なのでしょうか？　多くの抗生物質に耐性をもつ多剤耐性結核菌が増加したということもありますが、不況でホームレスの人が増えていて、その間で感染が広がっているという問

題、高齢化に伴い、免疫が弱くなってきている人が増え、医療機関や老人ホームなどで集団感染が多発しているという問題、そして外国人労働者が増加し、生活条件の悪い環境で働く人たちが多くなっている問題なども、考えなければならないと思います。

　このように、病気の原因を考えるときには、医学的に直接の原因を知るだけでなく、社会や環境までも視野に入れて考えるべきなのです。

### (2) エイズの原因はエイズウイルス（HIV）ですが

　エイズ（AIDS；acquired immunodeficiency syndrome、後天性ヒト免疫不全症候群）の原因は、HIV（human immunodeficiency virus）というウイルスです。なぜそのウイルスに感染してしまうようになったのかをも考えてみましょう。森林が開発され、HIVを保有している野生のサルとの接触の機会が増えたこと、交通や物資の交流が進んでアフリカの奥地の風土病が広がったこと、特定の相手以外の人と性交するなど性が自由化したこと、ホモセクシャルな付き合いも増えたことなど、HIVそのもの以外の原因も絡んできています。

## 人間と感染症

### (1) 人類は感染症に脅かされてきた

　細菌やウイルスなどの病原体が体内に侵入することによって引き起こされる病気を感染症といいます。先程の結核は結核菌による感染症、エイズはHIVによる感染症です。

　歴史を振り返ると、ヨーロッパでは感染症の大流行が何度か起こっています。13世紀のライ（ハンセン病）、14世紀のペスト、16世紀の梅毒、17〜18世紀の天然痘（痘瘡）と発疹チフス、19世紀のコレラと結核、20世紀のインフルエンザなどです。これらの病気のうち、天然痘とインフルエンザの病原体はウイルスですが、ほかは細菌です。

　中でも14世紀に流行したペストは、黒死病と呼ばれて恐れられていました。当時のヨーロッパの人口の1/4にあたる2500万人が死亡したといわれています。原因は、ある種のネズミとそのノミがペスト菌をもっていて、それがヒトにも広がっていったのです。

病気と健康

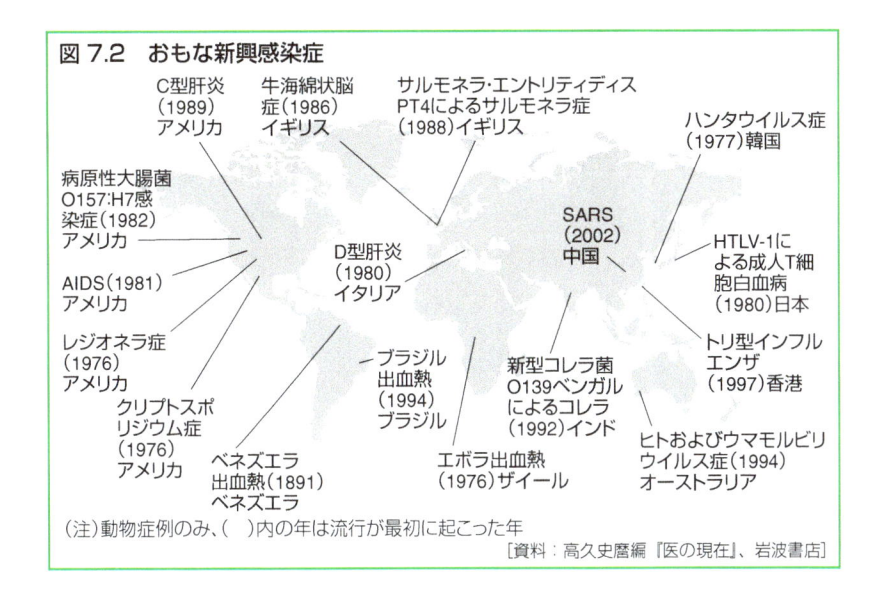

### 図 7.2　おもな新興感染症

- C型肝炎（1989）アメリカ
- 牛海綿状脳症（1986）イギリス
- サルモネラ・エンテリティディス PT4によるサルモネラ症（1988）イギリス
- ハンタウイルス症（1977）韓国
- 病原性大腸菌 O157:H7感染症（1982）アメリカ
- D型肝炎（1980）イタリア
- SARS（2002）中国
- HTLV-1による成人T細胞白血病（1980）日本
- AIDS（1981）アメリカ
- レジオネラ症（1976）アメリカ
- ブラジル出血熱（1994）ブラジル
- トリ型インフルエンザ（1997）香港
- クリプトスポリジウム症（1976）アメリカ
- 新型コレラ菌 O139ベンガルによるコレラ（1992）インド
- ベネズエラ出血熱（1891）ベネズエラ
- エボラ出血熱（1976）ザイール
- ヒトおよびウマモルビリウイルス症（1994）オーストラリア

(注)動物症例のみ、（　）内の年は流行が最初に起こった年

[資料：高久史麿編『医の現在』、岩波書店]

## (2) 先進国の死因の変化

　日本などの先進国では、先にあげたような感染症による死亡は少なくなっており、それに代わってがん（悪性新生物）や心臓病、糖尿病などの生活習慣病の死亡率が上がっています*。また、エイズやSARS、病原性大腸菌（O157）感染症、エボラ出血熱などの新しい感染症患者が増えています（図7.2）。また、MRSA（p.135のコラム参照）などの抗生物質耐性菌による院内感染が問題になっています。

　＊　2013年（平成25年）の死因順位は、1位悪性新生物（28.8％）、2位心疾患（15.5％）、3位肺炎（9.7％）、4位脳血管疾患（9.3％）の順（厚生労働省「人口動態統計」）。

**くま**「ペストでそんなにヒトは死んだの？　人間って、結構弱っちいんだね。細菌やウイルスなんて、あんな小さいの踏み潰してしまえばいいのに」

**先生**「踏み潰す？　足で踏み潰せるほど大きなものではないんだよ。それに小さすぎるから、相撲で投げ飛ばすように戦えないんだよ。そのくらいわかっていたかと思ったよ。さっき風邪の原因はウイルスだって、答えていたし」

**くま**「あれは、本に書いてあったのを言っただけだよ。えっと、細菌とかウイルスって何だっけ？　それに、足で踏み潰すのではなければ、どうやって

131

殺すの？　殺虫スプレー？」

**先生**「これは、1から話さなきゃいけないみたいだね」

## 感染症を引き起こす病原体は、どんな形・性質？

### (1) 細菌

　単細胞の微生物で、細胞構造は単純で、核膜で包まれる核をもたない原核生物です。病原体となる細菌（細菌の大多数は無害で、有用なものも多い）には、感染力が強い赤痢菌・チフス菌・コレラ菌・ペスト菌などのほか、土壌中に広く存在し傷口からヒトの体内に侵入する破傷風菌、そして結核菌などがあります。また、食中毒を起こす病原性大腸菌（O157）、サルモネラ菌、腸炎ビブリオ、ブドウ球菌、ボツリヌス菌、レジオネラ菌なども細菌です（図7.3）。

### (2) ウイルス

　ウイルスは細菌よりずっと小さく（ヒトを地球ぐらいとしたとき、ウイルスはサッカーボールぐらい）、自分だけでは代謝も増殖もすることができません。他の細胞生物の中に入って、自分の遺伝情報（DNAかRNA）を働かせ、宿主細胞の装置（各種酵素とリボソームなど）を用いて増殖します。ですから、完全な生物ではないといえます。ウイルスによる感染症には、インフルエンザ・風邪・SARS・天然痘（1980年WHOが根絶を宣言）・はしか・日本脳炎・小児マヒ、エボラ出血熱、エイズなどがあります。

・HIV　　エイズの病原ウイルスであるHIVは、ヒトの免疫系を破壊する

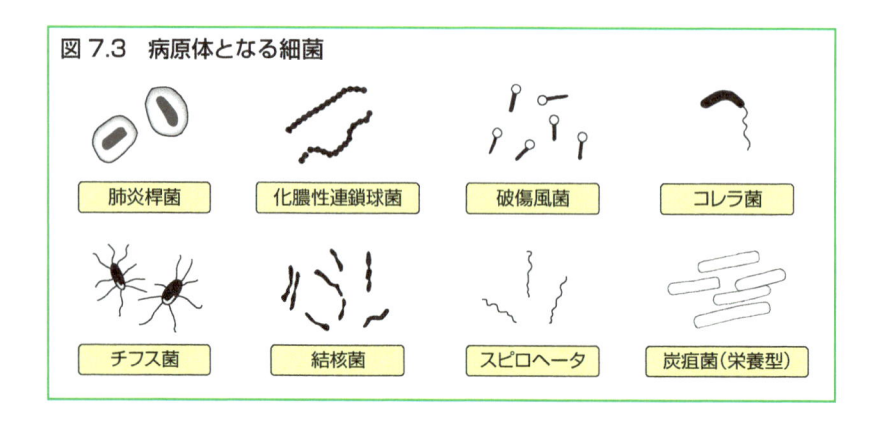

**図7.3　病原体となる細菌**

| 肺炎桿菌 | 化膿性連鎖球菌 | 破傷風菌 | コレラ菌 |
| --- | --- | --- | --- |
| チフス菌 | 結核菌 | スピロヘータ | 炭疽菌（栄養型） |

ために、普通なら病気を起こすことがないような微生物が感染（これを日和見感染という）して、体内で増殖し、カンジダ症（カビ）やカリニ肺炎（原生動物）などによって患者を死に至らしめることが多い病気で、普通は性的接触によって感染するものです。

## column　鳥インフルエンザ

　インフルエンザウイルスはヒトや鳥類、ブタなどさまざまな生物が感染します。おもに鳥類がかかるのが鳥インフルエンザです。ヒトでは毎冬流行する季節性インフルエンザと、数十年に1度の頻度で爆発的に発生するパンデミックインフルエンザが知られています。

　インフルエンザウイルスには多くのタイプがあり、それぞれ病原性や感染する生物などの性質が異なります。異なるウイルスが生物の体内で出合って遺伝子を部分的に交換して変異を繰り返し、宿主が免疫をもたない新タイプができると流行を引き起こすのです。

　インフルエンザウイルスは直径約100ナノメートル（ナノは10億分の1）。表面には、宿主の細胞へ入り込むためのヘマグルチニン（HA）と、細胞から飛び出して感染を広げるためのノイラミニダーゼ（NA）という2種類のタンパク質があり、それらの合成に関わるものなど計8個の遺伝子をもっています。

　HAを合成する遺伝子は16種類、NAは9種類あるため、ウイルス型は両者の組み合わせで計144（16×9）種類に分類されます。同じ型でも構造が部分的に異なり、病原性や感染する宿主が変化することがあります。近年、アジアを中心に流行した鳥インフルエンザはH5N1型でしたが、これはHAが5型、NAが1型という意味です。H5N1型の鳥インフルエンザは、鳥に感染しても特に症状は出ないのですが、ヒトに感染すると重い症状を引き起こすのです。しかし、今のところ、鳥インフルエンザに感染発病したヒトから他のヒトへの感染は稀なようです。

　遺伝子の変異によって新たなインフルエンザウイルスが登場すると、ヒトはまだ免疫がないため、パンデミック（世界的な大流行）になりやすいのです。ヒトへの感染を繰り返すうちにヒトどうしで感染する力を獲得し、高病原性の季節性インフルエンザに変わり、パンデミックが起こるこ

とが心配です。

　タミフルやリレンザなどの治療薬が有効ではありますが、やはり流行する前に、それに効果的なワクチンをつくって、備えることが必要といえるでしょう。

## (3) その他の病原微生物

**・カビ（菌類）**　　カビには、みずむしを引き起こす白癬菌や、日和見感染（免疫力の低下した人にのみ感染し発病する）の代表的な病原体のカンジダ菌などがあります。

**・原生動物**　　マラリアを起こすマラリア原虫、アフリカの眠り病を起こすトリパノゾーマなどが知られています。

## (4) 感染性タンパク質（プリオン）

　BSE（牛海綿状脳症、いわゆる狂牛病）やクロイツフェルト・ヤコブ病（CJD）の病原体は、ウイルスではなく、タンパク質そのもので、DNAもRNAももちません。BSEの肉などに含まれる病原性タンパク質を通じてヒトにも感染し、変異型CJDが起こることもわかりました。その感染性タンパク質を異常プリオンといいます（図7.4）。

　プリオンは、熱やホルマリン処理でも活性を失わず、タンパク質分解酵素でも分解されない強い特殊なタンパク質で、これとまったく同じアミノ酸配列をもつタンパク質が正常なヒトにも存在しています。ただし、正常

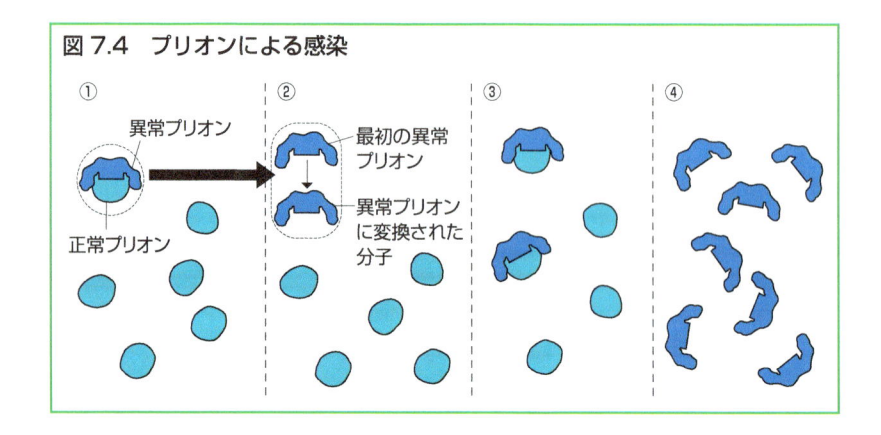

**図7.4　プリオンによる感染**

プリオンと異常プリオンは立体構造が違っているのです。

異常プリオンがある程度侵入してくると、正常プリオンが次々と異常プリオンに変わり（朱に交われば赤くなるように）、脳を侵してしまうようです。

> ### column　MRSAとは
>
> 　MRSAはmethicillin-resistant *Staphylococcus aureus*の略語で、抗生物質のメチシリンに耐性を獲得した黄色ブドウ球菌のことです。つまり、通常は黄色ブドウ球菌はメチシリンによって、やっつけられてしまうのですが、中にはメチシリンの作用が効かない（耐性をもつ）黄色ブドウ球菌ができてくるのです。それをMRSAというのです。黄色ブドウ球菌は化膿性炎（皮膚化膿疾患、中耳炎、結膜炎、肺炎）、腸炎（食中毒含む）などの病原菌です。
>
> 　細菌の薬剤耐性は突然変異で生じますが、周囲に抗生物質が多いと、耐性菌だけが選択される（生き残って増殖する）ので、菌のほとんどが耐性をもつ菌になってしまいます。また、同種または近縁種の細菌の間で、耐性の遺伝子DNAが接合やウイルス（ファージ）によって移されるということも起こるので、急速に耐性を獲得することがあります。
>
> 　MRSAは1961年に英国で最初に報告されましたが、日本では1980年代になって報告されるようになりました。MRSA出現の背景には、医療現場での抗生物質の乱用が指摘されています。現在では多くの抗生物質に耐性の多剤耐性MRSAが主流となり、その治療の切り札としてバンコマイシンが用いられていますが、困ったことにバンコマイシンに耐性を獲得したヘテロ耐性MRSAが、院内感染として確認されるようになりました。
>
> 　日本での院内感染菌は1970年代までは緑膿菌が主流でしたが、1980年代以降はMRSAが院内感染の首位を占めるようになりました。MRSAの院内感染は、器物・手指を介した接触感染、飛沫を吸い込むことで起きる飛沫感染、治療器具（各種カテーテル等）を介した感染があるようです。通常は大学病院など大規模な病院に多発する傾向があるようですが、その原因としては、長期入院で感染する機会が多いことや免疫力の低下した患者が多いことがあげられます。黄色ブドウ球菌というのは、健康なヒトには病原性を発揮しない菌で、鼻腔などにふつうに存在し、乾燥に

> 強く、消毒剤に強いものです。院内感染防止のためには、洗浄消毒が大切なのですが、MRSA はそれでもしぶとく生き残る嫌なヤツなのです。

## ヒトは無数の微生物やウイルスとともに生活している

　さて、私たちヒトと微生物（細菌や菌類）やウイルスとの関係は、「敵」どうしなのでしょうか。微生物やウイルスは、絶えず私たちのからだに侵入しようと狙っていて、実際、侵入に成功しているものもあります。また、口唇ヘルペスウイルスのように、細胞分裂をしない神経細胞の中にほとんど害を与えないで潜伏していて（ときに口唇の細胞で増殖）、からだに住み着いているかのように見えるものもあります。

　DNAを比べてみると、ヒトのDNAの中には、ウイルスや細菌が進化の過程で持ち込んだと思われるDNAもあることがわかっています。

　ヒトは無数の微生物やウイルスや原生動物の中で生活していて、それらと付き合いながらも、生命の秩序をなんとか維持しようとしているようです。決して「無菌状態」で生きることができるわけでも、また無菌状態を第一に望んでいるのでもなさそうです。

　日本などの現代文明の先進国は、とても清潔な環境ができており、生活様式も清潔を第一に心がけるものになっています。ですから、病原体となる微生物やウイルスも少なくなっていると思われますが、そのことがかえって私たちのからだの病原体に対する抵抗力を弱め、花粉アレルギーや喘息などの免疫系の過剰反応を引き起こしているのではないかと指摘されています。

## からだはどうやって感染を防いでいるか〜生体防御

### （1）ウイルスはどうやって細胞の中に入るのか

　のどの粘膜に傷ついたところがあると、生体は粘液層でバリアをつくることができなくなります。ウイルスは、細胞表面にむき出しになった受容体（レセプター）に結合して、細胞の中に取り込まれます。これは家の玄関の鍵穴に合う偽物の鍵（キー）をもった泥棒が偽物の鍵を使って玄関の鍵をあけて中に入るのと同じです。細胞の鍵穴に合う、偽の鍵をウイルス

はもっているのです。

## (2) ウイルスに感染した細胞は？

　ウイルスに入られた（感染した）細胞は、ウイルスの遺伝子（DNA か RNA）の情報にしたがって、ウイルスの遺伝子を複製したり、殻タンパク質を合成して、ウイルスをどんどん増殖させてしまうのです。そして、増殖したウイルスは、さらに隣の細胞へも侵入し、そして感染細胞が増えていきます。

## (3) ウイルス感染細胞に対する防御反応

　インフルエンザなどのウイルスに感染すると、からだはさまざまな防御反応を発動します。それを見ておきましょう（図7.5）。

・**インターフェロン**　　ウイルスに感染した細胞は、サイトカイン（他の細胞を活性化する物質）の一種であるインターフェロンを分泌します。インターフェロンはまわりの細胞を刺激し、ウイルスの増殖を抑制します（抗ウイルス作用、他のウイルスにも効く）。同時に、正常な細胞もインターフェロンの影響を受けて、たとえばインフルエンザなら、のどがおかしいなどの初期症状が起こります。

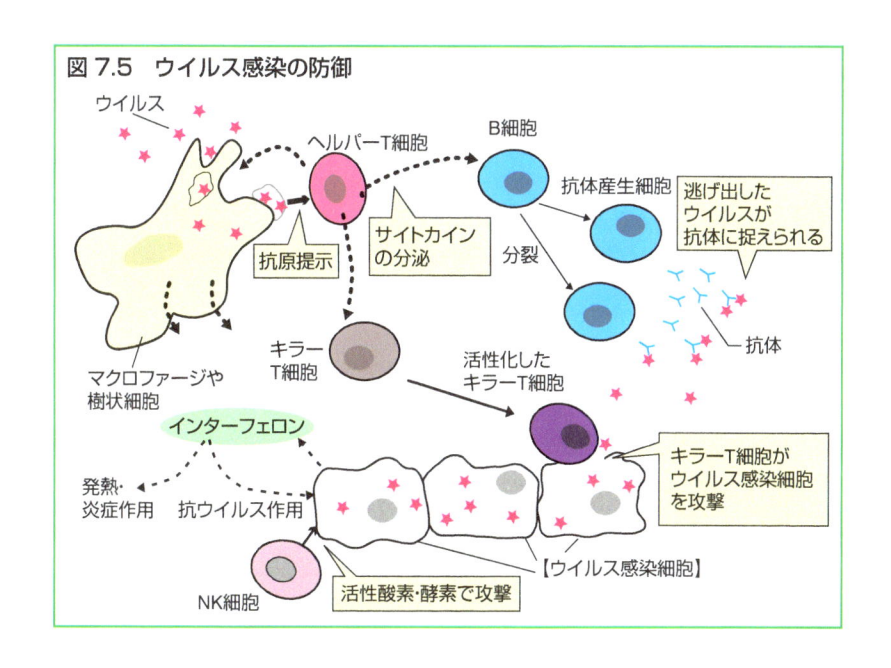

図7.5　ウイルス感染の防御

・**白血球を中心とした免疫反応**　ウイルス感染細胞が増えてくると、白血球（マクロファージやリンパ球）が活動し始めます。

リンパ球の一種であるナチュラルキラー細胞（NK細胞）は、ウイルス感染細胞を攻撃し殺します。

また、マクロファージや樹状細胞がウイルスを食べて細胞内消化し、その特徴的な部分を細胞表面に出して、リンパ球のT細胞に抗原として指し示します。これを抗原提示といいます。このことにより、そのウイルス（抗原）に適合した特定のヘルパーT細胞が活性化され、活性化したヘルパーT細胞は、別のサイトカイン（IL-4,5,6など、下記コラム参照）を出して、特定のB細胞を成熟させます。この特定のB細胞は、このウイルス（抗原）だけに結合して不活性化する抗体（免疫グロブリン）をつくります。抗体はいわばウイルスをやっつけるための飛び道具です。

また、活性化したヘルパーT細胞は、キラーT細胞を活性化させ、キラーT細胞は感染細胞を殺します。感染細胞から出てきたウイルスはB細胞から放出される抗体に捉えられます（抗原抗体反応）。この状態になれば、病気は治まりますが、それまでに約1週間かかるのです。

---

### column　風邪

●風邪のとき、熱は下げたほうがいいの？

マクロファージが分泌するサイトカインの一種にインターロイキン1（IL-1）があります。IL-1は血液によって間脳の視床下部に運ばれ、発熱中枢を刺激します。熱はウイルスの増殖を抑えます。「風邪だと思ったら、すぐ風邪薬を飲んで、熱を下げましょう」などというコマーシャルがありますが、熱を下げるのは、発熱による体力消耗を防いだり、からだのつらさをとるためです。本来、熱はからだが必要としているから上がっているのです。

●風邪をこじらせるときって？

風邪をこじらせて、気管支炎や肺炎を起こしてしまうことがありますが、それは風邪を引き起こした風邪ウイルス以外の病原性細菌が、傷んだ細胞・組織から体内に侵入し、毒素などをつくって悪さをするからです。

この場合、細菌はウイルスと同じようにマクロファージや樹状細胞に飲

み込まれ、殺され、さらに同じような免疫反応も起こります。まずマクロファージや樹状細胞が抗原（細菌の特徴となる物質）を提示し、それを受けて特定のヘルパーT細胞が活性化されます。活性化されたヘルパーT細胞は、細菌の抗原に合う抗体をつくる能力をもったB細胞を成熟させ、抗体が放出されて、細菌や毒素を攻撃するのです。抗体が結合した細菌は、好中球というリンパ球に捉えられ、殺されます。こうした闘いの後、回復に向かうのです。

**くま**「風邪の話を聞いてたら、風邪をひいたみたい。抗生物質を飲まなくちゃ」
**先生**「抗生物質はウイルスには効かないよ。抗生物質を飲むのは、ほかの細菌に二次感染して、気管支が炎症を起こしたりしているときのためなんだ。すぐに抗生物質を飲むのは耐性菌を増やすことにつながるよ。風邪のときは、十分睡眠をとって、栄養もとって、休息するのが大切だよ」
**くま**「睡眠は十分です。栄養は、そうだね、脂ののったうなぎがいいな。ぼく、養殖ものは嫌だからね、天然ものじゃなくちゃ」
**先生**「食べ物の話じゃなくて、病気の話に戻るよ」

# ワクチン療法

### （1）ワクチン療法のしくみ

　ヒトのからだは、一度感染した病原体を記憶し（一次感染のときに闘った特定のT細胞やB細胞が、記憶細胞として残る）、2回目の感染のときにはもっと早く免疫機構が発動し、病原体を処理することができます。これを免疫記憶といいます。2度目の感染時は、すみやかな対応のおかげで発病に至らないで済むのです。このしくみを利用したのがワクチン療法です。抗原となる非病原性の細菌やウイルスや不活性化病原体を、あらかじめからだに接種して、その菌やウイルスを記憶させて、これらに対して免疫力を高めておくのです。

### （2）エイズのワクチンができないわけ

　HIV（エイズウイルス）は、HIVが結合する受容体（CD4分子）を表面にもった細胞であるヘルパーT細胞を特別に探し出して内部に侵入し、

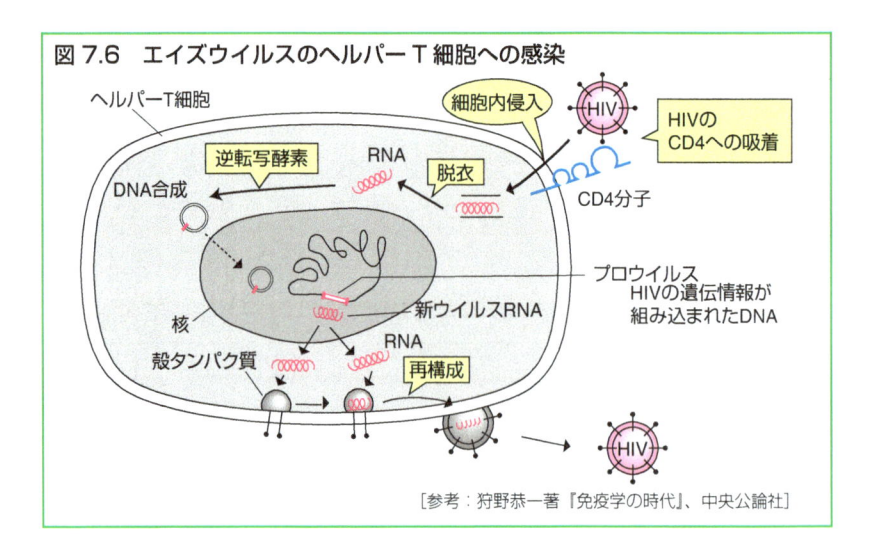

図 7.6　エイズウイルスのヘルパーT細胞への感染

ヘルパーT細胞／細胞内侵入／HIVのCD4への吸着／逆転写酵素／RNA／脱衣／DNA合成／CD4分子／核／殻タンパク質／新ウイルスRNA／RNA／再構成／プロウイルス　HIVの遺伝情報が組み込まれたDNA／HIV

［参考：狩野恭一著『免疫学の時代』、中央公論社］

　HIVの遺伝情報だけを核の染色体の中に残します。ヘルパーT細胞が刺激を受けるたびに、その遺伝子が働いてHIVをつくりだすことになり、ヘルパーT細胞は破裂してしまうのです（図7.6）。

　その結果、免疫機構がダメージを受け、普通なら何でもない細菌やカビや原生動物などに感染（日和見感染）し、死亡することが多いのです。特定のワクチンによるエイズの予防が難しいのは、HIVは変わり身が速く、遺伝子がどんどん突然変異を起こし、外を覆うタンパク質も変わるので、記憶しても役に立たないからなのです。

**くま**「免疫記憶って、どろぼうの顔を警官に覚えさせておいて、次にどろぼうが街に現れたとき、さっと逮捕するようなものだね」
**先生**「そうそう。事前に犯人の似顔絵を配っておいて、覚えておくんだ」
**くま**「でも、犯人も変装したりして、似顔絵が役立たないこともあるんだね」
**先生**「そうだ。HIVは変装のチョー名人なんだよ」
**くま**「そういう言葉使いは、やめたほうがいいよ。日本語の乱れはなげかわしい」

# アレルギーって何だ？

　さて、花粉症や喘息やアトピー性皮膚炎などは、アレルギーによる病気

といえます。アレルギーは、からだに一度入ってきた異物（アレルゲン）が、2度目に入ってきたときに、からだが異常な過敏反応を起こすことをいいます。アレルギー反応も、広い意味での免疫に含まれる現象です。免疫記憶では、2度目の反応は有益なものですが、アレルギーはその反応が有害になってしまうのです。

・**花粉症**　　花粉が吸い込まれて粘膜に滑り込むと、マクロファージが食作用で取り込み、免疫系が働きます。そして、花粉の成分に対する抗体がつくられるのですが、普通の抗体（IgG）でないE型抗体（IgE）ができる場合があります。2回目以降の侵入では多量のIgEができます。

さて、このIgEに対する受容体が、マスト細胞（肥満細胞）と呼ばれる細胞の表面にあり、この受容体上に抗体と花粉の複合体ができると、マスト細胞からヒスタミンが分泌されます（図7.7）。ヒスタミンが神経細胞や粘膜の細胞を刺激し、鼻水、涙などのアレルギー症状を引き起こします。喘息やアトピー性皮膚炎、じんま疹も、何らかの抗原（アレルゲン）に対してIgEができるアレルギーです。

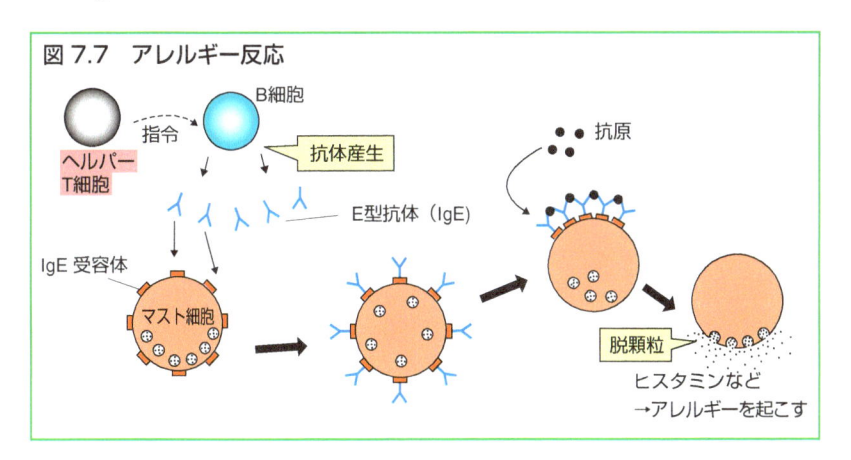

**図 7.7　アレルギー反応**

### column　医師と病院に望むこと

　僕もいろいろな病気と付き合っていますので、これまでいくつもの病院に行きましたし、入院も何度かしました。そして、何人ものお医者さんや看護師さんに接しました。その経験からお医者さんに望むことを書いてお

きたいと思います。

　一言で言えば、患者の立場に立ってほしいということです。患者はからだの具合が悪くて不安な気持ちでやってきています。それなのに、病院の雰囲気は患者を見下しているのではないかと思うことが多々あります。まず、応対する受付の方の言動です。事務的に応対するのでなく、やさしく語りかけてほしいのです。つっけんどんな応対をされると、ますます不安が募ってきます。また、ときには診察室の前の暗い風が通り抜ける廊下で、長々と待たなくてはなりません。だんだん気が滅入ってきます。もっと、後どのくらい待つのかわかるようにしてほしいものです。それに、プライバシーに配慮することも大事です。他の患者さんの病状がわかってしまいます。他人には聞かれたくないこともあります。診察室と待っているところとははっきりと間仕切りしてほしいものです。看護師さんの言葉も、ときには大人が子どもに話すように言うのはどうしてでしょうか。「熱はあるの？　食欲は？　眠れた？」などというのはおかしいと思います。どうも、見下されているように感じてしまうのです。

　いよいよ診察の番が来て中に入ると、挨拶もなく、「どうしました？」とお医者さんはおっしゃいます。無駄な話はできるだけ避けようということでしょうが、「こんにちは」の一言を交わすのは当たり前ではないでしょうか。ともかく、言葉が少なすぎます。また、患者の話はできるだけちゃんと聞いてほしいものです。要領よく言わない患者が多いのも確かですが、患者はいろいろ訴えたいのです。それなのに、何か話し出しても、ぶっきらぼうな返事しか返ってこないと、何だか欲求不満になってしまうのです。どうも、病気や患部に立ち向かうのは医師であって、何とかしてあげるから患者は黙って耐えていなさいと言わんばかりです。それは違うと思います。病気や患部は患者の一部だし、病気に立ち向かうのは患者本人だと思います。お医者さんは、「お助け人」なのです。だから、今の状態がどういう病気のどういう状態か、原因はどんなことが考えられるか、どのような治療法があるかなどをきちんと患者にわかるように説明してほしいのです。「由らしむべし、知らしむべからず」の時代ではないのです。スポーツにたとえれば、患者は選手であり、医師はコーチだと思います。「インフォームドコンセント（説明と同意）」という言葉がよく使われるようにはなりましたが、大切なのはマニュアルではなく、医師をはじめとする医

> 療関係者と患者が信頼関係で結ばれていることだと思います。それがあれば、医療過誤なども防げるのではないでしょうか。
>
> 　また、死が迫っているときでも、周囲の暖かい励ましと理解が感じられれば、患者は最期まで「元気に」過ごせるのではないかと思うのです。近年、医療関係者の中でも、患者のQOL（生活の質）を高めようという取り組みが高まっているのは、望ましいことだと思いますが、まずは目の前の患者さんとの関係を考えてほしいと願わずにはいられません。

**くま**「ずるいよ、長々と。ぼくの話も聞いてよ。実は歯医者に行ったんだけど、クマだから歯が1本くらい抜けても平気でしょとか言われて、いきなり抜かれそうになったんだ。口開けているときに『いいですか』って聞かれても、何も答えられないじゃない？　ぼく、思わず、うなっちゃったよ」
**先生**「それで、まさか先生に怪我させなかったろうね」
**くま**「微妙」
**先生**「医者も人間だから、診たくない患者だっているさ……」
**くま**「どっちの味方なの？」
**先生**「まぁ、細かいことは気にしないで次にいこう。次はがんの話だ」

## がんは暴走する自動車

### (1) がんのイメージ

　がん（悪性新生物）は今では、日本人の死因のトップになっています（p.129 図7.1）。ただ、これは、長生きする人が多くなったために、高齢で発生するがんで死亡することが多くなったとみることができるようです。
　みなさんはがんについてどのくらい知っていますか？
　「どこかに、周りとちょっと違う細胞の塊ができて、それがどんどん大きくなって、血管や神経を圧迫し、さらにほかの部位に転移して、そこでまた大きくなって、周囲の組織に悪さをし、ついには致命的な変化が起こって死に至る。治療は、切除すること、放射線を当てること、増殖を抑える薬剤を投与することなどがあるが、切除以外の方法で完治することは今のところ難しい。食事などに気をつけて、がんを予防することはある程度で

きるらしい」というところでしょうか。

## （2）がんを理解するための３つのキーワード

　では、「ちょっと違う細胞」というのは何が違うのでしょうか。これまでの研究で、「がん細胞は遺伝子に異常が起こり、細胞相互の抑制を無視して、異常増殖してしまうものである」ということがはっきりしてきました。がんの生物学的理解には、「がん遺伝子、がん抑制遺伝子、プロモーター」がキーワードです。

　がんをクルマにたとえると、がん遺伝子というのは、「踏まなくても入りっぱなしのアクセル」、がん抑制遺伝子は、「ブレーキ」、プロモーターは「下り坂（傾斜）」というところでしょうか。

**・アクセル　〜原がん遺伝子とがん遺伝子**　　正常なアクセルに相当するのは「原がん遺伝子（がん原遺伝子ともいう）」です。細胞の正常な分裂増殖に関する重要な遺伝子で、何種類もあります。この原がん遺伝子が突然変異を起こし、活性化されると「がん遺伝子」になります。このがん遺伝子が細胞をがん化させるのです。ゲノムは２セットありますから（卵由来と精子由来）、原がん遺伝子も種類ごとに２つずつありますが、そのどちらかが突然変異すれば、アクセルは入りっぱなしになる、すなわちがん遺伝子になります（このように２セットのうち、どちらかだけの変化で、影響がでるものを優性遺伝子といいます。図7.8）。これだけでは、まだがんになるとは限りませんが、重要なワンステップが踏み出されたことになります。

**・ブレーキ　〜がん抑制遺伝子**　　アクセルが入りっぱなしになっても、ブレーキさえ、正常に働けば、クルマ（つまり細胞）が暴走することはありませんね。ところが、このブレーキのメカニズムのどこかに異常が生じてしまうことがあります。がんに関しては、ブレーキにあたるのはがん抑制遺伝子です。がん抑制遺伝子は、傷ついた遺伝子の修復に働く遺伝子であったり、がん遺伝子の作用などを察知して細胞に自殺の指令を出す遺伝子であったりします。これにも何種類かが知られています。がん抑制遺伝子は、２つずつあるうちの１つが壊れても、がん化に影響しませんが、２つとも壊れると、ブレーキの役目を果たさなくなります。

　遺伝的にがんになりやすい人がいますが、それはブレーキ役のがん抑制

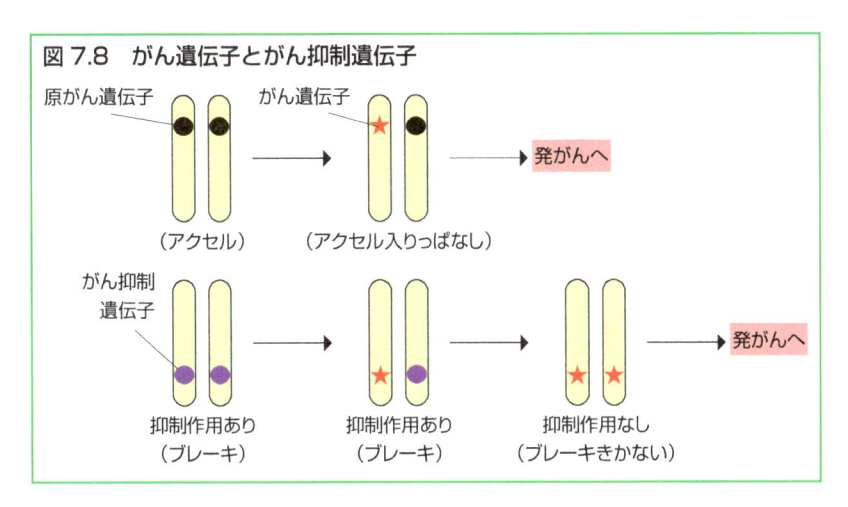

**図 7.8　がん遺伝子とがん抑制遺伝子**

原がん遺伝子　　がん遺伝子

（アクセル）　→　（アクセル入りっぱなし）　→　発がんへ

がん抑制遺伝子

抑制作用あり　→　抑制作用あり　→　抑制作用なし　→　発がんへ
（ブレーキ）　　（ブレーキ）　　（ブレーキきかない）

遺伝子の片方がすでに変異を起こしているので、残る1つの遺伝子の変異でがん化のスイッチが入ってしまうからだと考えられています（図7.8）。

**・下り坂　〜プロモーター**　アクセルが入りっぱなし、ブレーキ故障という怖い状態でも、上り坂なら、クルマは暴走はしないで済みますね。でも、下り坂なら、もう駄目ですね。下り坂なのか、上り坂なのかを決めているのは、プロモーターと呼ばれる物質の有無や濃度ということになります。

マウスの背中に、低濃度の発がん物質（遺伝子に突然変異を起こす物質）を塗ってもがんはできないのですが、さらにクロトン油を塗り続けると、がんができます。これはクロトン油にプロモーターになる成分が含まれていたからです。この場合、プロモーターは、細胞膜からの情報伝達系（外からの因子で増殖を制御している系）に作用し、がん化を促進するのです。

プロモーターだけでは何ごとも起こりません。入りっぱなしのアクセルと壊れたブレーキがあり、それに加えて下り坂になってはじめて暴走となります。このようにがん化までには、いくつもの階段を上っていくのです。それには時間がかかりますから、がんは高齢になって発病するのです。図7.9に大腸がんになるまでの遺伝子の変異を示しておきます（プロモーターについては省略）。

**(3) タバコはがん化を引き起こす**

原がん遺伝子やがん抑制遺伝子に傷をつける要因や、プロモーターになるものは、外界からも入ってきます。突然変異を促進する放射線やX線や

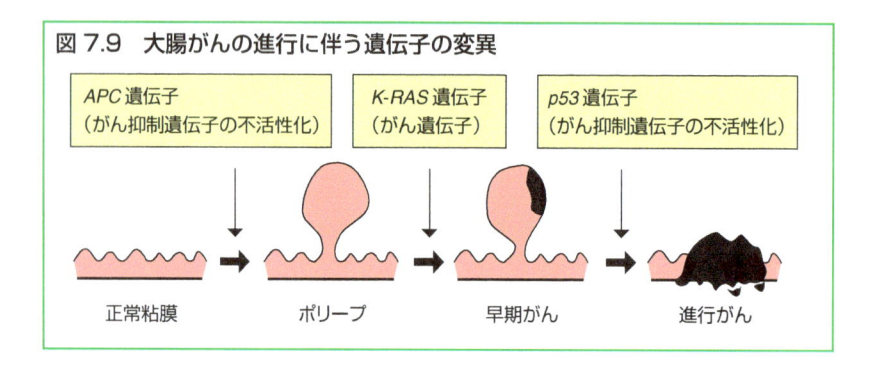

図 7.9　大腸がんの進行に伴う遺伝子の変異

APC遺伝子（がん抑制遺伝子の不活性化）　K-RAS遺伝子（がん遺伝子）　p53遺伝子（がん抑制遺伝子の不活性化）

正常粘膜　→　ポリープ　→　早期がん　→　進行がん

　紫外線、発がん物質やプロモーターとなりうる食品の摂取、ストレスなどがあげられます。食事や喫煙などの生活習慣がおおいに関係するのです。
　なかでも強調しておきたいのは、タバコです（タバコは、がん以外に、循環系疾患、呼吸器系疾患などのリスクも高めていますが）。現在、肺がんの約90％、すべてのがんの30％は喫煙によると推定されていますが、間接的なものまで含めればもっと大きいかもしれないのです（図7.10）。はっきり認識してほしいのは、タバコががんの原因になることは「完全に証明されている」ということです。
　2005年までに報告された、日本人を対象とした喫煙習慣と肺がんリスクについてのほとんどの研究で、1日当たりの喫煙本数、喫煙年数、喫煙指数が増すほど肺がんリスクが高くなり、禁煙してからの年数が増すほどリスクが低くなる傾向がみられ、タバコを吸っている人のタバコを吸ったことがない人に対する肺がんの相対リスクは、男性で4.4倍、女性で2.8倍でした（国立がん研究センター）。疑う余地はないのです。
　がん化促進のメカニズムもわかってきました。タバコの煙に含まれるベンゾピレンなどは遺伝子DNAの塩基グアニンに結合して、突然変異を引き起こすことがわかっています。特にがん抑制遺伝子のp53遺伝子が変異をするようです。また、タバコを吸うと胃の中でニトロソアミンができやすくなり、これはプロモーターとして働きます。
　タバコががんの原因になることは疑い得ないということで、世界各国ではタバコの

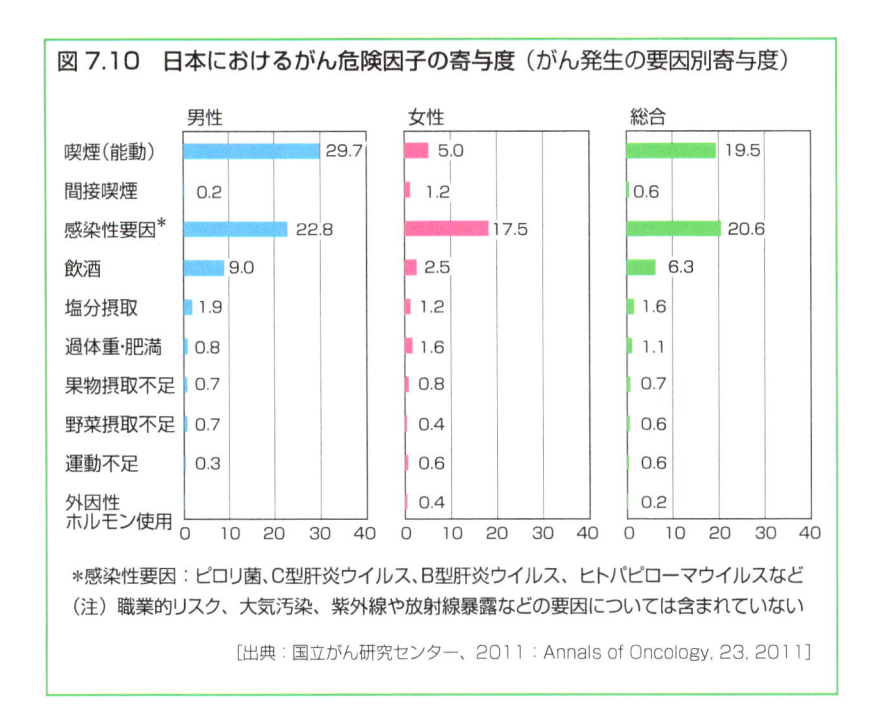

## 図7.10　日本におけるがん危険因子の寄与度（がん発生の要因別寄与度）

| 要因 | 男性 | 女性 | 総合 |
|---|---|---|---|
| 喫煙（能動） | 29.7 | 5.0 | 19.5 |
| 間接喫煙 | 0.2 | 1.2 | 0.6 |
| 感染性要因* | 22.8 | 17.5 | 20.6 |
| 飲酒 | 9.0 | 2.5 | 6.3 |
| 塩分摂取 | 1.9 | 1.2 | 1.6 |
| 過体重・肥満 | 0.8 | 1.6 | 1.1 |
| 果物摂取不足 | 0.7 | 0.8 | 0.7 |
| 野菜摂取不足 | 0.7 | 0.4 | 0.6 |
| 運動不足 | 0.3 | 0.6 | 0.6 |
| 外因性ホルモン使用 |  | 0.4 | 0.2 |

＊感染性要因：ピロリ菌、C型肝炎ウイルス、B型肝炎ウイルス、ヒトパピローマウイルスなど
（注）職業的リスク、大気汚染、紫外線や放射線暴露などの要因については含まれていない

［出典：国立がん研究センター、2011：Annals of Oncology, 23, 2011］

パッケージに「喫煙は死をもたらす」などの強い警告を表示するようになっていますが、それに比べて日本の警告表示は未だ不十分であることを理由に、日本学術会議は2008年に「脱タバコ社会の実現に向けて」を発表し、「タバコ箱の警告文を簡潔かつ目立つようにする」ことを日本政府に求めています。

平成26（2014）年のJTによる調査では、日本人全体の喫煙率は19.7％で20％を下回り、ようやく先進国並みになってきましたが、男性の喫煙率は30.3％で、これは世界的にも上位であり、女性の喫煙率が低いことで平均値が欧米並みになっているのです。女性の喫煙率は9.8％ですが、20歳代が10％と依然高いのは妊娠する可能性を考えると心配です。肺がんで苦しむ患者を減らすためには、新しい抗がん剤を開発することよりも、タバコを吸う人を減らすほうがより効果が上がるといえそうです。

## 病は気から？

昔から、「病は気から」といわれてきましたが、病気が気の持ちように

よって、よくなったり悪くなったりすることがあるのは確かなことだと思われます。それは、こころがいわゆるストレスの溜まった状態になることが免疫に影響して、病気に対する抵抗力が低下するからのようです。かなり以前になりますが1950年代にアメリカのある男性の生活記録と病気になった時期を調べたデータがあります。それによると、就職したときには病気になりやすく、結婚してしばらくは、病気にかかることが少なくなっています。30歳代でまた病気にかかりやすくなっていますが、職場で責任ある立場になったからでしょうか。それとも、夫婦仲に問題が生じたのでしょうか？ みなさんも、自分の今までの病気との関係を考えてみてはいかがでしょうか。何かの傾向が見つかるかもしれません。もっとも、20歳代では、からだの不調をあまり感じないことのほうが多いかもしれませんが。

　さて、実際、配偶者が亡くなって大きな悲しみに包まれているときや、学生のみなさんが定期試験の直前や期間中に入ってストレスがかかっているとき、NK細胞（ナチュラルキラー細胞、非特異的にウイルス感染細胞やがん細胞を攻撃する）などのリンパ球の活性が低くなることがわかっています。僕自身も、いろんなことがあって気分が憂鬱になっている日が続くと、風邪にかかってしまうことが多いのですが、それもNK細胞の活性の低下によると思われます。

**くま**「ルポを書くのが嫌だからって、家でごろごろしていちゃ、駄目なんだね。よし、頑張ってみるぞ。まずは腹ごしらえだ。うなぎ！」

　奮発して、くま介に天然うなぎを食べさせてやったが、口に合わなかったらしい。どこからか贈り物でいただいたお菓子の「うなぎパイ」のほうが、お気に召したようだった。

| かき氷 | **8**月 |

August

# ヒトは何を食べてきたか

8月●かき氷

高校野球をテレビで見ている隣で、くま介がかき氷を食べている。

**くま**「うー、冷たい物を食べると頭の芯がしびれるねえ」
**先生**「かき氷ばかり食べて、ちゃんとご飯を食べないと、栄養がとれないぞ」
**くま**「まあ、そう固いことを言わないで。仕事なんだから。いろいろなシロップをかけたものを食べて、その違いをレポートするんだ。『くまくま』って雑誌にクマミシュランってコーナーがあるの知らない？」
**先生**「そんな仕事、本当にあるのか？　まあいいが、くま介は、最近太ってきたんじゃないか。甘いものばかり食べるからだ。よし、食べ物について講義しよう」
**くま**「このかき氷を食べてからね。この溶けた感じもいいもんだね」

## 何を食べればいいのか

### (1) 食欲は本能的な欲求

　食べるというのは生きる基本です。ですから、食欲は本能的な欲求であり、それにしたがって食べることでヒトは生き残ってきたのです。

　エネルギー的にみた場合、18〜29歳の適度の生活活動を行っている人は男性で約2650kcal、女性で約1950kcal（15〜17歳男子2750kcal、女子2300kcal）の食事をとるのが普通です。普通はこれを大きく下回ると空腹を感じ、これを超えれば空腹を感じなくなるのです。健康なからだの空腹感は、肉体の日々の要求に合うだけの食物量を、不思議なほど的確に、しかも猛烈に求めるものです。したがって、体重計に乗らなくても、また食事のカロリーを計算しなくても、長い間体重が変わらないことは珍しいことではないのです。

### (2) ヒトはすべて菜食？

　ヒトの祖先動物の霊長類は、樹上生活をしていました。ですから、雑食性（混合食性）で、今のチンパンジーと同じようなものを食べていたのではないでしょうか。森林生態系における食物連鎖の最高位の消費者として、森の中や近くの草原、海や川や湖沼などで手に入る、さまざまな植物や動物を食べていたと思われます。

　今もヒトは普通は混合食性ですが、なかには菜食主義者（ベジタリアン）の人もいます。そう、見方によっては、すべての人が菜食だということも

できます。それは、「食物連鎖はつねに植物に始まる」ということができるからです。牛肉を食べるということは、その牛が食べた牧草を食べるということだからです。マグロを食べるということは、それに至る食物連鎖の最初のケイ藻などの植物プランクトンを食べることです。エネルギーだけを考えると、食物連鎖の各栄養段階を移るとき約 1/10 に減りますから、なるだけ菜食にしたほうが、エネルギーの無駄を省いていることになります。しかし、牛肉のステーキやマグロの刺身を食べないで生きていくのは、何とも寂しい話だと僕は思います。

### (3) 食文化はどのようにして生まれてきたのか

どの季節に、どこで、どんな食べ物が手に入るかを記憶し、他の仲間に伝え、子どもに教えることにより、ヒトになる以前の段階で食文化が芽生えていたのではないかと思われます。ヒトの祖先は、鋭い爪も、牙も、速く走る筋肉ももっていませんでしたが、知能を発達させ、記憶力とコミュニケーション能力を発達させて、少数の種類の生物を食べるのでなく、多様な生物を食料にして、繁栄をしていったのだろうと推測されます。

さらに、やがてヒトは、自然の中から住みかの近くで育てられる植物を集めて栽培を始めました。また野生動物だったイノシシやウシやヒツジなどを飼育し、肉や乳汁を食料にするようになりました。このように、食料を安定して確保するようになり、食材を加工し、さらに火を用いて調理することにより、食物の種類を増やしてきたのでしょう。今、国や民族が違えば、それぞれ異なる食材や料理があり、独特の食文化がありますが、それらは長い人類の歴史の中で、工夫され、洗練されてきたものです。

表 8.1 は江戸時代の京都の窯元の献立表の抜粋です。関西では「大阪の食いだおれ、京の着だおれ」といわれているように、京の食事はつつましいものとされていますが、野菜、海藻、豆、芋、魚介など、多くの種類の食材が用いられているのに感心します。何か、おふくろの味、あるいは今の健康食の見本のようにすら思われます。

### (4) 現代は食生活の伝統が無視されてきている

こうしてみれば、食欲にしたがって食事をし、また昔からその地域に伝わってきた食文化にしたがった食事をしていれば、人間は健康を維持できるようになっているはずなのですが、どうも現代の生活では、そううまく

表8.1　江戸時代(天保13年(1842年)7月)の献立表(京都五条坂窯元三代目多佐平諸事控より)

| 1日 | 焼鯖、なす、味噌汁、なます | 2日 | 芋頭（サトイモ）、大角豆、おひたし |
|---|---|---|---|
| 3日 | 鯖、つまみ菜、船場煮※ | 4日 | かぼちゃ、いんげん豆、なす |
| 5日 | 干物、味噌汁 | 6日 | なす炊き、白豆、昆布、いんげん豆 |
| 7日 | 芋頭、大角豆、おひたし | 8日 | いんげん豆、甘しょ（サツマイモ） |
| 9日 | なす、かぼちゃ | 10日 | 干物、味噌汁 |
| 11日 | つまみ菜、船場煮※ | 12日 | にしん、なす |
| 13日 | いんげん豆、焼豆腐 | 14日 | するめ、豆腐冷やっこ |

※短冊形に切った大根を鯖（さば）・鰤（ぶり）とともに煮たもの

はいかなくなっているようです。

　飽食の時代といわれるなかで、偏食、拒食症、過食症、個食（孤食）など、さまざまな問題が生じてきています。また、ファストフードの広がりや食料輸入自由化が進んだ（わが国の自給率は約40％にまで低下）ことなどによって、食の世界的均一化（グローバル化）が進みました。食のグローバル化は、ある面で地域特有の食文化を衰退させ崩壊へ導くという人もいます。今、私たちは、人類の食のあり方をじっくり考えてみる必要がありそうです。

### column　個食と中食

　個食というのは、「孤食」とも書かれ、最初は塾通いや両親の共働きなどの事情から1人で食事をせざるを得ない子どもの状況を指していたのですが、今では自ら家族と同じ食卓につかず、自室に食事を持ち込んで食べることを指すようになってきたといわれます。食事というのは、ヒト以外の動物が「餌を食べる」のとは異なり、家族のコミュニケーションの場でもあります。誰かと会話しながら食事をすることでリラックスでき、お互いが理解しあい、最近の出来事や昔の体験などについて話し合い、いろいろなことを教わることもできるのだと思います。また、家族と食卓を囲むのは、食そのものの意味を考える機会にもなります。食材がどこでどうしてつくられるか、それをどのように料理するのか、今何が美味しいかなどを考えることができます。

　子どもたちが「1人で食べるほうが気楽でいい、いろいろ言われたくない

し…」と考えていても、それをそのまま認めてはいけないと思います。毎日はできなくても、週に何回か、一家で揃って食卓を囲む時間をとることは、決して無駄ではないのです。

　また最近、「中食（なかしょく）」という言葉が使われるようになったとのことです。コンビニやスーパーなどで出来合いの弁当やパンを購入して、自室や教室やキャンパスなどで（ときには電車の中で）食べることを指すようです。これは、好きなときに、好きな場所で、好きなものを食べるのですから、一見豊かで問題ないように思われますが、偏食し栄養のバランスが崩れたり、1日のリズムを乱しがちです。食の意味を軽視することになり、食文化の衰退を促進する危険性をはらんでいるとも言わなければなりません。

**くま**「和食が世界無形文化遺産に登録されたんだってね」

**先生**「そう、2013年12月に登録されたんだ」

**くま**「和食は独特だし、いろいろいい点があるから、当然だね」

**先生**「季節感もあるし、高脂肪でないし、野菜が多いし、それに何といっても美しい」

**くま**「世界各国の料理もそれぞれおいしいけどね。ときどきびっくりするような料理もあるけどね」

**先生**「そんなにあちこち食べ歩いているのか。いわゆる美食と呼ばれるものは、高カロリーなものが多いんだぞ。だから太ったんじゃないか」

**くま**「太った太ったってうるさいなあ。これも仕事なの。食文化の研究。そうそう、この前、くま美ちゃんと食事に行ったんだけど、お酒ばかり飲んで、ぜんぜんご飯を食べないんだ。これも駄目、あれも食べられないって。お酒は飲めるのはいいけど、やっぱりたくさん食べてくれる子がいいなあ。たぶん、人間の食事に慣れてないからなんだな。クマず嫌いってやつ？」

**先生**「それ言うなら、食わず嫌いね」

# なぜ偏食が起こるのか

## (1) 大脳主導型の食性

　ヒトの食性は何でも食べる雑食性に特色があります。ところが雑食性であっても、人によってはどうしても食べられないものがあります。食べられない食物の種類や好き嫌いの程度はさまざまですが、好き嫌い、すなわち偏食はどの民族でも認められます。

　どうして偏食が生じるのでしょうか。どうやら、それは大脳との関係に原因があるようです。雑食性の霊長類は、ときには食べたこともないものも食べて食物の範囲を広げてきたと思われます。その場合、それに毒が含まれていないかどうか、脳をフルに使って味、におい、感触などを吟味したことと思われます。そして、それらの経験は脳に蓄積され、その知識はほかの仲間に伝達されていったことでしょう。このようにして、食性が大脳主導型にならざるを得なかったのではないでしょうか。こうして、大脳が好き嫌いをつくりだし、何を食べるかという嗜好が、からだの栄養要求とときには矛盾する結果を生むようになったのではないでしょうか。

## (2) 現代の偏食

・**おいしそうな食べ物がいっぱい**　　偏食とは、特定の食品は嫌って食べようとしないとか、逆に特定の食品ばかり好んで食べることをいいます。たとえば、タマネギやニンジンが嫌いで食べないとか、逆に肉が好きで肉ばかりを食べるといったケースがあります。いま、日本では若者や子どもの偏食が問題になっていますが、これはなんらかの社会的ひずみが原因の1つになっているように思います（図8.1）。

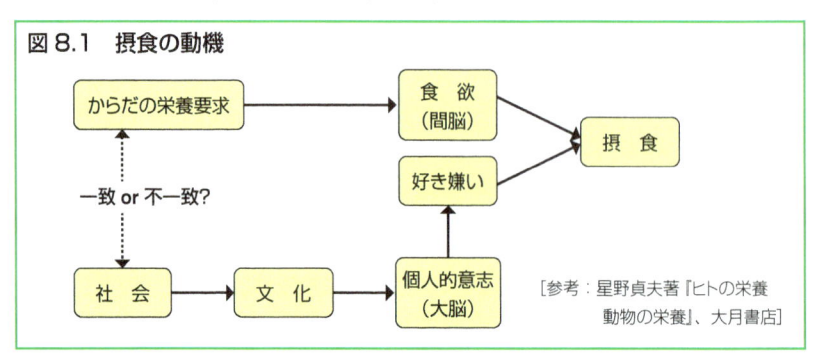

図8.1　摂食の動機

［参考：星野貞夫著『ヒトの栄養 動物の栄養』、大月書店］

たとえば、テレビをつけると、イケメン男性がなんともおいしそうに食事をしている場面や、きれいな女性が楽しそうに物を食べているCMが流れてきます。こういった食べ物は、たいてい簡単に作れるインスタント食品だったり、スナック菓子だったりします。こういった商業主義のなか、嗜好を刺激する商品が氾濫し、特定の加工食品ばかりを食べるように仕向けられているのではないでしょうか。また、幼児期からこういった加工食品の味に慣らされるため、味覚や嗅覚の成熟が阻害され、偏食にさせられている可能性があります。

・**社会が偏食を促している？**　また、社会生活上の精神的ストレスが重なって特定の食物しか受けつけなくなるという場合もあるようです。極端なダイエット志向も問題です。さらに、食に対する家庭教育の悪さなども、偏食を発生させているように思います。

　厚生労働省の研究班が行った全国調査（2013年）によれば、高校3年生の女子生徒の1.5％が思春期やせ症（神経性食欲不振症）になっており、約20％が「不健康やせ」という結果が出ています。思春期やせ症は早期に治療しないと死に至ることさえあるのです。

　成人で調べても、20〜29歳の不健康やせ（BMIが18.5以下）は約22％で、この割合は年とともに増えているのです。テレビ文化の影響で、まだダイエット志向が高まりつつあるようです。

・**サプリメントで補えばいい？**　食物の加工、調理、製造技術の発達は、食生活を豊かにするのに貢献したことは否定できないのですが、一方では栄養素を個別に取り出して加工するようになりました。ですから、個々の食品が含む栄養素は極端に偏ってしまっています。たとえば、豆腐は大豆からつくられる、和食には欠かせないものですが、その成分はタンパク質そのもので、大豆が含んでいたその他の多様な成分はほとんど含まれておらず、栄養素は極端に偏っているといえます。いろいろな食材と組み合わせるから問題はないのですが。

　また、ヒトにとって必要な栄養素が完全にわかっているわけではありま

せんから、偏った食べ物をとって、不足した分はサプリメント（栄養補助食品）で補えばよいという単純なことでは解決しません（サプリメントで補わざるを得ない場合もあることは否定しませんが）。ですから、食べ物の単純化は重大な危険をはらんでいることを自覚しなければなりません。

> **column　健康食品とサプリメント**
>
> 　テレビではさまざまな健康食品やサプリメントが宣伝されています。有名人やタレントなどが、「これを飲んで、元気になった気がします」などと言って、階段を駆け上ったりして、元気なさまを映しています。とても小さな文字で、「※これはあくまで個人の感想です」と画面の隅に出ていますが、ほとんど読めません。
>
> 　「健康食品」には、法律上の定義はありません。一般的には、通常の食品よりも、「健康によい」「健康に効果がある」、「健康の保持増進に役立つ」などの表現で、販売されているものをいいます。
>
> 　また、サプリメントは、ある成分が濃縮されて、錠剤やカプセルなど、通常の食品とは違う形をして作られた製品をいいます。"Supplement"は、英語で「補助」、「補充」というような意味です。
>
> 　ただし、健康食品やサプリメントが、実際に、普通の食品よりも、「健康によい」「健康に効果がある」「健康の保持増進に役立つ」かどうか、科学的根拠が十分にあるものばかりではありません。また、健康食品やサプリメントは、薬の代わりではありません。
>
> 　さらに、「食品だから安心」「天然成分だから安全」は誤解で、天然成分由来の健康食品でも、アレルギー症状や医薬品との相互作用を起こすものがあります。僕も知人からお土産にもらった健康食品を飲んで、じんま疹が出て困ったことがあります。
>
> 　いわゆる健康食品やサプリメントに頼らないで、三度の食事をきちんとバランスよく食べることが、大切です。

**くま**「先生がもっているペットボトルについている、両手を挙げてあくびをしているようなマークは何？」

**先生**「うん？　こ、これかい？　『特定保健用食品』といって、その有効性・安全性を国が審査し、表示を許可しているというマークだよ。これは"からだに脂肪がつきにくい効果がある"と表示してもいいと国が認めたお茶ということだ。"お腹の調子を整える"とか"コレステロールが高めの方に適する"などの表示を許可された商品もある」

**くま**「表示を認めているの？」

**先生**「世の中には、効果もないのに、勝手に「○○に効果がある」って誇大広告をするやからがいるからね。それを規制する意味もある」

**くま**「いわゆる健康食品とは、区別しているのか……」

**先生**「そういうことだ。2014年10月現在、『特定保健用食品』表示の許可を受けた品目数は、1,130になっている。そのほか、ついでだから教えるが、『栄養機能食品』というのがあって、これは通常の食生活では、1日に必要な栄養成分をとれない場合に、その補給・補完のために利用する。ミネラルやビタミンについて、規格基準が定められているんだ」

**くま**「こういう分類になっているんだね。クマなりに、知っている事実を元にまとめてみたよ」

〈医薬品と食品の分類〉

| 医薬品<br>（医薬部外品を含む） | 保健機能食品 || 一般食品<br>（いわゆる健康食品を含む） |
|---|---|---|---|
| | 栄養機能食品 | 特定保健用食品 | |

## 何のために食べるのか

　食べ物を化学的に栄養素に分類すると、おもなものは炭水化物（糖質）、脂質、タンパク質、ミネラル（無機塩）、ビタミンの5つで、図8.2にいろいろな食品中に占めるこれら栄養素の割合を示しておきます。また、これらの栄養素の役割を図8.3に示しました。

　炭水化物、脂質、タンパク質は比較的多量に必要で、食物の大部分を占めています。これらに比べれば、量的には少量で十分ですが生体の成長や働きに不可欠の栄養素として、ミネラルとビタミンがあります。これらのほか、食物には水が含まれており、水はとても重要ですが、通常は栄養素

図 8.2 食品に含まれる栄養素とその割合

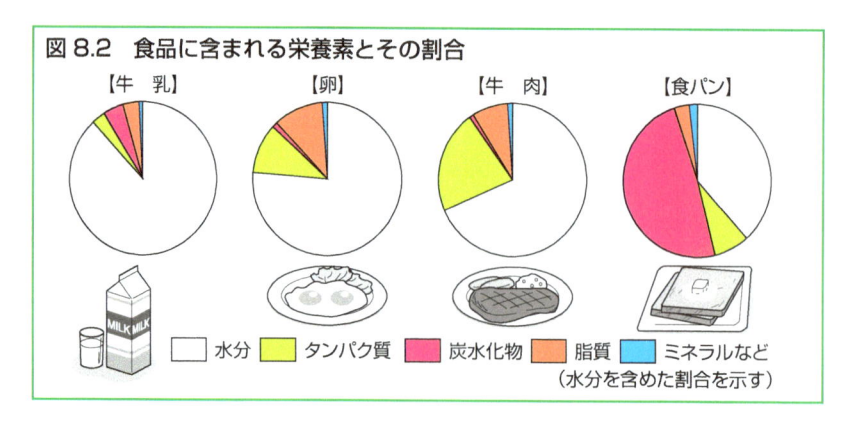

【牛乳】　【卵】　【牛肉】　【食パン】

□水分　□タンパク質　■炭水化物　□脂質　□ミネラルなど
（水分を含めた割合を示す）

には含みません。

　近年の国民健康・栄養調査（厚生労働省）をみると、日本人はカルシウムと鉄以外の栄養素は必要量を摂取しています。しかし、調査結果はあくまでも平均値ですし、偏食傾向の目立つ若年層では、ビタミン不足が心配されています。

**（1）炭水化物と脂質はおもにエネルギー源に**

　エネルギーは、60兆個にものぼる体細胞の活動を支え、体温を維持するために必要です。エネルギー源となるのは、おもに炭水化物（糖質）と脂質です（図8.3）。炭水化物のデンプンは単位分子のグルコース（ブドウ糖）に、脂質の中性脂肪は脂肪酸とグリセリン（グリセロール）に分解された後、血管内に吸収され、血液によってからだの各部に供給されます。からだの各部の細胞がエネルギー源として取り込むのは、主にグルコースと脂肪酸、グリセリンです。血液内はほぼ0.1％のグルコースがいつも含まれており、血糖値（血液中のグルコース濃度）は一定になるように調節されています（p.179）。

図 8.3 栄養素とおもな役割

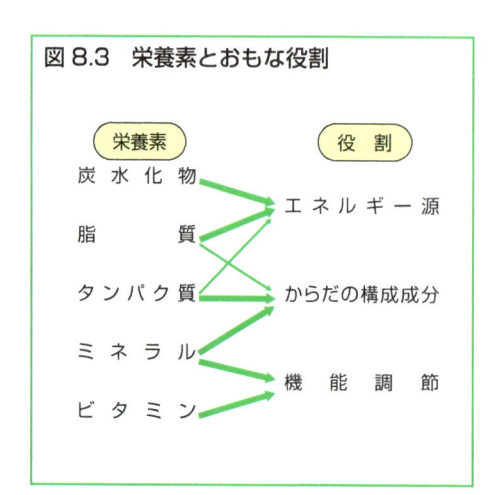

栄養素　　　　　　　役割
炭水化物　　　　エネルギー源
脂　　質
タンパク質　　　からだの構成成分
ミネラル
ビタミン　　　　機能調節

余剰のグルコースや脂質は肝臓のグリコーゲンや皮下脂肪などに蓄えておき、必要なとき再びエネルギー源として動員します。グルコースや脂肪酸に含まれる化学エネルギーはそのままでは細胞の活動に利用できませんので、何種類もの酵素によって分解酸化して、「エネルギーの通貨」であるATPを生産します。この過程が呼吸で、酸素を用いる呼吸（好気呼吸）には細胞小器官のミトコンドリアが働いています。

（注）エネルギー源としては、炭水化物と脂質がおもなものですが、ときにはタンパク質も使われます。しかし、栄養素としてのタンパク質、そしてその単位のアミノ酸のおもな役割は、からだの構成成分のタンパク質を合成する材料になることです。

## (2) タンパク質と脂質のあるものは、からだの構成成分に

・**タンパク質**　生体の構成材料として最も多いのはタンパク質であり、この原料は食物から取り入れなければなりません*（図8.3参照）。しかし、豚肉を食べていると、食べたヒトのからだのタンパク質がブタのタンパク質に似てくるということはありません。それは、豚肉のタンパク質は消化管（胃や小腸）の中で、構成単位であるアミノ酸にまで分解されてから、小腸壁から吸収され、細胞に送られるからです。そして、分解されたアミノ酸は、各細胞の遺伝子の情報に基づいて、再び連結してヒトのタンパク質になるのです。一部のタンパク質は分解不完全なまま取り込まれてしまうこともありますが、その場合は免疫の働きで排除されます。

＊　タンパク質の1日当たりの摂取推奨量は、12～14歳男子で60g、女子55g、15～17歳男子で65g、女子55g、18歳以上男子で60g、女子50g（「日本人の食事摂取基準2015年版」による）。

・**脂質**　脂質に分類されるコレステロールとリン脂質は、細胞膜の構成成分でもあります。また、コレステロールは副腎皮質ホルモンや性ホルモンや胆汁の前駆体になる重要な成分でもあります。コレステロールというと「血液をドロドロにする」という悪いイメージがついてしまいましたが、重要な働きもしているのです。必要なコレステロールの70%は体内（肝臓）で合成されていると思われます。コレステロールの摂り過ぎを気にする人もいますが食べ物で摂るコレステロールの量自体は、血中コレステロール濃度にはほとんど影響しません。多く摂れば体内での合成が抑えられるというフィードバック調節機構が働くからです。卵はコレステロール

の多い食べ物ですが、多くの実験で1日1〜2個の卵を食べ続けても血中コレステロールには影響がないという結果が得られています。また中性脂肪は、皮下脂肪としてからだを保護する役目も果たしています。

### (3) ミネラル（無機塩）とは

炭水化物・脂質・タンパク質に含まれる元素は、元素記号で表すとC（炭素）・H（水素）・O（酸素）・N（窒素）・S（硫黄）です。からだは、これらの元素のほかに、P（リン）・Ca（カルシウム）・Na（ナトリウム）・K（カリウム）・Mg（マグネシウム）・Cl（塩素）・Fe（鉄）・Mn（マンガン）・Cu（銅）・Co（コバルト）・I（ヨウ素）・Zn（亜鉛）・Se（セレニウム）などのミネラルを必要とします。

骨の構成要素としてリン酸カルシウムが必要ですし、血液にはNaイオンとClイオンなどが多量に含まれて、浸透圧をつくっています。また、細胞内にはKイオンが多く含まれ、その他の元素の多くは、酵素の働きを助けています（図8.3）。これらのミネラルの中で、現在の日本人が不足しがちなのがカルシウムと鉄です。牛乳には吸収しやすい形のカルシウムが多く含まれていますが、小魚や海藻も貴重なカルシウム源です。一方、リンとナトリウムは過剰になりやすいものです。

### (4) ビタミン

ビタミンは、微量でよいがヒトの栄養として不可欠な有機化合物です。エネルギー源や生体構成成分にはなりませんが、酵素の働きを助けて、代謝の潤滑油的な役割をしているものです。脂溶性のものと水溶性のものがあります。表8.2にあげておきます。

普通にいろいろな食材を食べていれば、ビタミン不足にはならないのですが、最近、極端な偏食のために、ビタミン不足で病気になる人が増えています。しかし、安易にビタミン剤やサプリメントを飲めばよいと考えるのは感心しません。あるビタミンは補われても、他のビタミンは過剰ということも起こるかもしれません。ビタミンAやビタミンDなどの脂溶性ビタミンは、過剰に摂ると、体内に蓄積されて害作用を及ぼす場合もあるのです。ビタミンAを摂り過ぎた場合は、頭痛や顔面紅潮、皮膚乾燥などが、ビタミンDの場合は、臓器にカルシウムが沈着したり、食欲不振などの症状が出てくるのです。

### 表8.2 おもなビタミン

脂溶性ビタミン

| 名　称 | 化学名 | 作　用 | 欠乏症 | 含有食物 |
|---|---|---|---|---|
| ビタミンA | カロテン | 視物質の成分<br>皮膚の機能維持 | 夜盲症<br>角膜乾燥 | ニンジン、カボチャ、バター、ウナギ、卵黄 |
| ビタミンD |  | 骨・歯の石灰化促進<br>Ca, Pの小腸での吸収 | くる病 | 魚肉、バター、シイタケ、卵黄、肝油 |
| ビタミンE |  | 生体膜の安定化<br>抗酸化作用 | 溶血 | 大豆油、小麦胚芽油 |
| ビタミンK |  | 血液凝固因子<br>コラーゲン生成・維持 | 血液凝固遅延 | 肝油、海藻、キャベツ、トマト |

水溶性ビタミン

| 名　称 | 化学名 | 作　用 | 欠乏症 | 含有食物 |
|---|---|---|---|---|
| ビタミンB群（$B_1$、$B_2$、$B_6$、ニコチン酸など） |  | 各種酵素の補酵素 | 脚気、ペラグラ、発育阻害、神経炎など | 胚芽、レバー、肉、牛乳、卵黄、マメ類など |
| ビタミンC | アスコルビン酸 | コラーゲンの生成と維持 | 壊血病 | 柑橘類、野菜 |

　くま介と娘が砂浜に並んで座っている。僕は海の家から二人の後ろ姿を見ていた。娘の日焼け止めクリームを、くま介が顔に塗ってもらっている。もったいない。くま介がのっそり立ち上がって、僕のほうにやってきた。

**先生**「どうした、海に入って遊ばないのかい」

**くま**「子どもみたいに無邪気に遊ぶ時期は過ぎましたよ。ところで、不思議ですね、水際に立っていると、足がどんどん吸い込まれるっていうか、からだが海に引き込まれるみたいです」

**先生**「波が引いていくときの力は大きいからね」

**くま**「それにしても魚が見当たらないですね。北海道のヒグマくんの話によると、川のシャケをとるときは、うじゃうじゃいて、手で獲れるそうです。魚が食べたいですねぇ、魚を食べて頭をよくしたいなあ」

## からだにいい食べ物とは？

### (1) DHA と EPA

　僕は魚類がとても好きで、特に寿司や刺身は大好物です。魚類（特に青

魚）にはDHAやEPA*という脂肪酸が含まれていて、これらは私たちの神経細胞の細胞膜に多く、脳の機能を高める作用があるようで、だから魚を食べると頭がよくなる、と言われるのです。

DHAというのは「ドコサヘキサエン酸」、EPAは「エイコサペンタエン酸」の略でDHAの前駆物質です。これらはn−3（「エヌ引く3」と読む）不飽和脂肪酸という脂肪酸の仲間です。魚介類に多く含まれていて、陸上動物の体内では合成できません（シソ油に多く含まれる同じn−3系のリノレン酸を摂取すれば合成できる。図8.4）。

ところが、大脳皮質の神経細胞においては、リン脂質を構成している脂肪酸の20〜30％がDHAで、網膜の視細胞のリン脂質でも、35〜60％がDHAです。特に、ニューロンの連絡部シナプス（p.82）の細胞膜に多くDHAが含まれています。

最近では、DHAやEPAは、認知症の防止、視覚機能向上、アレルギー性炎症の抑制、血中の悪玉コレステロールの減少、動脈硬化の防止、脳血栓予防、大腸がん抑制などの有用な効用があるという論文が続々と出されています。何にでも効くという感じになってきたのには少々首をかしげたくもなりますが、どうやらこれらの脂肪酸を多く含む食品を摂ることが大切なのは信用してよいようで、WHO（世界保健機構）もその重要性を訴えています。偏食しなければ不足することはないのでしょうが。

 \* EPAは、IPA（イコサペンタエン酸）ともいう。

**くま**「ドコサヘキサエン酸って、なんだかおかしな名前だね。『あんたがた、どこさ、ひごさ、ひとごとさ』ってわらべ歌を思い出すよ」

**先生**「『ひとごとさ』じゃなくて、『肥後どこさ』だろ。肥後は今の熊本だよ」

**くま**「そうか、熊本というんだから、ぼくの先祖のふるさとかな」

**先生**「さあ、どうだか。ところで、からだにいいといわれているものは、DHAだけじゃなくて、ほかにもたくさんあるよね。いくつか紹介しよう」

図 8.4　必須脂肪酸の代謝経路

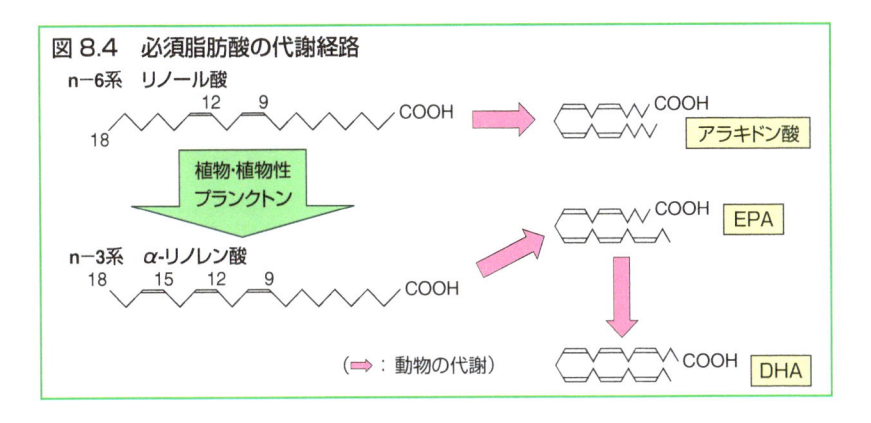

n-6系　リノール酸　→　アラキドン酸

n-3系　α-リノレン酸　→　EPA　→　DHA

（植物・植物性プランクトン）

（⇒：動物の代謝）

## （2）ポリフェノールなどの抗酸化物質

「赤ワインや生野菜にはポリフェノールが多く含まれる。レモンにはビタミンCが多く含まれる。ポリフェノールやビタミンCは活性酸素という悪いものを消してくれて老化防止に役立つ」とよく言われます。

活性酸素とは、呼吸の過程でできる、他の物質を酸化する強い力をもった物質群のことです。活性酸素が多くなると、遺伝子DNAや脂質などを傷つけ、細胞をがん化させたり、老化させたりするのです（p.205参照）。ポリフェノールなどは、この活性酸素を減らしてくれると考えられているのです。しかし、これを否定する研究論文も出されており、まだそれほど確かなものとはいえないようです。

---

### column　酸性食品、アルカリ性食品

酸性食品、アルカリ性食品という言葉を聞いたことがあるでしょう。酸性食品とかアルカリ性食品というのは、燃やして灰にして水に溶かしたときに酸性になるか、アルカリ性になるかということで、カリウムやナトリウムなどのミネラルを多く含むとアルカリ性、リン酸や硫酸などの陰イオンになるミネラルを多く含むと酸性になるのです。決して、酸っぱいものが酸性食品というわけではないのです。

酸性食品を多く摂ると血液が酸性になり、固まってしまうのでしょうか？　食べ物に気をつけないと、血液 pH が 7.0 以下になってしまうかも

と心配になりますか？　いいえ、ご安心を！　食べ物の種類で血液のpHが変わるということは、まずあり得ません。血液には緩衝作用があり、pHを安定化させる物質が多く含まれていて（代表的なものは二酸化炭素）、pH7.35〜7.45の間に厳密に調節されているのです（pHが0.1も狂ったら、からだの調子は悪くなり、0.2も下がったら昏睡状態、0.3も下がったら、命が危うくなります）。

### (3) 食物繊維

　食物繊維とは、セルロース、ヘミセルロース、ペクチン（植物の細胞壁の成分）、マンナン（こんにゃく）や寒天など、「消化酵素による加水分解を受けない食用の動植物の構成成分」を指しており、野菜、穀物、豆類、イモ類、海藻などに多く含まれます。食物繊維はヒトにとってカロリーがないうえに、次に示すように、いろいろなプラス面が評価され、近年注目を浴びるようになってきています。

・**食物繊維の効用**　まず、①食物繊維は食事内容物が胃にとどまる時間を延ばし、腸粘膜からの栄養吸収を抑制し、血糖量の増加をゆるやかにします。②食物繊維は胆汁を吸着し、そのためコレステロールと脂肪の吸収を抑え、動脈硬化防止に効果がある可能性があります。③糖・タンパク質・脂質の分解が抑制され、栄養素が大腸に達する割合が増え、その結果善玉の腸内細菌の増殖が促進され、腐敗菌が減少し、腸内環境がよくなって、大腸がんの予防に効果がある可能性があります。④消化管運動を促進し、消化管内容物の体積を増加させ、便秘解消に効果があると思われます。

・**食物繊維の所要量**　伝統的な和食には食物繊維が多く含まれていました。しかし、食生活の洋風化に伴って、日本人の食物繊維の摂取量が減少してきています。食物繊維が多い和食が世界無形文化遺産に登録されたのですから、日本人自身がもっと和食の良さを認識しなければならないと思います。厚生労働省が出している「日本人の食事摂取基準（2015年版）」の中では、食物繊維の目標量は、18〜69歳の男性では1日あたり20g以上、女性では18g以上とされています。

## (4) 最高の健康食品は？

　その他にも、さまざまな「健康食品」が喧伝されていますが、何よりも「5大栄養素」を含む食品が最高の健康食品です。一方、まだ知られていない必要成分もあるかもしれません。ですから、特別な食品や食材に過大な期待をかけるのではなく、多様な食品や食材をバランスよく組み合わせることが大切なのではないでしょうか。旧厚生省は1985年に「1日30品目」というスローガンを打ち出しましたが、一部には「30品目」という数を絶対視し、そのため食べ過ぎてしまうなどの弊害も見られたとのことで、2000年には食生活指針は、下のように改訂されました。しかし、前の指針が誤っていたのではなく、そして「多くの食品をバランスよく摂ることで、生活習慣病を防ぎ、健康を維持することができる」という考え方が変わったわけではありません。

　食生活指針では、

- 食事を楽しみましょう。
- 1日の食事のリズムから、健やかな生活リズムを。
- 主食、主菜、副菜を基本に、食事のバランスを。
- ごはんなどの穀類をしっかりと。
- 野菜・果物、牛乳・乳製品、豆類、魚なども組み合わせて。
- 食塩や脂肪は控えめに。
- 適正体重を知り、日々の活動に見合った食事量を。
- 食文化や地域の産物を活かし、ときには新しい料理も。
- 調理や保存を上手にして無駄や廃棄を少なく。
- 自分の食生活を見直してみましょう。

ということがうたわれています。

　注目されるのは、「食文化や地域の産物を活かす」という項目が追加されたことで、これは私たちの先祖が食べていた伝統食やその文化を見直そうということであり、その点で「スローフード運動」（1986年にファストフードへの反対をきっかけに起こった、食を中心とした地域の伝統的な文化を尊重しながら、生活の質の向上を目指す世界運動）と目指すものが一致していると思われます。

**くま**「そうそう昨日、テレビで、ちょっと狸みたいなおじさんが、トマトがからだにいいっていっていたよ。トマトを買って帰ろうよ。それにココアもいいって」

**先生**「『からだにいい』といわれるものをすべて食べていたら、キリがないだろう。なんでも、ほどほどに、偏りなく食べるのが大切なんだ」

## 食の安全性

　食品添加物の安全性、ダイエット食品による被害、許容量の何倍もの残留農薬を含む輸入野菜、産地を偽って表示していた問題など、いま、食の安全がゆらいでいます。

### (1) 食の安全性を取り戻すには

　いったい、どうしてこのような問題が続出しているのでしょうか。その原因にはさまざまなものがあると思いますが、その背景には、生産者・加工業者・流通業者・販売業者・消費者の間でこころが通わなくなっていることがあると思います。食べる人のことを考えてつくっているのでなく、見かけがよければよいと、農薬を多量に散布して出荷用の果物や野菜を作り、自分や家族は農薬をあまり使わないものを食べるという話を聞いたことがあります。また、利益をできるだけ上げればよい、バレなければ古くても産地を偽っても大したことではない、という考えが一部まかり通っているのではないでしょうか。そして、風評被害を恐れるあまり、できるだけ公表しないようにしようという気持ちが、監督官庁にも働いているようです。

　食について安心感を取り戻すにはどうしたらよいでしょうか。1つには、生産者と消費者が互いに近く感じられるようにすることだと思います。それには、最近スーパーなどでも目にするように、野菜や米を生産した人を写真入りで明示するとか、すでに一部の食品メーカーや小売業界で取り組まれている履歴管理（原材料、製造場所、出荷、検査などのデータをバーコードにし、どの流通の段階でも検索できるようにすること）を進めることなどが考えられます。また、消費者の声が生産者にフィードバックされるしくみをつくることも必要ではないでしょうか。

### (2) 食品添加物

　食品添加物というのは、食品の製造過程や加工や保存の目的で、食品に

**表8.3　食品添加物の例**

| 食品製造に必要な添加物 | pH安定剤 | リン酸塩など |
|---|---|---|
| | 中和剤 | 塩酸・水酸化ナトリウムなど |
| | 乳化剤 | グリセロール脂肪酸エステルなど |
| | ゲル化剤 | 硫酸カルシウム、グルコノラクトンなど |
| | 膨脹剤 | 炭酸水素ナトリウム（重曹）など |
| | 品質改良剤 | 臭素酸カリウムなど |
| 商品価値向上に必要な添加物 | 人工着色料 | タール系色素（食用赤色2、3、102号、黄色5号、青色1号など）、銅クロロフィルなど |
| | 発色剤 | 亜硝酸ナトリウムなど |
| | 漂白剤 | 亜硫酸ナトリウムなど |
| | 香料 | アセト酢酸エチルなど |
| | 糊料 | カルボキシメチルセルロースナトリウム（CMC）など |
| | 甘味料 | サッカリン、アスパルテームなど |
| | 調味料 | L-グルタミン酸ナトリウム、イノシン酸ナトリウムなど |
| 保存性の向上に必要な添加物 | 保存料 | 安息香酸ナトリウム、ソルビン酸カリウムなど |
| | 防かび剤 | ジフェニル、チアベンダゾール、イマザリルなど |
| | 酸化防止剤 | ビタミンC、エリトルビン酸、α-トコフェロールなど |

　添加されるもので、着色料、香料、甘味料、糊料、膨脹剤、保存料、防かび剤などをいいます。食品添加物の例を表8.3に示しました。

　食品添加物は何でも有害というわけではありません。ときどき「天然物使用」を強調している場合を見かけますが、「天然物」が「生物が生産したもの」を指すのだとすれば、すべて安全というわけではありません。毒性をもつ物質もあります。また、人工物質（加工物質）だから、すべて有害ということでもありません。保存料などは、含まないと日持ちが悪く、腐ってかえって危険になることもあります。だから、できるだけ食品添加物の少ないものを選ぶほうがよいとは思いますが、恐れるあまり食材の種類が少なくなり、単純化するのは考えものです。

　確かに、過去には、発がん性があることが明らかになって、使用禁止になったものもいくつか知られています。現在使用が許されている添加物をみても、肉の色を明るくするのに使われている亜硝酸ナトリウムは、遺伝子の突然変異を起こす作用が知られているものです。許容量を守っているとはいえ、気持ちがよくないですね。

### (3) BSE（牛海綿状脳症、bovine spongiform encephalopathy）

　BSE は、ウシの病気の一つで、プリオンと呼ばれる病原体（タンパク質）にウシが感染した場合、ウシの脳の組織がスポンジ状になり、異常行動、運動失調などを示し、遂には死亡に至るものです。イギリスを中心に、ウシへの BSE の感染が広がり、発生のピーク（1992 年）には世界で 3 万 7 千頭（年間）にも達しました。ヨーロッパ以外でもアメリカ・カナダ・ブラジルなどで発生が確認されました。また、日本でも 2001 年 9 月の発見以降、36 頭の感染牛が発見されました。

　BSE の原因は、BSE に感染したウシの脳や脊髄などを原料としたえさ（肉骨粉）が、他のウシに与えられたためであったと考えられました。BSE プリオンによる感染は、種を超えて起こることが知られ、BSE 感染牛を食べることで感染し、変異型クロイツフェルト・ヤコブ病（CJD））を発病した患者がイギリスで 100 人ほど出ました。

　しかし、日本や海外で、ウシの脳や脊髄などの組織を家畜の飼料に混ぜないといった規制が行われた結果、世界中で BSE の発生は激減しました（2013 年 7 頭）。日本では、2003 年以降に出生したウシからは、BSE は確認されていません。

　BSE 検査の対象は、国産牛の場合、国内初の BSE 感染牛が確認された直後から全月齢（全頭検査）でしたが、その後感染牛が減ったこと、若いウシは罹患の可能性が低いこと、危険部位を除去できることなどを理由に、2005 年に月齢 21 か月以上、2013 年 1 月には月齢 30 か月超へと引き上げ、さらに 7 月以降は月齢 48 か月超を対象とすることに緩和されました。

　また、海外からの牛肉の輸入は、現在（2014 年）、BSE が発生していない国については輸入規制をしていませんが、発生国のアメリカ・カナダ・フランス産は月齢 30 か月以下、オランダ産は月齢 12 か月以下（頭部など特定危険部位を除去したもの）に限定して認めており、他の発生国の牛肉は輸入禁止としています。

# 遺伝子組換え作物と遺伝子組換え食品

## (1) 遺伝子組換えによる品種改良

**・品種改良の革命**　遺伝子組換え（genetically modified；GM）作物をつくる技術は品種改良の革命といえます。おおよそ1万年ほど前に農耕が始まって以来、人間は作物の品種改良に努めてきました。人間にとって都合がよい形質をもつものを選択し、交配して、よい点を併せもつ品種をつくり出してきたのです。たとえば、イネやムギやトウモロコシは、種子が熟してもポロポロと落ちることなく付いていますが、それでは繁殖地域を広げることができず、自然では競争に負けてしまいます。人間によって蒔くか植えてもらわないと、代々生育することができないようになっているのです。そのほうが人間にとっては収穫するときに都合がよいからで、そのような形質をもつものへと品種改良を重ねてきたのです。

しかし、近年、分子遺伝学の進歩を背景に、特定の遺伝子を細胞に入れる遺伝子組換え技術を応用して品種改良が行われるようになりました。この技術は、種の壁を越えて（たとえば、ヒトの遺伝子をイネなどの植物にもたせるなど）、働きがわかっている特定の遺伝子を移植するもので、今までの品種改良とは大きく飛躍したものということができます。

> **column　遺伝子組換え作物のつくり方**
>
> 　遺伝子組換え作物をつくるには、いろいろな工夫が必要です。細かな点はここでは割愛しますが、まず目的の遺伝子DNAを取り出し、それをベクター（運び屋）のDNAとつなぎ合わせます。
>
> 　よく用いられるベクターは、アグロバクテリウムという土壌細菌（その中の感染性DNA。プラスミド）です（図1）。この細菌は植物にがんのようなこぶをつくることで知られていたのですが、それはプラスミドを効率よく植物細胞に注入する特性をもっていたからなのです。
>
> 　ベクターDNAと目的のDNAをつなぎ合わせるためには、「のりしろばさみ」に相当する酵素（制限酵素）と「のり」に相当する酵素（DNAリガーゼ）が用いられます。同じ制限酵素で切ったDNAどうしは、のりし

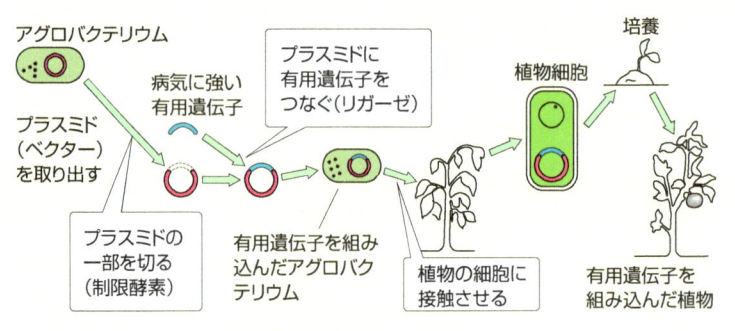

図1 アグロバクテリウム法

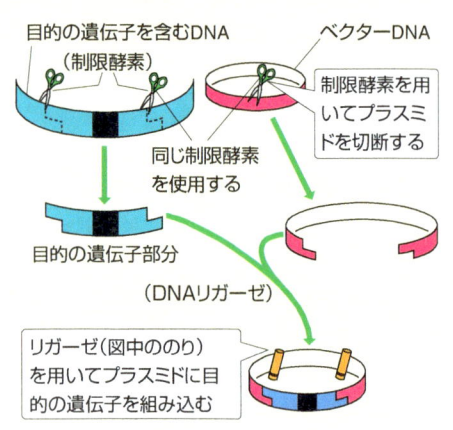

図2 制限酵素とDNAリガーゼ

ろが同じになり、ぴったりとはまるということです。そのうえで、DNAリガーゼで継ぎ目をわからなくするのです（図2）。

　こうして、目的の遺伝子を取り込んだ植物細胞が得られたら、それをフラスコの中で、適当な培養液で育て、植物体に分化させるのです。組織培養の技術です。

　このような方法で、作られた遺伝子組換え作物は、その後、実験温室、次いで実験圃場で育てて性質や安全性を確認した後、遺伝子組換え作物の種子として、一般農家に販売します。現実には、外国で開発された品種を、一定の安全確認をしたうえで輸入しているという状況です。

## （2）どんな遺伝子組換え作物が認められているか

　現在（2014年7月）の時点で認可されている遺伝子組換え作物（食品）はトウモロコシ、ダイズ、ジャガイモ、ワタ、ナタネなど291品種にのぼっていますが、除草剤耐性作物、害虫抵抗性作物がおもなものです。

**・除草剤耐性作物**　　アメリカの農業のように広い農場で栽培するのに、いちいち除草作業をすることは大変です。そこで、特定の除草剤（グリホサートというもの）をまいて、雑草は枯れ、除草剤耐性作物だけが生き残るようにできれば、農家は手間が省けて大助かりというわけです。除草剤の使用量も従来より減ると主張されています。

**・害虫抵抗性作物**　　Bt菌といわれる土壌細菌は、殺虫作用をもつタンパク質を産生します。このBt菌からこのタンパク質を生みだす遺伝子（タンパク質性毒素遺伝子）を組み込んだ作物のことを、害虫抵抗性作物と呼んでいます。昆虫の消化管の上皮細胞にはこの毒素の受容体（レセプター）があるので、害虫がこの毒素を含む葉や茎を食べると、毒素がその受容体に特異的に結合し、その結果、消化管に穴があき、死にます。この毒素は人間にも効くのではないかといわれたりするのですが、毒素の受容体は哺乳類にはありませんから、昆虫のように効いたりはしないのです。

## （3）表示の問題

　1996年以来、遺伝子組換え作物を原料に用いてつくられた食品は、知らず知らずのうちに私たちの口に入っていたのですが、そのことを表示すべきだという運動が起こり、2001年から表示が義務づけられました。そして、わが国では、遺伝子組換え作物を原料にする場合は「遺伝子組換え」と、遺伝子組換え作物が混ざっている可能性がある場合には「遺伝子組換え不分別」と表示することになっています。しかし、醤油や大豆油は、原料として用いていても、加工過程で分解されて残っていないので、表示しなくてよいことになっています。しかし、これでは不十分だという消費者の声が高まって、多くの食品産業は非組換え食品を分別して輸入するようになりました。

## （4）これからどうすべきか

　今の技術進歩から見れば、遺伝子を特定の位置に組み込んだり、特定の植物体部位で働かせることも可能になっています。アレルギーをなくす作

物や栄養を強化した作物なども作ることができるようになっています。ですから、ヒトへの安全性を確保することは十分可能だと思いますので、遺伝子組換えという技術自体を危険なもののように毛嫌いするのは妥当だとは僕は思いません。

　そして、遺伝子組換え作物・食品の研究は発展させるべきだし、その技術が人類の利益・幸福につながるならば、将来的に利用してもよいと思います。ただ、安全性の確保には十分すぎるぐらいに配慮すべきで、そのための厳しい規制と監視は必要だと思います。

くま　「作物の遺伝子自体を変えてしまうというヒトの発想自体、驚きだね」
先生　「まあ、昔なら考えられなかったことだね。何しろ『牛肉を食べると、牛になる』といって恐れていたくらいだからね。確かに、遺伝子組換え食品はちょっと実用化を急ぎすぎたのかもしれないな」
くま　「利潤を上げることがすべてだと、いつか痛い目にあうと思うな」
　くま介は突然かばんを開けて、中から図書館で借りてきたらしいマルクスの『資本論』を取り出した。そして、わざとらしく、僕の横で読み始めたが、5分も経たないうちにいびきを立てて寝ていた。

**月見だんご** **9月**
September

# からだの調節

9月●月見だんご

今日は中秋の名月だった。月のやわらかな光が庭を照らしている。おや、蛍？かと思ったら、くま介がスマホを使っていた。

**先生**「おい、何やっているんだ。こんな夜更けに」

**くま**「お月見していたら、なんだか饅頭が食べたくなって、今、スマホのサイトから、申し込んでいたんだよ。便利な世の中だねえ。特に人目をはばかるくま介としては、店に行かなくていいっていうのがいいね」

**先生**「さっき夕飯食べて、月見だんごも食べたのに、また饅頭とは。がまんができないのか」

**くま**「どうも食欲が抑えられなくてねえ。月の魔力かなあ。おかしいなあ、お腹はいっぱいのはずなのに」

**先生**「お腹はいっぱいでも、食べたくなる。デザートは別腹という奴だよ。からだというのは、不思議なものだ。ちょっと難しいが、今日はからだの調節機能について話そう」

## 食欲と肥満

### （1）食欲をコントロールしているところは？

太りすぎてしまったので、やせたいなどと思うのは人間だけです。普通の動物は、食欲のままに食べ、特別に太りすぎることもないと思われますが、どうして人間は肥満が起きるのでしょうか。どうやら、それはほかの動物と人間で、食欲に影響するものが違うからではないかと思われます。

・**食欲の中枢は脳にある**　食欲をコントロールしている神経中枢は間脳の視床下部（p.88）にあります。ネコの視床下部のある部位を電気刺激すると、どんなに食べた後でも食べ続けます。その部分が空腹中枢です。また、視床下部の別の部位を刺激すると、どんなにお腹が空いているはずでも、目の前にある餌に見向きもしなくなります。この部分が満腹中枢です。野生動物は、餌にありついて、ある程度食べると、血液中のグルコース濃度（血糖量）が上がって、その情報が満腹中枢を刺激し、同時に空腹中枢を抑制して、食欲が低下するのです。ですから、過剰に食べるということはほとんどないのです。

・**大脳新皮質の影響を受ける食欲中枢**　ところが、人間の場合、この食欲中枢が、ヒトで特に発達した大脳新皮質からの影響を強く受けるように

なっています。ですから、食欲をそそる店の看板、メニューのケーキの写真、おいしかった記憶などによって、空腹中枢が刺激され、満腹中枢が抑制されて、食欲が必要以上に高まってしまうことがあるのです。また、大脳新皮質は、いろいろなストレスを受けて、過剰に空腹中枢を刺激し、過食症を引き起こしたり、反対に過剰に満腹中枢を刺激して、拒食症を引き起こしたりしてしまうのです。

その他、ヒトは食べられるときにたくさん食べておこうという本能があります。原始時代、ヒトは何日も餌にありつけないときがあり、そのために餌にありつけたときに、たくさん食べて、栄養を脂肪の形で体内に蓄えておくことができるように適応して進化したようです。だから、食物に不自由しない現代の状況のもとでも、たくさん蓄えようとして、つい食べ過ぎてしまうようです。その結果、皮下脂肪や内臓脂肪が増えすぎる肥満が起こり、生活習慣病の原因をつくってしまうことがあるのです。

## (2) 食欲のコントロールのしくみ

**・インスリンとレプチン**　さて、では食欲はどのようにコントロールされているのでしょうか。食事をすると、血糖値が上がってきて、それを下げるためのホルモンであるインスリンがすい臓から出されます。それらが満腹中枢を刺激し、「もうお腹がいっぱい」という気持ちになるのです。

さらにもう1つ、脂肪組織からもレプチンというホルモンが出され、それが満腹中枢を刺激します。もし、飢餓状態が続いて、脂肪組織が減少すると、放出されるレプチンが減少し、満腹中枢の刺激が減り、同時に空腹中枢の抑制が解かれて、空腹が起こるのです（図9.1）。

レプチンをつくる遺伝子は $OB$ 遺伝子といい、この遺伝子が異常の個体（$ob/ob$ 個体）では、いくら食べても満腹にならなくなり、肥満になります。また、満腹中枢の神経細胞の細胞膜にあるレプチン受容体（アンテナ分子）の遺伝子が異常の個体（$db/db$ 個体）でも、レプチンの刺激を受けとることができないため、肥満が起こります。

面白い実験があります（パラバイオーシス実験、図9.2）。

①正常マウスと $ob/ob$ マウスをつないで、血液を還流させると、正常マウスは変化がないのですが、$ob/ob$ マウスはレプチンが増えるため、やせてしまいます。②正常マウスと $db/db$ マウスをつなぐと、正常マウスはや

### 図9.1 レプチンの作用

視床下部 レプチン受容体
↑ レプチン分泌増加 ← 脂肪細胞増加 ← 体重増加
満腹中枢(＋)／空腹中枢(−) → 食欲抑制
交感神経 → 褐色脂肪細胞 → エネルギー消費増大
→ 体重減少

### 図9.2 パラバイオーシス実験

① ob/obマウス ＋ 正常マウス → ob/obマウスが体重減少

② db/dbマウス ＋ 正常マウス → 正常マウスが体重減少

③ ob/obマウス ＋ db/dbマウス → ob/obマウスが体重減少

・*ob/ob*マウス はレプチンをつくれない
・*db/db*マウス はレプチン受容体をつくれない

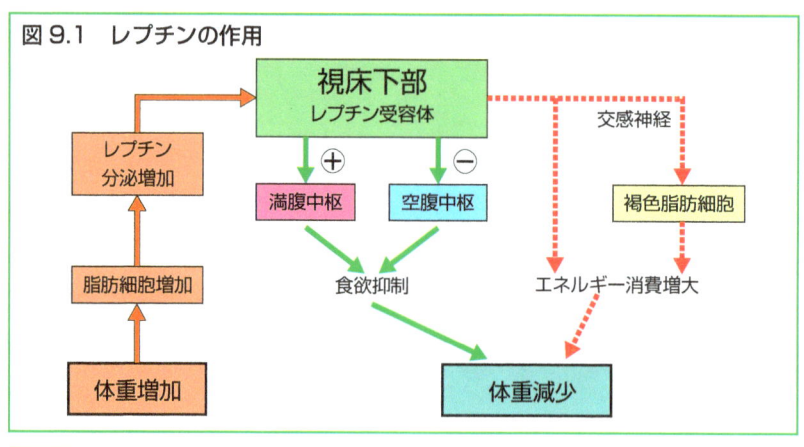

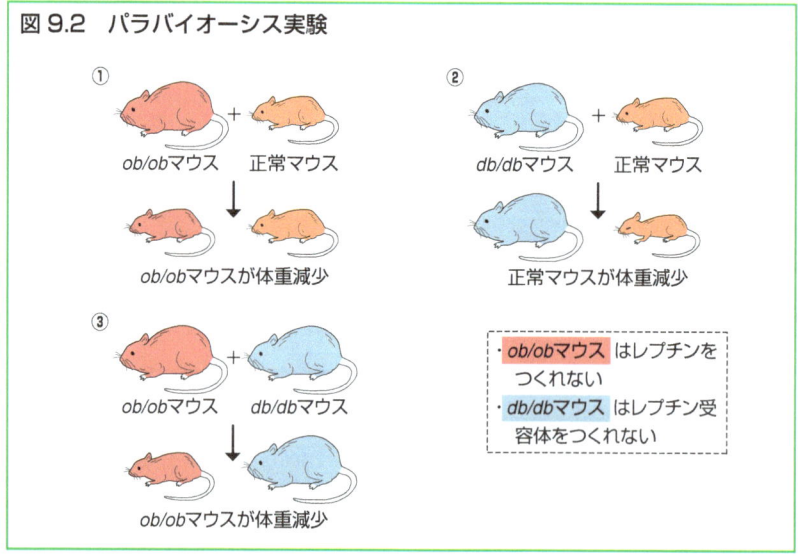

せてしまいます。*db/db* マウスではレプチンの受容体がないので、余計にレプチンがどんどん血中に出され、それが正常マウスに作用するので、正常マウスの食欲がなくなり、やせてしまうのです。③では、*ob/ob* マウスと *db/db* マウスをつなぐと、どうなると思いますか？（正解は図9.2 ③）

・**交感神経と褐色脂肪組織**　満腹中枢からの情報は、交感神経を通じて脂肪組織にも伝えられるのですが、特に刺激を受けるのは腎臓や大動脈周辺にある褐色脂肪組織（白色脂肪組織は全身に分布）であることがわかってき

ました（図 9.1 参照）。栄養過多の情報が、満腹中枢を経て、褐色脂肪組織に伝えられると、「ATP をつくらない呼吸」がさかんになり、有機物をどんどん二酸化炭素と水に分解し、エネルギーを次から次に熱にして捨てるのです。ふつうの呼吸は、グルコースや脂肪を分解するとき、そのエネルギーの半分ぐらいを「エネルギーの通貨」である ATP のエネルギー（残りは熱）に変えるのです。ところが、満腹のときに活性化する呼吸は、エネルギーのほとんどが熱になってしまうのです。エンジンはかかって吹かしているのに、車輪の回転につながらない状態ですね。こうして、過剰のエネルギー摂取は調節されているのです。

**くま**「脂肪組織がエネルギーの貯蔵場所なんだね。脂肪がたくさんついていると、寒さに強くなるよね。ぽっちゃりのくま子ちゃんと、スマートなくま美ちゃんとプールに行ったけど、くま子ちゃんは、水が冷たくても平気だったもんね。脂肪の力はすごいよ」

**先生**「脂肪にも大事な役割があるのだから、必要以上の減量はよくないね」

---

### column　BMI

　最近、若い女性のスリム願望はますます高まっているようですが、僕から見ると普通なのに、まだやせたいと思う女性が多いように思います。肥満かどうかはどのように判定されるのでしょうか？　いくつかの判定方法があるのですが、現在最もよく用いられている判定法は BMI（Body Mass Index、体格指数）と呼ばれるものです。

　BMI ＝体重（kg）／〔身長（m）〕$^2$

　例：身長 160cm、体重 55kg の場合、BMI ＝ 55/2.56 ＝ 21.48

　日本では、BMI が 18.5 未満はやせ、18.5 以上 25 未満が普通、25 以上は肥満と判定されています（日本肥満学会、1999）。そして、BMI ＝ 22 の人が最も標準的とされています。

　2008 年の国民健康・栄養調査によると、やせの者の割合は、女性の総数では 10.8％ですが、20 〜 29 歳が最も高く 22.5％となっています（20 〜 29 歳の肥満者は最も低く 7.7％）。そして、そのやせの者のうち

> 12.6％がまだ「体重を減らしたい」と思っているのです。20～29歳の普通の範囲の女性（69.8％）でも、その49.9％が「体重を減らしたい」と思っているというのですから、若い女性のスリム願望がいかに強いかがわかります。しかし、スリム願望が強すぎて、拒食症になったり、栄養不良になったりすることもありますから、この状態は決して「健康的」とは言えないと思います。体重に関しては、もう少しおおらかに考えるほうがよいように思うのですが。
> みなさんは、自分のBMIの値にどのような感想をもたれたでしょうか。

**くま**「最近の大学生や高校生は、ダイエットしてやせている女の子もいるけど、けっこう太い脚の子もいるよ。魅力的だね。食べてしまいたい」

**先生**「えっ？　まさか本気じゃないだろうな。話がずれたから、からだの調節の話に戻ろう。今度は糖尿病の話だよ」

## 血糖値と糖尿病

### （1）血糖値はいつもほぼ一定の範囲に保たれる

　先日、健康診断を受けました。空腹時血糖値は89mg/100mLでした。血糖値（血液中の糖（グルコース）の濃度）は食前と食後で変化しますし、1日の間でも変化します。正常域は、空腹時血糖値70～100mg/mLぐらいのようです。

　血糖値は、高すぎても、低すぎても、脳の働きなど、からだのいろいろな活動に重大な影響を与えます。ですから、血糖値は、からだの状態によっていくらか変動はしますが、上に述べた範囲の中におさまっています。このように、変化しつつも、ある範囲におさめる調節を「ホメオスタシス」といいます。「ホメオ」は「似ている」を、「スタシス」は「止まっている」を意味するギリシャ語です。日本語では「恒常性」といっています。

　私たちのからだの細胞は、組織液という培養液に取り巻かれていて、組織液は血液と通じ合っています。この組織液や血液は、体液と呼ばれます。体液はからだの「内部環境」ともいえます。哺乳類は、からだを取り巻く外部環境が変動しても、内部環境（体液）はいつも、その成分（糖、塩分

図 9.3　血糖量の調節

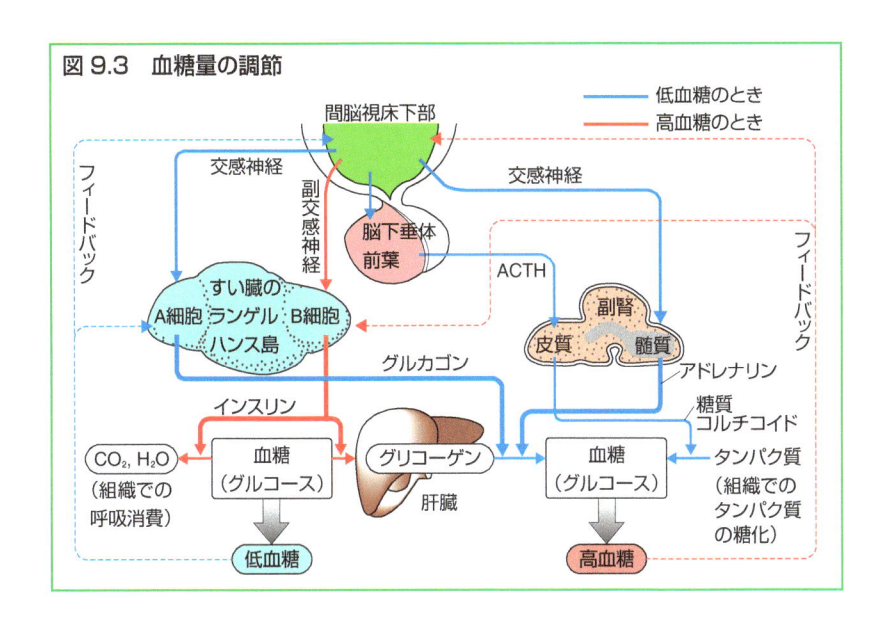

など）や状態（体温、浸透圧など）が一定の範囲に保たれているのです。この体液の恒常性こそが、代表的なホメオスタシスです。

## (2) 血糖値はどのように調節されているのか（図 9.3）

　血糖値のモニタリング（濃度測定）は、間脳視床下部とすい臓のランゲルハンス島で行われています。

・**血糖値が低いとき**　視床下部の糖中枢は、血糖値が低いことを検知すると、自律神経系の交感神経を通じて、副腎髄質を刺激し、アドレナリンの分泌を促進します。すい臓ランゲルハンス島 A 細胞（α細胞、「島」全体の 20％）は、交感神経の刺激により、また、それ自身が低血糖を受容して、グルカゴンの分泌を促進します。アドレナリンとグルカゴンは肝臓に働いて、血糖を高めます。これらのホルモンの受容体は肝臓細胞の細胞膜にあり、これらのホルモンが結合すると、細胞内にセカンドメッセンジャー（二次伝達物質）ができ、それが酵素を活性化して、肝臓に蓄えられていたグリコーゲンがグルコースに変わるのを促進します。

　さらに、視床下部の糖中枢は副腎皮質ホルモン放出ホルモン（CRH）を分泌し、その情報を脳下垂体前葉が受けて、副腎皮質刺激ホルモン（ACTH）の分泌が促進されます。そして、副腎皮質刺激ホルモンの刺激を

副腎皮質が受けて、糖質コルチコイドが出されます。糖質コルチコイドは骨格筋などの各組織に働いて、タンパク質からグルコースへの変化を促進し、血糖値を上げるのです。

・**血糖値が高いとき**　視床下部の糖中枢は、血糖値が高いことを検知し、自律神経の副交感神経を通じて、すい臓ランゲルハンス島B細胞（β細胞。「島」全体の75％）に情報を伝え、その結果、インスリン分泌が促進されます。また、ランゲルハンス島は直接的にも血糖値上昇を検知して、インスリンの分泌を増やします。そして、インスリンが肝臓や骨格筋に働いて（細胞膜の受容体に結合して作用）、血液から細胞へのグルコースの取り込みを促進し、さらにグルコースからグリコーゲンへの変化を促進して、血糖値を下げます。

## (3) 糖尿病

　血糖値を下げるしくみのどこかに異常が生じ、食後2～3時間を経過しても、血糖値が高いままで（糖尿が発生し）、種々の合併症を起こしてしまうのが糖尿病です。重症の場合は、のどのひどい渇きと空腹感、尿量の増大を伴い、網膜、腎臓、神経系などで血管の障害が進むのが特徴です。わが国で入院患者が最も多い「国民病」です。血糖調節には200以上の遺伝子が関係しており、そのどれかの異常で糖尿病を発症してしまう可能性がありますが、それに加えて、いろいろな環境因子（運動不足、ストレス、感染症、薬、発熱、食事、妊娠など）が糖尿病の発症にかかわっていると考えられています。糖尿病にはいくつかのタイプがありますが、成因では自己免疫性に発症する1型や、インスリンの作用不足による2型などに分けられます。

・**1型（従来のインスリン依存性糖尿病とほぼ一致）**　おもに幼児期と青年期に発症します。すい臓ランゲルハンス島のB細胞が破壊されてしまうことによって、インスリンの分泌が少なくなるものです。ですから、インスリン注射が効果を示します。

　ランゲルハンス島のB細胞が破壊される原因は、自己免疫といって、体内にB細胞を異物として認識する抗体ができ、攻撃されてしまうからだと考えられています。自己免疫性の抗体は、ウイルスによる感染が原因で生じるのではないかと考えられています。

- **2型（従来のインスリン非依存性糖尿病とほぼ一致）**　こちらはおもに中年になってから症状が現れるもので、太っている人に多いタイプです。最近では若者の発症も増えてきました。遺伝要因と環境要因の両方が発生に関係していると考えられています。

　2型の大部分は、血液中のインスリン濃度が低いケースよりも、肝臓や骨格筋の細胞のインスリン受容体の機能が悪くなっているケースが多いようです。この場合、インスリンの注射の効果は少なく、食事を制限し、肥満を治すことで、改善していくことが知られています。

**くま**「セ・リーグの優勝は今年は阪神やな、先生」

**先生**「なんだい？　その話し方は？　それも唐突に」

**くま**「頭ぎょうさん使わなならん話が続いたもんやから、ちょっと思考回路ズレました。それに、わては阪神ファンなんで。せやから、関西弁でしゃべらしてもらいます」

**先生**「クマがトラのファン？　じゃあ僕も関西弁にしよう」

**くま**「ほんで、糖尿病になりやすい遺伝子もった人っておるって話やな。ほんなら糖尿病は、遺伝子治療もできるの？」

**先生**「そない簡単にはいけへんて」

**くま**「せやかて、何か遺伝子いじる研究しとるんとちゃうの？」

**先生**「すい臓のランゲルハンス島ちゅう組織のB細胞が傷つくの防ぐとか、インスリンぎょうさん出すようにするとか、正常なB細胞を患者のすい臓に移植するとか、聞いとるけどな」

**くま**「最新の研究もええけど、まあ、ヒトさんは、食いすぎ飲みすぎをやめるほうが、糖尿病減らす効果あるっちゅうこっちゃな」

### column　健康診断の基準値に振り回されないように

　最近、「メタボ」という言葉が大流行りで、健康診断の結果のいろいろな値を気にして、ダイエットしたり、ウォーキングをしたり、薬や健康食品を買ったりする人が増えているようです。健康を気にかけるのは悪くないですが、どうも、基準値に振り回されているのではないかと気になります。

この基準値というのは、それぞれ専門家の集まった権威ある学会が多くの研究論文に基づいて出したものですが、学会によって数値に違いがあったり、時代とともに変わっている場合もあります。

　たとえば、日本動脈硬化学会の「脂質異常症」の従来の診断基準の指標は「総コレステロール値（220mg/dL 以上）」でしたが、2007 年から「LDL（悪玉）コレステロールが多い場合」「HDL（善玉）コレステロールが少ない場合」「中性脂肪が多い場合」という 3 つのタイプに分け、「高 LDL コレステロール血症」として LDL コレステロール値 140mg/dL 以上、中性脂肪が多い「高トリグリセライド血症（高中性脂肪血症）」として、中性脂肪 150mg/dL 以上としています。総コレステロールの数字だけでは、LDL と HDL コレステロールの量が考慮されないため、HDL が多い場合でも脂質異常症と診断される可能性がありましたから、より実態に近づいた基準になったといえるでしょう。

　また、人間ドック学会などがつくる専門家委員会では、現在の基準で正常とされている数値の範囲を、大幅に緩めるべきだとする調査結果を発表しました（2014 年 4 月）。ただ、専門医でつくられる日本高血圧学会、日本動脈硬化学会、日本医師会・日本医学会側からは、新しい基準案を知った人たちが、治療をやめたり、自分は安心だと思い込んだりしないようにしてほしいと、注意を呼びかけているようです。従来の基準はさまざまな調査や研究の裏付けのもとに『将来病気になるリスク』を重視しているものだと、反論しています。基準値がゆるくなれば、治療対象の患者が減り、薬を飲む人が減ります。薬の販売量が減って困るのは製薬会社です。製薬会社と医師との癒着がニュースになることもあります。

　さて、こうなると、いろいろな基準値があり、あまり信用できないと思われてきます。一般のわれわれは、基準値をちょっと超えたらそれだけで病気だと思って、慌てたり心配したり、必要以上の薬を所望して薬漬けになる、ということのないようにしたほうがよいと思われます。また、研究者や医師は、もっと高い倫理意識をもってもらいたいと思います。

●●●翌日、焼き鳥屋で。●●●

**くま**「内臓の勉強するんやったら焼き鳥屋やって、友達に教わったけど、なんや

楽しそうな場所やな。あそこに書いてあるレバゆうたら、肝臓のことやったね。マメゆうのは何？」
**先生**「また関西弁か。マメゆうたら腎臓のことや。腎臓はソラマメの形しとるやろ。カシラゆうたら脳のこと、頭にあるからやろ。ガツは胃、gut、普通はstomachゆうんやろけどな。ヒモは小腸やで。長うてひもみたいやからね」
**くま**「おもろいなぁ。ほな、ハツって何のこっちゃ？」
**先生**「心臓のことや。heartからきとるんや」
**くま**「ほな、タンゆうのは？」
**先生**「舌のことや。英語でtongueゆうやろ」
**くま**「鳥の舌ゆうたら、小さいやろな」
**先生**「鳥とちゃうで。普通は豚か牛。おい、くま介、酒、飲み過ぎとちゃうか？」
**くま**「酔うとらんよ、まだ。今年も阪神優勝頼んまっせ！」
**先生**「なんや隣におると、やけに熱いんや。ちょっと熱を出しとんちゃうか？」

# 体温の調節

### （1）ヒトの体温は37℃前後に保たれている

　体温といっても、からだの深部と表層部では少し違います。一般にいう体温は、からだの深部の体温を指します。この深部の体温は37℃前後に保たれていますが、1日の間に約0.5℃の範囲で変動し、午後遅くに高くなり、夜明け直前が最も低くなります。

　女性は生理の周期によって影響を受け、排卵期の直前に高くなり、28日周期のうち15日目から25日目の間は高めが続きます（p.48）。これはプロゲステロン（黄体ホルモン）の作用によります。このリズムに基づいて妊娠しやすい時期を推定することができます。

　ヒトの場合、正常な深部の温度は36〜38℃で、深部の体温が42℃を超えると、心臓発作などを起こして死ぬ恐れがあります。ですから、体温計の目盛りは42℃までしかないのです。また、精子はとくに高温に弱い性質があるので、哺乳類の精巣（睾丸）は低い温度を保つように、体外に出ているのです。

### 図 9.4　体温調節のしくみ

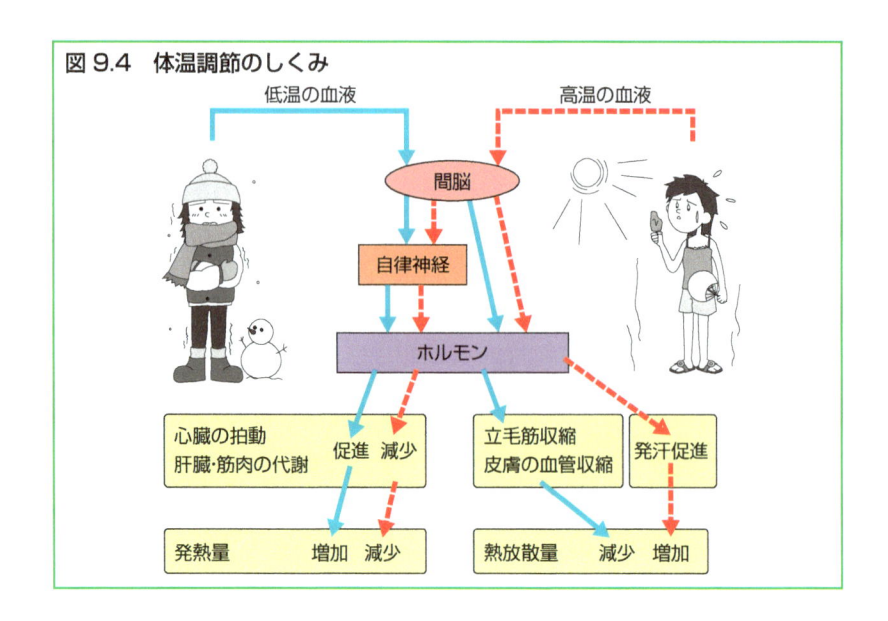

## (2) 体温の調節

**・体温の設定**　体温の調節中枢は間脳の視床下部にあります。そこには、温度が高くなると興奮する温受容ニューロンと、温度が下がると興奮する冷受容ニューロンがありますが、これらは血液温度のセンサーで、脳にはサーモスタット（自動温度調節器）があるのです。体温を上昇させたり下げたりするのは、体温調節中枢の設定値を上下することで行われています。

　熱は、安静時にはおもに肝臓や腎臓や消化器の代謝で産生され（非ふるえ産熱）、運動時や急激な低温化の場合には、ふるえ（骨格筋による）で熱が産生されます。ホルモン（アドレナリンやチロキシン）による熱産生も高まります。また、放熱の調節は皮膚で行われ、末梢血管の収縮、発汗、立毛筋の収縮のコントロールによります（図9.4）。

**・風邪などで熱が出る場合**　風邪などの感染症にかかると発熱しますが、それは、ウイルスや細菌毒素などが白血球（好酸球やリンパ球）に作用し、白血球がサイトカインの一種であるインターロイキン（p.138）をつくり、これが視床下部に作用して、体温設定値が上げられるためと考えられています。

　かつては、風邪で体温が高まると、一刻も早く平熱に下げなければと考

えられてきたのですが、最近では発熱によって免疫細胞が活性化されたり、細菌やウイルスなどの病原体の増殖が抑えられたりすることがわかってきました（p.138）。

とはいえ、38℃以上の高熱が続くと体力の消耗も激しくなるし、41℃以上になると脳の働きが異常になり意識がもうろうとしてきます。ですから、そうなる前に解熱剤を使わなくてはなりません。

## ホメオスタシスの調節系

### （1）中枢は間脳視床下部にある

このように、食欲にしても、血糖値にしても、体温にしても、いろいろなホメオスタシスの中枢は、間脳の視床下部にあります。そこから指令を受けて、自律神経系（交感神経と副交感神経）と、内分泌器系（脳下垂体や内分泌器官からのホルモン）が働き、内臓やいろいろな器官の機能が調節されます。自律神経系の交感神経は「闘争か逃走かの神経」、副交感神経は「休養と栄養の神経」とイメージすると、覚えやすいですね。体温調節の場合は、おもに交感神経によって体温上昇、副交感神経によって体温低下ですね。お互いに対立した働きをしています。

### （2）フィードバック

体温調節の場合、産熱や放熱によって生じた結果、すなわち体温が何℃上がったとか下がったなどの情報は、刻々と視床下部の中枢に伝えられ、行き過ぎると、反対（抑制）の系が作動します。これを負のフィードバック調節（制御）といいます。「フィードバック」は、あるシステムにおいて、閉じたループが形成されていて、出力側の信号を入力側に戻すことです。負のフィードバック調節は、ホメオスタシスの最も重要な部分です。このようなしくみは人間社会の組織経営にも、重要なヒントを与えてくれます。フィードバックがうまくいっていないと、その組織は気がついたら手遅れというようなことが起こるのです。ワンマン経営のしばしば陥る筋書きですね。

column 　　　肝臓に感謝！

　からだの内部環境を一定に保つホメオスタシスの現場の担い手は、肝臓と腎臓だといえるでしょう。だから肝腎かなめの「肝腎」という言葉があるのです。「肝心」と書くこともありますが、もとは肝腎です。

　健康診断の肝機能検査の中でも特に重要だとされる検査項目に GOT と GPT があります。これらはトランスアミナーゼといってアミノ基を転移する酵素ですが、これらの酵素は肝臓に多く、肝炎になると、血中濃度が大きく上昇します。アルコール性肝障害の場合は γ-GTP の値が上がります。僕もときどき 150 ぐらいになることがありますが、節制すると期待通り下がります。まるで、検査を検査しているみたいな気になります。

　肝臓は重さ約 1.5kg の人体で最大の臓器で、大量の血液を蓄えているので赤褐色をしています。500 種類以上の化学反応が活発に行われていますが、そのおもなものをあげておきましょう。

●代謝と温度の発生　肝臓はグルコースを吸収してグリコーゲンとして貯え、必要に応じて、グルコースを血中に戻して、血糖値を一定に保ち、全身の組織にエネルギー源として提供しています。また、アミノ酸を他のアミノ酸に転換します。このような代謝に伴って、熱発生が起こり、体温の維持に役立っています。

●解毒作用　体内に入った薬品や体内で生じた物質（ステロイドホルモンなど）が酸化・還元・抱合体形成などによって不活性化されます。

●アルコール分解　酒を飲んだとき、胃壁から吸収されたアルコール（エタノール）は、肝臓でアセトアルデヒドへ、さらに酢酸へと脱水素（酸化）されます。酔って気分が悪くなるのは、アセトアルデヒドのせいです。その分解能力の違いが酒に強いか弱いかを決めているのです。アルコールは肝臓を痛めますから注意しましょう（自戒の言葉）。

●尿素合成　有毒なアンモニアを、毒性のほとんどない尿素に変えています。この酵素系をもつ生物は陸上動物に限られ（魚類のサメ・エイ類は例外）、水が少ない環境で生きるための適応と考えられます。

●血液の貯蔵　肝臓には、洞様血管というすき間の多い血管があり、血液はそこに貯蔵されています。出血のときなどは、肝臓が収縮して、体内の

血流量を保ちます。
- ●胆汁の生成　石鹸のような作用（界面活性作用）をもつ胆汁酸を合成し、胆汁として消化管に分泌しています。胆汁酸は脂肪を小さな粒にし（乳化）、消化や吸収を受けやすくしています。
- ●赤血球の破壊　脾臓とともに赤血球を破壊し、ヘモグロビンを胆汁色素（ビリルビン）に変えて排出します。大便の色はこれです。もし、肝臓の異常がひどくなると、血液中のビリルビン濃度が上がり、黄疸になります。

　肝臓はさまざまな物質のリサイクル業者です。本当に肝臓には頭が下がります（？肝臓に頭下げたらどんなかっこうに！）。

**くま**「さっき、糖尿病の話が出てきたとき、血液中の糖が尿にろ過されるって話が出たけど、尿って、そもそもどうやってつくられるの？　血液と尿って関係ないようなイメージだけどなあ。色も違うし」

**先生**「おっ、元のしゃべり方に戻ったね。血液と尿は、深い関係があるんだよ」

## 血液の浄化

### （1）血液はからだの流通経路

　血液は、からだ、すなわち体細胞社会の流通システムと考えられます。栄養や水、酸素、ホルモンなどの細胞に必要なものを送り届け、細胞の老廃物を運び去ります。血液は熱も運んでいるのでしたね。こうして、血液は60兆個の細胞にとって、活動しやすい環境を提供しているのです。グルコース（糖）のほか、血液に溶けているいろいろな必要成分の濃度も調節されていますし、不要な成分はある限度以上の濃度にならないように、尿として排出されています。少しこの浄化の面を見ておきましょう。

### （2）尿は健康のバロメータ

　腎臓で生成する尿は、血液からこし出されたものですから、尿は体調の異常を発見する重要な試料となります。尿量が異常に多いのは、糖尿病や水分摂取過多が考えられますし、尿量が異常に少ないのはネフローゼ症候群が考えられます。また、頻尿すなわち回数が多いのは膀胱炎が、排尿時に痛みがある場合は結石などが、色が白濁している場合は炎症が起こって

いることが、泡が多い場合はタンパク尿が、血尿の場合はがんなどが、匂いが甘い場合は糖尿病が疑われます。

　急性・慢性腎炎になったときに尿検査をすると、尿タンパク質、尿潜血がともに陽性になり、尿素窒素やクレアチニン（筋肉のクレアチンから生じる物質）なども高い値を示します。ネフローゼ症候群の場合は、尿といっしょに多量のタンパク質が排出されてしまうため、血液中のタンパク質の濃度が低下し、血管外の組織液より薄くなるために、水分が組織間隙に出ていってしまい、ひどいむくみがからだに生じます。

## (3) 尿のつくられ方

　腎臓は左右に1対あり、それぞれにネフロンという単位が100万個もあります。ネフロンとは、腎小体とそれに続く腎細管からなり、4～5cmの長さがあります（図9.5）。腎動脈は腎小動脈に枝分かれをした後、腎小体の糸球体をつくります。腎臓全体の糸球体の毛細血管の表面を合わせると約 $1.5m^2$ にもなります。糸球体に入る血管より出る血管のほうが細くなっており、そのため血圧の力で血液はボーマン嚢へとろ過され、原尿になるのです。このとき血球とタンパク質は血管内に残ります。ですから、これらは尿中に出てくることは、普通にはないはずなのです。赤血球は血管内

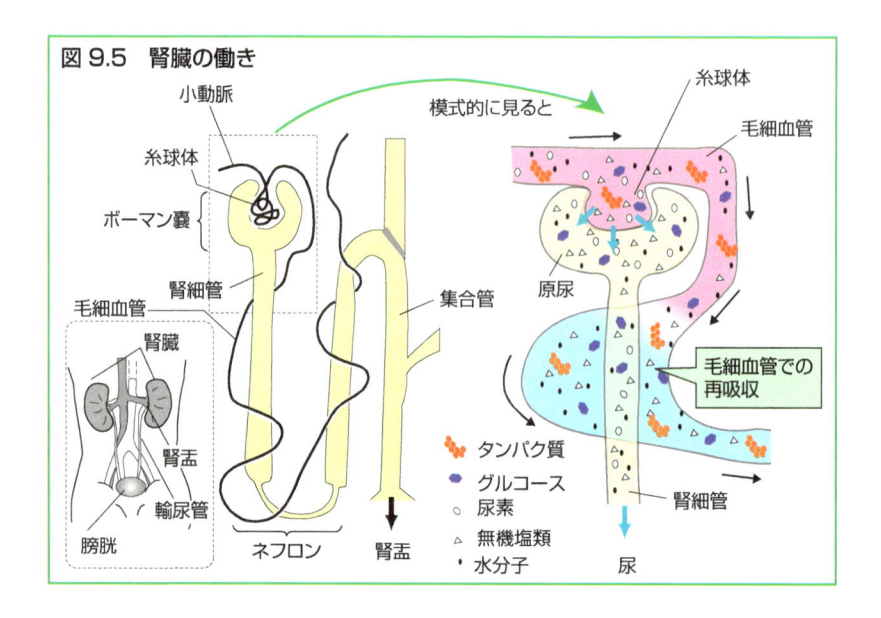

図9.5　腎臓の働き

に残るのですから、尿の色も赤くなりません。しかし、もし糸球体が損傷を受けていると、血球やタンパク質が尿中にどんどん漏れ出してしまうのです。

　原尿には、グルコース、無機塩、水、尿素などの低分子物質が含まれますが、ボーマン嚢から続く腎細管を通るうちにグルコースの全部、無機塩や水のほとんどが毛細血管の中に回収されます。それを再吸収といっています（この働きには腎細管がヘアピンのようにU字管になっていることが関係しているのですが、少し難しくなるので割愛します）。さらに、原尿は集合管を通るときにも、水が再吸収され、尿素などの不要物が濃縮されながら膀胱へと送り出されます。原尿の量は1日約180Lにも達し、腎臓は毎日血液から160gのグルコース、70gのアミノ酸、そして1.6kgの無機塩を回収しているのです。そして、1日当たり約1.5Lの尿がつくられます。

　腎臓が悪くなると、人工透析をして、老廃物をろ過することになりますが、それはおもに腎小体で起こっている"ろ過"を人工の膜を使ってまねているのであって、腎細管で起こっている再吸収をまねることはできません。

　この再吸収の過程は、脳下垂体後葉から出されるバソプレシンや副腎皮質からの鉱質コルチコイドで調節され、浸透圧や体内の水分量が一定の範囲の内になるよう調節されています。

**くま**「『尿は汚いから、おしっこの後は手を洗いましょう』というのは、不要物が入っているからなの？　でも、尿を飲んだりする人もいるよね」

**先生**「尿はそんなに汚いものではないんだよ。もちろん、尿を放置しておくと、尿素などの栄養があるから、腐敗菌などがすぐ繁殖してきて、汚くなるけど、できたての尿はそんなに汚いわけでも、強い毒性をもつものでもないのだよ。うんちは半分が細菌だから、うんちのほうがよほど汚い。でも、おしっこの後に手を洗うことは悪いことではないよ」

**くま**「山のトイレがすごく臭いことがあって、息を止めて、トイレに入っていたおじさんが気を失っていたのを、助けたことがあるよ。息を止めすぎたというより、うんちの臭さにまいったって感じだったよ」

## 酸素不足にならないように

**（1）酸素が少ないのか、二酸化炭素が多いのか**

　もし、しばらく息を止めていると、しまいには我慢できなくなって息（呼吸運動）をしてしまいます。それは、血液中の二酸化炭素が増えて、それを延髄の受容器が感知し、呼吸運動を促進するからです。

　どうして酸素濃度に反応するのでなく二酸化炭素濃度に反応するのかですが、それはヒトが平地で進化してきたからだと思われます。平地では呼吸が少なくなっても、肺の中の酸素濃度は必要レベルよりもはるかに高いのです。酸素が不足するよりもずっと前に、呼吸を調節するほうが安全であり、そのためには、呼吸や運動によってかなり大きく変化する血中の二酸化炭素濃度に反応するほうがよいからだと思われます。純粋酸素を吸い込むと呼吸は止まってしまい、かえって危険になるのだそうです。ですから今では、手術などの場合は、一定濃度の二酸化炭素を含む酸素を呼吸に用いているのです。

**くま**「ヒトは息を止められるのはせいぜい2分ぐらい？　世界記録は？」
**先生**「6分41秒だ。1993年にアレハンドロ・ラベロが達成した」
**くま**「ふ〜ん、クマもヒトと似たようなものだろうけど、ほかの動物は？」
**先生**「アザラシやクジラは1時間以上も潜っていることがあるらしい」
**くま**「なんでそんなことができるの」
**先生**「クジラとかアザラシの肉食べたことあるかい？」
**くま**「ぼくはないけど、シロクマ君から『毎日のように食べてる』ってメールがきたことがあるよ。牛肉より、ずいぶん赤い色が濃いんだって？」
**先生**「そう、それは酸素を蓄えるミオグロビンという赤い色素がヒトの10倍もあるからなんだ。だから、長く息を止めていられるんだよ」
**くま**「ミオグロビンって、ヘモグロビンと違うの？」
**先生**「似たものだけど、ミオグロビンは単独、ヘモグロビンは4人（？）編制なんだ。では、ヘモグロビンを説明しよう」

図 9.6 ヘモグロビンの立体構造

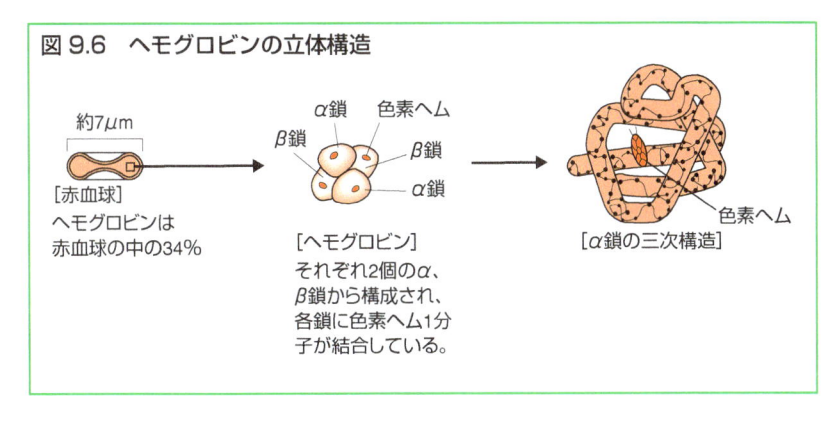

[赤血球] 約7μm
ヘモグロビンは赤血球の中の34%

[ヘモグロビン]
それぞれ2個のα、β鎖から構成され、各鎖に色素ヘム1分子が結合している。

[α鎖の三次構造]

図 9.7 ヘモグロビンの酸素解離曲線

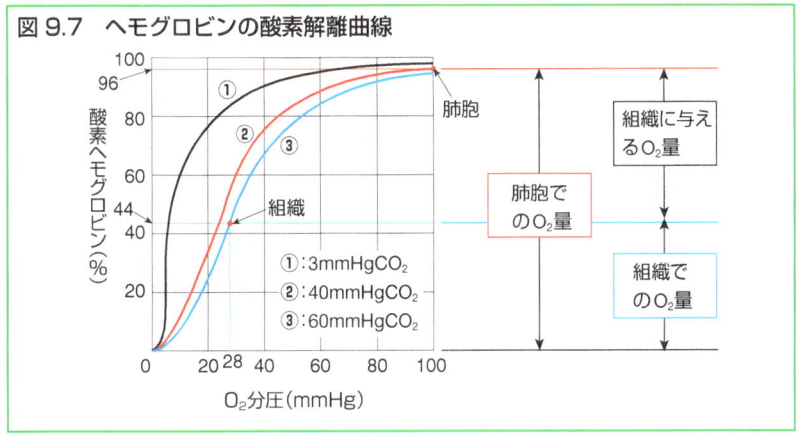

①：3mmHg $CO_2$
②：40mmHg $CO_2$
③：60mmHg $CO_2$

## (2) 酸素と結合するヘモグロビン

　酸素は肺で赤血球の中のヘモグロビンに結合して、全身に運ばれます。ヘモグロビンは4つのサブユニットからなるタンパク質で、その1つ1つのサブユニットがもつ鉄（ヘム）に酸素は結合します（図9.6）。1つに酸素を結合すると、隣りのものが酸素をより結合しやすくなるので、酸素分圧が高くなると（肺の中）、ますます酸素を結合しやすくなります。ですから、酸素解離曲線はS字状になります（図9.7）。この性質をもつことで、肺ではたくさん酸素を結合し、組織ではできるだけ酸素を放すことができることになるのです。単独のミオグロビンは酸素がかなり少なくなって初めて酸素を離すので、酸素の貯蔵に適しているのです。

　さらに、二酸化炭素（$CO_2$）濃度が高くなると（末梢組織など）、より酸

素を結合しにくくなる性質があり、ますます多くの酸素を組織で放すことができるのです。また、胎児のヘモグロビンは成人のものよりも、酸素と結合しやすい性質をもちます。ですから、胎盤では、母体のヘモグロビンから胎児のヘモグロビンへと酸素が渡されるのです。そして、生まれると、急速にヘモグロビンのタイプが切り替わり、外の酸素濃度に合うようになるのです。

### (3) 高地トレーニングで赤血球数を増やす？

　高地で長期間過ごすと、腎臓が低酸素圧を感知してエリスロポエチンというホルモンをつくります。それが、骨髄に働いて、より多くの赤血球をつくるようになり、酸素の少ない高地でも、楽に多くの酸素を取り入れられるようになるのです。これを高地順化と呼んでいます。スポーツ選手は、からだのこの性質を利用して、高地でトレーニングするのです。マラソン選手は、標高1500〜2000mぐらいのところでトレーニングすることが多いようです。

　くま介は、「月の光のしずくを集めて、森に持って帰るんだ」と不思議なことをいい出した。翌日、「月に行ってきます」という置手紙を残して、くま介は姿を消した。

## 運動会 10月 October

# なぜ老い、なぜ死ぬか

10月●運動会

三日月の夜、くま介がひょっこり帰ってきた。山でクマ自治会の運動会があり、参加していたという。そんなことだと思っていた。

**くま**「ふー。ぼくももう年だなあ。徒競走で若いくま太郎たちに負けて、ビリになっちゃったよ。昔は一番だったのに。このごろ運動していないからなあ」

**先生**「月に行っていたんじゃないのか」

**くま**「え？ ああ、三日月になったんで、足場が狭くなったんで、降りてきたんだ。それで森に行ったんだよ。信じてよ」

**先生**「月の大きさは変わらないはずだ。あれは太陽の光が当たっているところが光って見えるのだ」

**くま**「ふーん。そうそう、月の満ち欠けは繰り返されるのに、どうして人生は繰り返せないのかな。ぼく、もう一度若くなって、スポーツ選手とか医者を目指したいのに」

**先生**「くま介は僕に比べればずっと若い気がするが、まあ、今日は老化について話そう」

## 人生は繰り返せない

ときどき考えるのですが、人生をもう一度やり直せないものかと。そうできたら、どこからやり直そうかな、20歳？ いや10歳？ いや、いっそ最初から？ と、いろいろ迷うけど、考えるだけでも楽しいですね。

「25歳はお肌の曲がり角」などといわれますが、いったい何歳頃から老化が始まるのでしょうか。どうやら、老化の程度は人によって大きく違うようで、同じ年齢でも、ずいぶん違って見えます。ですから、年をとることは「加齢」ですが、そのことと「老化」とは同じ意味ではなく、「老化」というのは、「加齢に伴って起こる退行的変化」のことなので、両者は区別されなくてはいけないのです。なお、「退行」という言葉は、成長の過程で発達したものが構造的・機能的に衰退することです。

## 老化と死の意味

### (1) 寿命にはなぜ限りがあるのか

生物学的にみて、老化はなぜ起こるのでしょうか。老化も遺伝子によってプログラムされているのでしょうか。そうだとしたら、自然選択上、いっ

たい老化することや死ぬことに、どういう利点があるのでしょうか。有利な形質でなければ、進化の過程で残ってこなかったはずですから。

数の上では、男女が1人の子を産んで、その後も死なないことは、子どもを3人産んで両親が死ぬことと、どちらも3人が生きるということで同じはずです。どちらがよいかは決まっていません。だけど、自然は後者を選んでいるのです。それはなぜでしょうか。

### (2) 必要がなくなれば死んでいく？ 〜有性生殖との関係

どうも、個体の死は、有性生殖の獲得の付帯条件として現れたようです。分裂で増える細菌やアメーバには寿命も老化もないと考えられますから（事故死や食われたり寄生されたりして死ぬものはある）。哺乳類で比較をすると、性成熟年齢が大きくなるほど、記録に残る最大寿命（生理的寿命）も大きくなるのです（図10.1）。ヒトの性成熟は思春期に起こるのですから、他の哺乳類と比べても著しく遅いのです。

3月のところで述べたのですが（p.44）、どうやら、地球における生物の世界では、「自分の遺伝子を残す」という生物の本性と「遺伝子を残すには変わらなければならない」という環境からの制約とがあって、その二律背反を回避する道として、「有性生殖によって、遺伝子を残しつつ（1人の子なら1/2、多数の子をつくれば、ほとんど遺伝子は全部残る）、子どもの遺伝子構成は少しずつ変化し、親は子を産めば死んでいく」という道を探り当て、採用してきたといえるようです。つまり、有性生殖を行う生物は、個体を必要なだけ生かし、必要がなくなれば死なせるしくみを発達させたということができます。ヒトもその中の1つの動物ですが、性成熟を遅らせて、寿命を長くしている動物なのです。

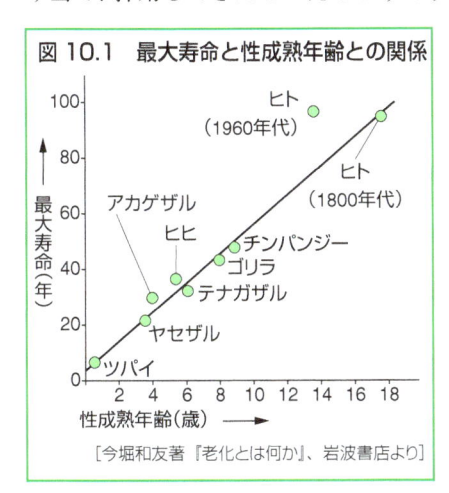

図10.1 最大寿命と性成熟年齢との関係

[今堀和友著『老化とは何か』、岩波書店より]

### (3) 生殖年齢と平均寿命の関係

また、多くの動物は、生殖年齢（子育て期間を含めて）を過ぎると急速に死んでいくのですが、ヒトは生殖年齢を過ぎても、ずっと

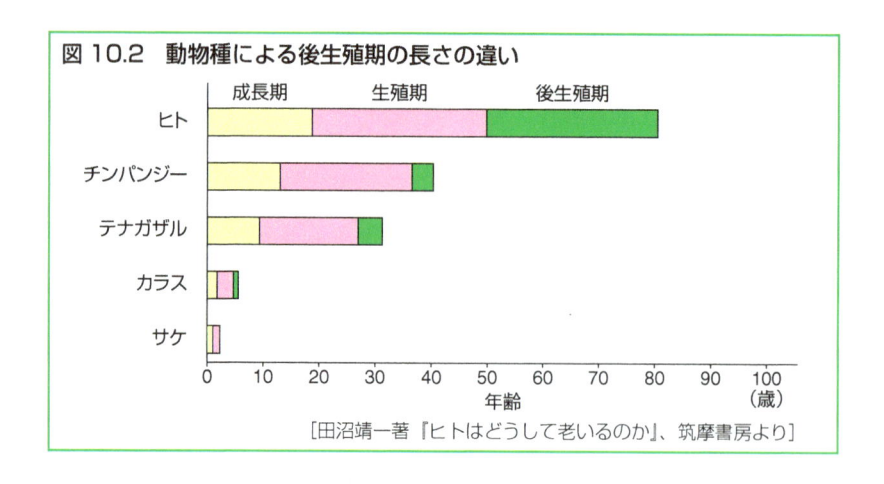

図 10.2　動物種による後生殖期の長さの違い

成長期　生殖期　後生殖期

ヒト
チンパンジー
テナガザル
カラス
サケ

年齢（歳）

［田沼靖一著『ヒトはどうして老いるのか』、筑摩書房より］

その後まで生き続ける点でも特別な動物です（図10.2）。つまり後生殖期が30〜40年もあるのです。チンパンジーの後生殖期は5年ぐらいとのことですから、6〜8倍も長いのです。なにしろ、2013年の日本人の平均寿命は女性が86.61歳、男性が80.21歳だったのですから。それに、ギネスブックによると、今までに最も長く生きた人はフランス人女性のカルマンさんで122歳まで生きたとのことです。平均寿命が延びたのは、乳幼児死亡率が低下したことによるのであって、生理的寿命（生物学的な寿命）が延びたわけではありません。生理的寿命で比べても、ヒトは、ほかの動物に比べて特別に長いのです。それはなぜでしょうか。いろいろな説がありますが、どれが妥当か決着はついていません。

　個体の寿命は、細胞レベル、組織・器官レベルの老化と死の総合された結果として決まっているといえるでしょう。そして、各細胞にも死をコントロールするしくみが備わっていることがわかってきました。事実、細胞レベルでは、アポトーシスという細胞が自ら死んでいく現象が知られ、いろいろな場面で死のプログラムがふつうに実行されているのです（p.208）。多くの細胞が死ななければ、個体の生はあり得ないといえるのです。

　ばぶー。ばぶー。くま介が孫の駿之介に追い回されている。長女が久しぶりに孫の顔を見せにきてくれた。

**くま**「何なのー。この子、ぼく苦手だよ。この子、ぼくの饅頭を狙っているよ」
**先生**「ははは。さすがのくま介も、赤ん坊には頭が上がらないのか。くれぐれも怪我なんかさせるなよ。やさしく、大切にするんだ」
**くま**「甘やかしてはだめだよ。もっと厳しくしなきゃ」
**先生**「だって孫はかわいいんだからしょうがないだろ。そうか、これもゲノムの戦略かもしれないな。ヒトは自分の遺伝子をもった孫を保護することで、繁殖成功度を上げているのだよ。きっと」
**くま**「それより、よだれ攻撃から助けてよ、おじいちゃん」
**先生**「おじいちゃんか。そうだなあ、還暦をすぎて、干支のサイクルは一巡して二巡目だ」
**くま**「そういえば、白髪が増えたねえ。それに、ちょっと、河童に似てきた？」
**先生**「髪が薄くなってきたといいたいんだろ。これも老化だ。じゃあ、個体のいろいろなところに現れる老化の現象を見ていこう」

## 個体の老化

### （1）はげと白髪

　老化の最も目立つ特徴は「はげ」と「白髪」でしょう。

　髪の毛は、角質化した（ケラチン線維だけ残った）細胞がメラニン色素で染まったものです。頭の皮膚には10万本ほどの毛穴があって、その根元（毛母）に毛母細胞とメラニン合成細胞があります。髪の毛は若いときでも1日80〜100本は抜けるのですが、絶えず毛母細胞の分裂が起こって、だんだん上に押し上げられ、分化して新しい毛ができるので、毛の数は変わらないのです。ところが老年期になると、毛母細胞の分裂の休止期間が長くなり、補給が間に合わなくなり、はげてくるのです。毛の太さも細くなっていきます（実体験ですから確かです）。一方、メラニン合成細胞の活性も数も減少し、白髪になるというわけです。

　はげを促進する因子にアンドロゲン（男性ホルモン）があり、優性遺伝（男性の場合）することが知られています。アンドロゲンの量ではなく、アンドロゲン受容体の違いが、はげやすいかどうかに関与していると考えられています。はげの人のほうがアンドロゲンが多く男性的だ、というわけではないようです。

**先生**「最近、植物ホルモンのカイネチン（ベンジルアミノプリン）に、髪の毛がはげるのを抑制する効果があるという実験結果が出たとかで、カイネチン配合育毛剤が売り出されていてね、値段は高いけど、買ってみたよ。自分のからだで実験しているんだ。はははは」

**くま**「実験とかいって、やっぱりはげを止めたいんでしょ」

**先生**「いや、純粋に実験だ！　カイネチンというのは、植物の老化を防止するという作用がずっと前から知られていたものなんだよ。動物にも効くのが本当なら、実に面白いと思って。はははは」

**くま**「ま、わからないでもないけど、老化は遺伝子のプログラムによるというんだから、無駄な抵抗じゃないの？　逆らえないよ」

**先生**「そういわれれば、そうだけど……」

**くま**「ダメとわかっていても、自分のことになると不老不死を願ってしまうんだね。人間っていうのは不思議だな」

## (2) 老眼

　年をとってくると、スポーツ観戦で遠くのほうの選手や馬を目で追っていた後で、手元の新聞を見たとき、すぐにピントが合わなくて苦労します。若い人はそんなことはなく、ふつうにピントを合わせることができます。それは目に遠近調節の能力があるからです。調節の働きを担っているのは、水晶体（レンズにあたる部分）と毛様筋です。毛様筋が緩んだり縮んだりすることにより、水晶体の厚さが変わって屈折率が変化し、ピントを合わせることができるのです。

　しかし、年をとるとだんだん水晶体が弾力性を失って硬くなり（水晶体のタンパク質は新旧交代しない）、毛様筋も衰えてきます。そのため、調節力が低下して近くのものにピントを合わせにくくなってきます。これが「老眼」の主な原因です。調節力の低下は、だいたい40歳くらいから始まって、60歳になると、ほとんどそれ以上には進行しなくなるようです。

　また、白内障も加齢とともに、起こりやすくなります。水晶体を構成するタンパク質であるクリスタリンが変性し、黄白色または白色に濁ることにより発症します。発症は45歳以上の中年に多く、年齢を重ねるにつれて

割合が増加します。

### (3) 肌の老化

年をとるとともに、肌がかさついたり、弾力がなくなったり、しわができたりしてきます。その原因はいろいろありますが、結合組織の細胞の並び方を決めている「細胞外マトリックス」の乱れが重要です。

細胞外マトリックスというのは、細胞の間の接着剤、または細胞の敷物みたいなもので、コラーゲンという線維タンパク質が主成分になってできています。コラーゲンは私たちがもつタンパク質のうち最も多いもので（総タンパク質の約 30％）、皮膚の他、筋肉のつなぎ目にも、骨や腱にも、血管壁にも存在していて、それらの組織に弾力性と強度を与えています。

このコラーゲンは、発育期には絶えず分解され、新たに合成されたものに置き換えられるのですが、年をとるにしたがい、この新旧交代が遅くなり、量が減り、コラーゲン分子間やコラーゲン分子内に余分な架橋が多くできて変性してしまいます（図 10.3）。そのため、結合組織の弾力や保水力が失われ、肌にたるみが生じてしまうのです。こうして、しわができるのです。骨がもろくなる（骨粗しょう症）のも、血管が硬化するのも、コラーゲンの変性が関係しています。

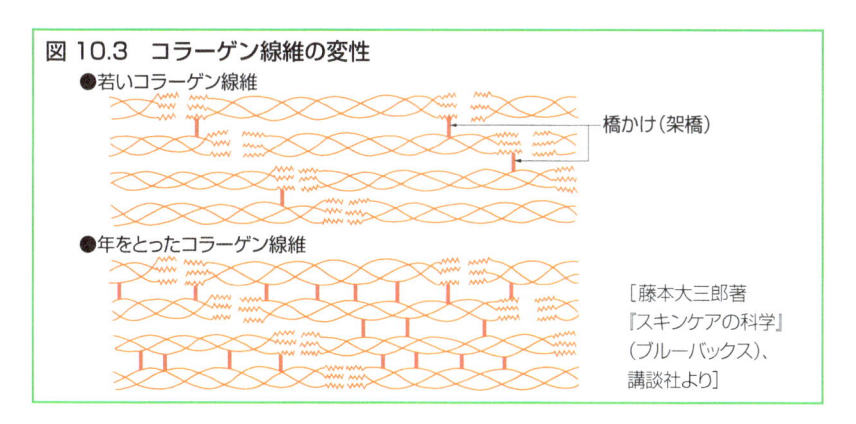

**図 10.3 コラーゲン線維の変性**
●若いコラーゲン線維
橋かけ（架橋）
●年をとったコラーゲン線維

［藤本大三郎著
『スキンケアの科学』
（ブルーバックス）、
講談社より］

column **コラーゲンと化粧品・サプリメント**

コラーゲンというのは、ほかのタンパク質にはないアミノ酸のハイドロ

キシプロリン（OH化している）をたくさん含み、グリシンが3個ごとに入っている、ちょっと特殊なタンパク質です。皮膚の真皮のコラーゲン分子は互いに似た3本のペプチド鎖（アミノ酸約1000個の鎖）がらせん状になってできています。これが何本も束になって、相互に架橋ができてコラーゲン線維になっています。できたてのコラーゲン分子の普通のプロリンをハイドロキシプロリンに変えるのに必要なのがビタミンCで、したがってビタミンCがないと、コラーゲンができず、血管がもろくなる壊血病になったりするのです。ビタミンCが肌によいというのはこのへんからきているのだと思われます。

　鶏の軟骨をお湯の中で長時間煮ていると周りの溶液がとろりとしてきて、これを冷やすと固まってゼラチン状になりますが、これがまさに本物のゼラチンです。冷えた煮魚につく「煮こごり」も同じものです。ゼラチンはコラーゲンのペプチド鎖が溶液の中でからみあって、まわりの水の動きまで止めてしまった状態です。ウシの腱を煮て得たゼラチンは、にかわ（膠）といって、昔は接着剤として使っていました。

　さて、老化に伴って減ってしまい、変性した皮膚のコラーゲンをなんとか人工的に補えないか、そうすればお肌を若い状態のまま保てるのではないかと考えるのは自然です。そこで、化粧品にコラーゲンを配合したものができているのです。ただ、コラーゲンは大きな分子ですから、外から直接皮膚にコラーゲンを与えても、真皮に浸透し定着することはできません。しかし、コラーゲンは細胞になじみやすく、保水力が強いので、表皮の細胞にやさしい効果があるのではと考えられています。

　また、サプリメントとしてコラーゲンを摂取するのは効果があるのでしょうか？　その多くは単位分子のアミノ酸にまで分解されてしまうと思われます。ただし、ある程度はポリペプチド鎖のまま吸収され関節軟骨などに集まることが知られていて、膝や股関節の痛みの緩和に効果があったという結果が出ているとの報告もあり、長期間の摂取で、ある程度効果がある可能性はあります。しかし、宣伝されている効果ほどの科学的根拠はほとんどないといってよいでしょう。

**くま**　「やっと、駿ちゃんが眠ってくれたよ。これで落ち着いて食事が、いや勉強

**先生**「新聞に面白い記事が出ていたよ。クマは、天候不良で木の実などが不作になりそうな年には、実際に実るよりずっと前から人里に出没するらしい」

**くま**「それはクマ勘なんだ。クマは冬眠前に食いだめしなくてはいけないから、勘で餌が不作になるかどうか事前にわかる能力をもつんだ。たぶん。死活問題だしね」

**先生**「ほう。予測できるのか。クマもやるねぇ。一定の餌を食いだめするっていうのも、一種の恒常性、ホメオスタシスだな。老化してその能力が衰えたクマは飢餓に苦しんだりするんだね」

**くま**「……。先生のお話は、少し難しいな」

## 調節系の老化

### （1）免疫機能の低下

　免疫系と内分泌系と神経系によって、からだのホメオスタシスが維持されていることは前に述べましたが、これらの調節系の機能はどれも加齢に伴い低下していきます。なかでも免疫機能の低下は老化の重大な要素です。免疫には、胸腺で成熟するリンパ球のT細胞と抗体産生を担うリンパ球のB細胞が主役として働いています。この胸腺は、性成熟期に萎縮が始まり最も早く老化が始まる器官だといわれています。

　胸腺が萎縮しても、かなり余裕はあるので、すぐに影響は現れないようですが、加齢に伴って、免疫力はだんだんと低下し、がん細胞などが監視の目を逃れるようになり、さらには自己の成分を攻撃してしまう抗体をつくり出してしまい、リウマチや膠原病（こうげんびょう）などの自己免疫疾患が増えてきます（図10.4）。

### （2）内分泌機能の低下

　年をとると、ホルモンのバランスの乱れが起こります。特に女性の場合は、女性ホルモンのエストロゲンが減少し、間脳視床下部や脳下垂体前葉への負のフィードバックが弱まって、生殖腺刺激ホルモン量は逆に増えるというようなことが起こります。こうして、月経周期の閉止期を迎え（閉経）、ホルモンバランスの乱れによる更年期障害が起こります。そして、排卵がなくなり、生殖能力がなくなります。男性は女性ほど顕著ではないの

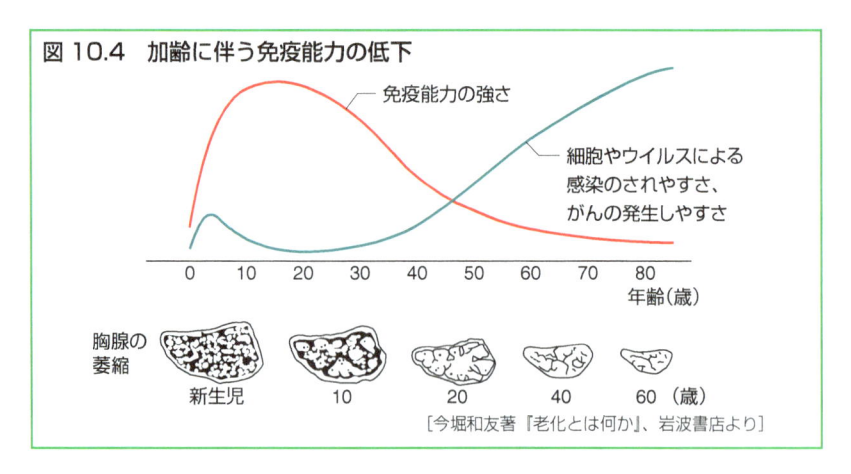

図 10.4　加齢に伴う免疫能力の低下

［今堀和友著『老化とは何か』、岩波書店より］

ですが、やはりいろいろな障害が起こってきます。精子形成能力は徐々に低下していき、前立腺の肥大が起こります。内分泌系のうち副腎皮質や副腎髄質はストレスに対する抵抗力に深く関係していますから、老化現象の1つとしてストレスに弱くなるということもあります。

　内分泌系や自律神経系を支配し、ホメオスタシスの中枢として働いているのは間脳の視床下部ですから、間脳視床下部の老化も大きな要因となっていると思われます。

### (3) 神経系の機能低下

　高齢化により、神経系、特に中枢神経系の脳も老化していくことが明らかです。X線CTで見ると、高齢者の脳は周辺部も中心部もすき間が広がっていて、萎縮していることがわかります。これは、神経細胞は分裂能力をもちませんから、いろいろな細胞レベルの変化が起こり、だんだん樹

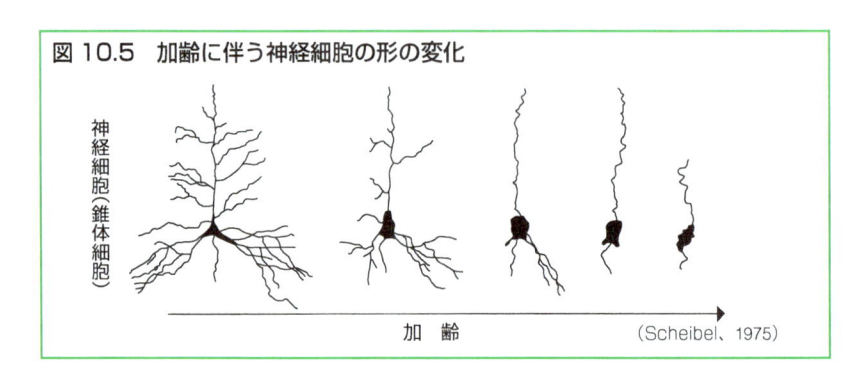

図 10.5　加齢に伴う神経細胞の形の変化

(Scheibel、1975)

状突起を減らし、互いの連絡のためのシナプスも減っていき、さらに神経細胞自体が死んでいくことによるのです（図10.5）。

実際に測定した結果では、上前頭部では90歳の老人では青年の50〜60％まで減少しているとのことです。年をとると物忘れが激しくなるのは、このような脳の衰えに原因があるのだと思われます。ただ、脳は非常に余剰があり、実際に働いているのはごく一部ですし、ネットワークの断線が起こっても、別の細胞がそれを補い、機能を回復することができます。神経系（特に海馬）にも分裂・再生能力をもつ幹細胞があって、失われた部分の修復に関与していることが最近明らかになっています。脳梗塞などによる障害がリハビリテーションで回復するのも、脳のもつこのような大きな可塑性によるのだと思われます。

> **column　認知症**
>
> 　年をとると、老人性認知症になる頻度も高まります。平均寿命が延びるとともに、老人性認知症が問題になっており、現在日本の85歳以上の老人の20％が認知症だといわれています。
>
> 　老人性認知症は、脳血管性認知症とアルツハイマー型認知症に分けられます。認知症の1/3が脳血管性、1/3がアルツハイマー型で、1/3は外傷や腫瘍によるものです。
>
> 　脳血管性認知症から説明しましょう。神経細胞には、筋肉細胞のように、クレアチンリン酸などのエネルギー物質がなく、酸素貯蔵のためのミオグロビンもなく、呼吸の材料のグリコーゲンもほとんどありません。ですから、脳の血管が血栓などで詰まると、すなわち脳梗塞が起こると、酸素やグルコースの供給が途絶え、詰まった部位から先の神経細胞は死にます。小さな脳梗塞は高齢者にはよく起こるとのことですが、その起こる部位が問題で、重要な部位（前頭葉や海馬など）で起こると脳血管性認知症になるのです。
>
> 　アルツハイマー型かどうかは、亡くなってから脳の病変を見なければ、はっきりとはわからないのです。アルツハイマー病には若年性のものと高齢になって発症するものがあります。老年性の場合、脳の萎縮と大脳皮質

> に老人斑と呼ばれる不溶性の沈着がみられます。老人斑は、タンパク質の一種のβアミロイドが沈着してできるものです。若年性の場合は、遺伝子との関係がわかっており、第21染色体と第14染色体に原因遺伝子があると結論されています。このうち、第21染色体には、老人斑に存在するβアミロイドの遺伝子があり、βアミロイド異常説が有力とみられています。ただ、老年性の場合はβアミロイドがつくられる量は正常の人と変わっていないことがわかり、原因が不明でした。最近、βアミロイドを分解する「ネプリライシン」と呼ばれるタンパク質にはっきりした差が認められ、この働きが加齢とともに弱まると、βアミロイドがたまって発症するのではないかと考えられるようになりました。

**くま**「組織や器官は、細胞が集まってできているのだから、組織や器官が老化するということは、細胞が老化するということなの？ それとも細胞の1個1個は変化しないで、集まり方が老化した集まり方になったっていうこと？」

**先生**「うーむ。難しいことだね。ヒトのからだの細胞っていうのは、いつも入れ替わっているっていう話をしたよね。入れ替わるためには、細胞はどんどん分裂を続けていかなくてはならない。つまり、細胞がどんどん分裂する組織は新しい組織といえる。逆に分裂せず、細胞が入れ替わらなければ、結局、その組織は老化し、死んでいくといえる」

**くま**「組織といえば、会社の組織も同じだね。若い人が新入社員として入ってきて、年配の人が定年退職する。これはどんどん人が（細胞が）入れ替わっているってことだ。新しい人が入らない組織は、いつかはつぶれてしまう。そう、クマ的には思うけどね」

## 細胞の老化

いままで見てきたような器官の老化は、細胞の「老化と死」が関係しています。そして、細胞の老化と死にもいくつかのタイプがあり、それぞれ原因も異なるようです。

## 図 10.6　活性酸素の生成

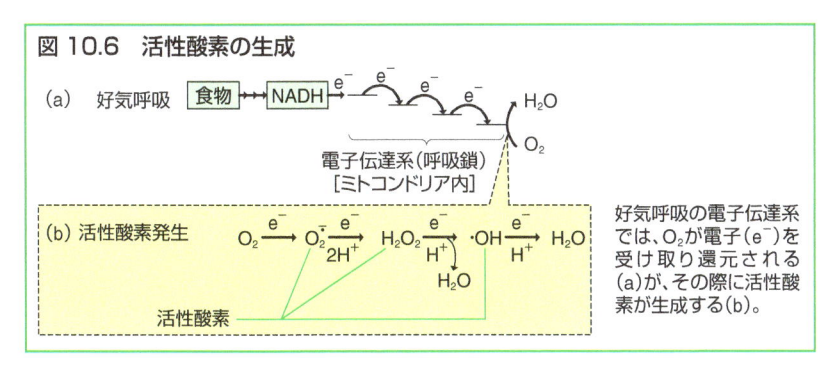

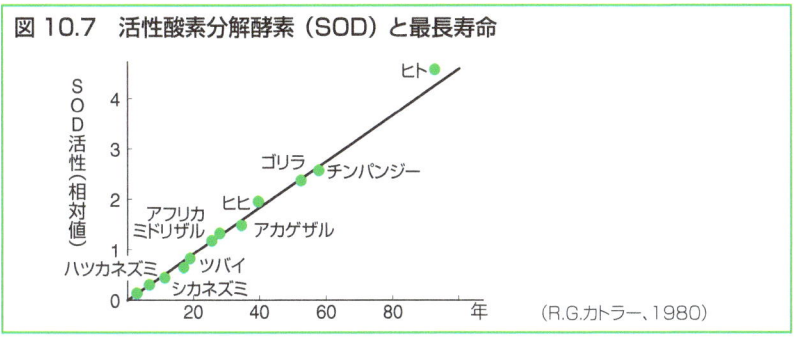

(a) 好気呼吸　食物 → NADH → $e^-$ → $e^-$ → $e^-$ → $H_2O$／$O_2$

電子伝達系（呼吸鎖）[ミトコンドリア内]

(b) 活性酸素発生　$O_2 \xrightarrow{e^-} O_2^- \xrightarrow{e^-,\ 2H^+} H_2O_2 \xrightarrow{e^-,\ H^+} \cdot OH \xrightarrow{e^-,\ H^+} H_2O$／$H_2O$

活性酸素

好気呼吸の電子伝達系では、$O_2$が電子($e^-$)を受け取り還元される(a)が、その際に活性酸素が生成する(b)。

## 図 10.7　活性酸素分解酵素（SOD）と最長寿命

縦軸：SOD活性（相対値）／横軸：年

ヒト、ゴリラ、チンパンジー、ヒヒ、アカゲザル、アフリカミドリザル、ツバイ、ハツカネズミ、シカネズミ

（R.G.カトラー、1980）

## (1) 活性酸素説　～細胞が傷つけられていく

　原因の1つとして考えられるのは、細胞が生活し分裂増殖しているうちに、さまざまな傷害や異常が蓄積して、ついには分裂増殖できなくなるという説です。その中でも、注目されているのが、活性酸素説です。呼吸のために利用している酸素の一部（約2%）が、特別に酸化力の強い活性酸素という物質になり（図10.6）、タンパク質や脂質やDNAなどを酸化して、細胞内に異常なタンパク質や脂質などを蓄積させたり、遺伝子に傷をつけてしまうのです。

　細胞内で発生した活性酸素の多くは、SOD（スーパーオキシドディスムターゼ）と呼ばれる酵素によって分解され、無毒化されるようになっています。この酵素の働きが細胞の加齢に伴って低下してくるということがわかっているので、このことが細胞を老化させる要因になっているのではないかと考えられています。

　また、寿命の短いネズミなどでは、SOD活性がヒトよりずっと低いこと

もわかっていて、SOD活性の違いが動物の個体の寿命を決める要因になっているのではないかともいわれています（図10.7）。

## (2) 積極的老化促進説　〜細胞老化を導くタンパク質をつくる

　活性酸素説のように、受動的に細胞に傷がついて弱ってくるとする説ではなく、細胞には積極的に老化を促進するしくみが備わっているのでは、という考えもあります。

　それは、細胞融合という方法で、若い細胞と老化した細胞を融合させる実験からわかってきました。若い細胞と老化した細胞と融合させると、老化した細胞が若返ると思いきや、どちらもDNAの複製を停止してしまったのです。また、老化した細胞の核を、若い細胞の核と入れ替えてやっても、やはり細胞が若返るということはありませんでした。これらの実験は、老化に伴い、分裂を停止させるような細胞質因子がつくられていることを示しています。そして、現在、いくつかの細胞老化に関与するタンパク質が見つかっています。

**くま**　「ということは、若い女の子と中年おじさんがおつき合いすると、中年のおじさんが若くなるのではなく、女の子が老化してしまうってことですね」
**先生**　「話が飛躍して、よくわからん」

## (3) テロメア説

　からだから剥ぎ取ってきた細胞をアミノ酸やビタミンや成長因子などの入った液で培養すると、最初はさかんに分裂増殖しますが、培養液をつねに新鮮な状態に保っても、ある時期から増殖速度が低下し、やがて停止します。このように培養細胞に分裂増殖する限界があることは、アメリカのヘイフリックによって1961年に発見されました。ヒトの皮膚からの細胞を培養すると、どんなに条件をよくしても、30〜60回で分裂をしなくなったのです。これを「ヘイフリックの限界」と呼びます。いろいろな動物で胎児の皮膚の線維芽細胞の分裂回数と生理的寿命とを比較してみると、個体の寿命が長いほど、細胞の分裂回数も多いことがわかり、細胞の分裂限界が個体の生理的寿命の決定に深くかかわっているとみることができます。その原因は何でしょうか。

### 図 10.8　老化のテロメア説

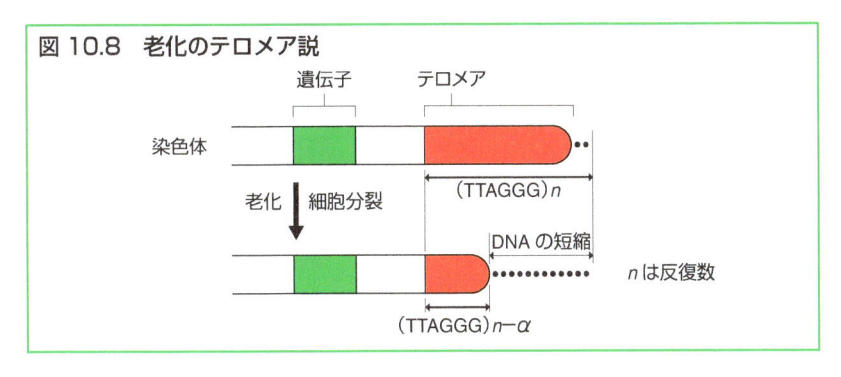

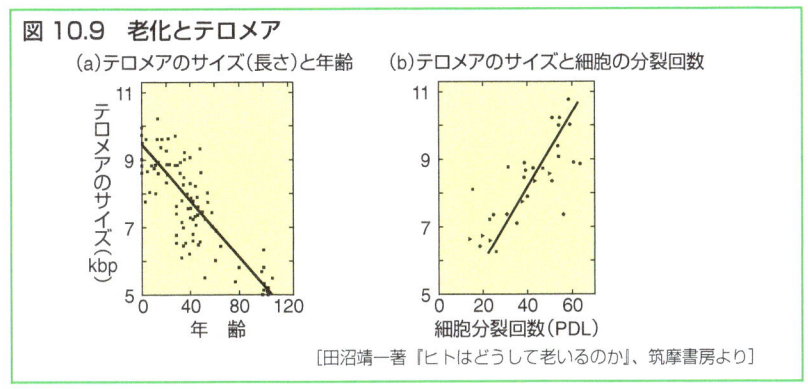

（図：染色体の遺伝子とテロメア、細胞分裂による老化でテロメア (TTAGGG)n が (TTAGGG)n−α へ短縮、nは反復数）

### 図 10.9　老化とテロメア

(a) テロメアのサイズ（長さ）と年齢
(b) テロメアのサイズと細胞の分裂回数

[田沼靖一著『ヒトはどうして老いるのか』、筑摩書房より]

　それには、各染色体の両端にあるテロメアと呼ばれる特殊な構造が関係しています。テロメアはTTAGGGという塩基配列が数百回以上繰り返した構造になっています。このテロメアが細胞分裂ごとに約20単位ずつ短くなっていくのです（図10.8）。ですから、若い人の体細胞と高齢の人の体細胞とでは、高齢者のもののほうが短くなっています（図10.9a）。どうやら、テロメアが短くなると、染色体の構造を正常に維持できなくなり、さまざまな遺伝子にも異常をきたして、分裂できなくなるようです（図10.9b）。テロメアはいわば「生命の回数券」か「生命の砂時計」のようなものですね。

　でも、胎児のテロメアが長いということは、どこかで、砂時計がひっくり返されている、あるいはリセットされているということになります。すなわち、生殖細胞ができるときに、テロメアを長くする酵素テロメラーゼが現れて、テロメアを元通りの長さにしているのです。テロメラーゼはほ

とんどの体細胞には含まれませんが（遺伝子はあるが酵素はつくられていない）、分裂し続ける造血幹細胞などには存在することがわかりました。そして、がん細胞にもあることがわかったのです。がん細胞は、寿命をもたない不死化した細胞といえるのです。不老不死のために、テロメラーゼ遺伝子を活性化させてやればという考えが浮かぶかもしれませんが、そうすればからだ中「がんだらけ」という状態になって、かえって寿命が短くなってしまうこともあり得るのです。何事も欲張ってはいけないのです。

### (4) 細胞には自殺のプログラムが組み込まれている

　細胞レベルでは、死は正常な現象であり、死ぬべき細胞は適当な時期に死んでいかなければ、個体の生命と活動を維持できません。発生の過程では、多くの細胞が死んで形が整えられ、免疫細胞も、神経細胞も最初できた細胞の多くが死んで、システムができあがります。日常的にも、血液細胞や消化管の細胞など多くの細胞が、個体の掟に従って自殺しているのです。がん細胞はいわばこの掟に反逆している細胞で、テロリストなのです。このような細胞の自殺はプログラム細胞死と呼ばれ、その死に方はアポトーシスと呼ばれます（p.196）。また、HIV（エイズウイルス）の感染でT細胞が死ぬのも、放射線被曝で細胞が死んでいくのも、アポトーシスです。毒物などによる細胞死はネクローシス（壊死）といわれますが、ネクローシスでは細胞の核が膨らんで、細胞が破れて死んでいくのに対し、アポトーシスは、まず核の凝縮が起こり、次に細胞が断片化して死んでいきます。このような細胞死には、いくつかの遺伝子が働き、細胞を死へと導くタンパク質ができることが必要です。

**くま**　「ふむ。細胞の考えていることは複雑すぎてよくわからないや。あー、これも細胞が考えているんじゃなくて、ゲノムの戦略なんだね」

**先生**　「そうだ。寿命を長くするだけが、その生物（実はそのゲノム）に利益をもたらすわけではない。どのようなライフサイクルをデザインし、生殖によってどのように子どもにバトンタッチさせるかの戦略の中で、寿命を決めているということができるのだよ」

**くま**　「先生、難しすぎるよ」

**先生**　「そうか、自分だけがわかっていても駄目だった。そうだな。ネズミは、速

く成熟して、子どもをつくって、早く死んでいくけど、たくさん子どもを残して、立派に続いているだろう？　そういうライフサイクルをもつのが戦略なんだね」

**くま**「そうか、いくつもの遺伝子がその戦略のもとに共同して、個体のライフサイクルをつくっているってことだね」

**先生**「おー、成長したな」

## 寿命を決める遺伝子？

　これまで見たように、ヒトの場合、寿命の決定にはいろいろな要因が関係して、寿命にかかわる遺伝子を解析することは非常に難しいといえます。しかし、ヒトでもマウスでもショウジョウバエでも線虫でも、いや菌類の酵母などとも共通の遺伝子を多くもっていますから、より寿命が短く（約3週間）、からだをつくっている細胞の数も少ない（1090個）線虫について研究することから、寿命を決める遺伝子を探ることができます。

　線虫の寿命が異なるいくつかの突然変異体から、寿命の決定に関係しているいくつかの遺伝子が浮かび上がってきました。

　*Age-1*という遺伝子が働かないと寿命が1.5倍に延びるのですが、この変異体ではSOD活性が高いことが知られています。この*Age-1*遺伝子は細胞外からのホルモンなどの情報を、細胞内に伝える酵素をつくることがわかっています。

　また、*daf-2*という遺伝子の突然変異体は寿命を約2倍に延ばします。この遺伝子のつくるタンパク質はヒトのインスリン受容体と構造がよく似ていることがわかってきました。どうやら、昔は*daf-2*とヒトのインスリン受容体をつくる遺伝子は、同じ遺伝子だったようです。線虫では*daf-2*遺伝子の変異で、インスリンに似たホルモンの情報を受け取りにくくなるので、飢餓状態と同じような状態にして、糖代謝を抑えているのでしょう。そして、厳しい環境に耐えて生き延びるようになって、寿命が延びているのではないかと思われています。この遺伝子の変異はヒトでは糖尿病を起こす要因の1つになるのですが、飢餓状態の続くことが多かった昔には、生き延びるのに有利だったのかもしれないと考える研究者もいます。食事制限で寿命が延びるということとも関係している可能性があります。

こうして、線虫などの研究から、寿命や老化にかかわる遺伝子がだんだん明らかになってきていますが、このような遺伝子には多くの種類のものがあるらしいことがわかってきていて、長生きできるかどうかは単純に決まっているのではなく、いろいろな遺伝子によって、いろいろな働きに違いが生じ、それが老化速度や寿命の違いを生じているのだと考えられるようになってきました。

## column　腹七分目が長生きの秘訣？

　酵母、線虫、ショウジョウバエ、マウスの研究から、どうやら、寿命を延ばす遺伝子があることがわかってきました。それはサーチュイン遺伝子と呼ばれます。最初に発見したのはマサチューセッツ工科大学のレオナルド・ガレンテ教授のグループでした（1999）が、わが国でも国立遺伝学研究所を中心に研究が行われています。そして、これらの遺伝子は、栄養欠乏状態に置かれることで活性化するのです。

　線虫や酵母は摂取カロリーが少なくなると、サーチュイン遺伝子が活性化し、代謝速度を低下させ、老化を遅らせ、寿命が延びます。サーチュイン遺伝子はショウジョウバエやマウス、そしてヒトにもみつかりました。ですから、どうやら、これは生物界全体にあてはまるようなのです。だからヒトも、食物を30％ぐらい減らせば、サーチュイン遺伝子が活性化し、インスリン信号も変わり、栄養失調にならない限り、寿命が延びるのではないかというのです。

　しかし、30％もカロリー制限をし続けながら、長生きするのと、好きなだけ食べて飲んで楽しんで、早死にするのと、どちらがいいでしょうか。答えは簡単には出ないと思います。

　それなら、小食にする代わりに、摂取すればそのような効果が出る物質を探せばということでさかんに研究が行われています。赤ワインにあるレスベラトロールがそのような効果があるのではとの報告も出ましたが、それを否定する論文も出され、まだ効果のほどははっきりしていません。そのような物質が見つかって、みんなが長生きする時代が来るのでしょうか。そのような超高齢社会がよいかどうか、あなたはどう考えますか。

**先生**「昔から、皇帝や王は、自分が死ぬことを恐れて、臣下に不老不死の妙薬を探させた。なんとか、死なないですむ方法はないかと」

**くま**「だけど、成功しなかったんだよね。でも、クローンをつくれば不死になるのかも？ そんなことをラエルという教祖が言っていたけど」

**先生**「いや、違う人格だからそうはならない。そして、クローンばかりになれば、ウイルスなどで全滅の危険が大きくなるって、話したことあるだろう？
それに、いたずらに寿命を延ばすことをすれば、必ず矛盾が出てくる。食べ物に限りがあるから、『楢山節考』（深沢七郎著）の話のように、老人が自ら山に行って死ななくてはならないことだって起こる」

**くま**「寿命には意味があるんだね。しかしなあ……」

　その後しばらく、くま介は駿之介と「はいはい」競争をして、勝って喜んでいた。まだまだ若いなどとえらそうにしていたが、次の日、膝が痛いとわめいていた。

## 紅葉

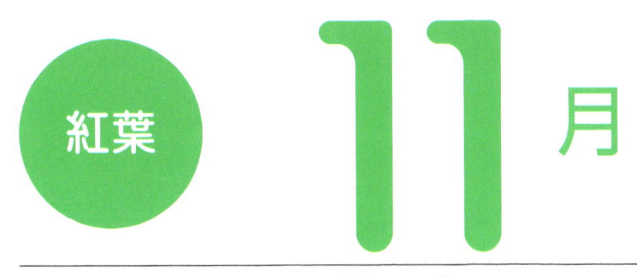

# 11月
November

# ヒトは
# どこから来たか

11月●紅葉

　落ち葉を集めて焚き火をしていると、くま介が全国紅葉巡りから戻ってきた。マツタケでも持って帰ってくると思ったら、なんと耳掻きを集めてきたという。まだまだ人間の心理がわかっていない。

**くま**「煙が臭いなあ。近所迷惑じゃないの？　せっかくの紅葉気分が台無しだ」

**先生**「都会の真ん中でもないし、風向きも大丈夫だと思うが」

**くま**「まあいいけど。そうそう、青森の奥入瀬で見た紅葉は素晴らしかったなあ。宝石がちりばめられたようにきれいだった。そして、どこか切ないような懐かしい感じがした。もしかするとぼくの本当の故郷は青森だったのかも。ぼくは、北にあるくま一族の王子様だったのかもしれないな」

**先生**「想像するのは自由だけど……。まあ、今日は生物学的にヒトとクマのルーツについて話をしてみよう」

## 自分のルーツをさかのぼる

### (1) 自分の祖先は

　自分自身のルーツを辿ってみましょう。僕は、1940年11月7日に、母親のお腹から生まれました。でも、実際には、その270日ほど前に、父親の精子と母親の卵子が合体（受精）して受精卵になったときに、僕ができたと考えることができます。母親も父親も、それぞれ祖母と祖父の卵子と精子が合体してできたのですし、こうしてさらにずっと何世代もさかのぼっていくと（1世代を25年として）、10代もさかのぼると約250年前となり、江戸時代中期となります。そして、僕の遺伝子が由来した10代前の祖先は全部で$2^{10} = 1024$人いたことになります。もう10代さかのぼると戦国時代になります。そのころの僕の祖先は100万人ぐらいになります。ですから、これを読んでくださっているあなたの祖先と僕の祖先はかなり重なっていると思われます（あなたが日本人ならばですが）。

### (2) 生命の源流へさかのぼる

　もっとスピードアップしましょう。100代さかのぼると弥生時代、1000代さかのぼると旧石器時代になります。祖先はアジア大陸に住んでいたモンゴロイドだったはずです。そして、10000代さかのぼる頃になると現生人類ではなくなってしまうはずで、この時代の祖先はアフリカにいたはずなのです。さらに、スピードアップして、1000000代もさかのぼると、も

う人類ではなく、テナガザルの祖先と共通の原始的なサルになるでしょう。

さあ、もっとさかのぼって、2億年前には、祖先は哺乳類の祖先になり、3億年前には祖先は爬虫類だったはずで、4億年前には両生類の一員、5億年前には原始的な魚類として泳いでいたのです。そして、それより前になると、無脊椎動物だったのであり、15億年も前には単細胞の真核生物（原生動物）だったのです。そして、30億年前には、細菌類、すなわち原核生物しかいなかったのです。

僕の命は彼らとつながっているのです。その原核生物の最初のものが誕生したのは約40億年前、地球ができてから約5億年の頃です。僕の命は、いや、みなさんの命も、いやいや今地球上に生きているすべての生物の命が、そこから始まっているといえるのです。

**くま**「ふーっ。想像するのに疲れたよ。とにかく、ぼくと先生は同じ祖先から生まれたのか。魚も花も一緒？ 同じ祖先なのに、今は食べたり、食べられたり、不思議だ」
**先生**「姿、形は違うが、みな地球の仲間なんだよ」

## 原核生物から真核生物へ

今度は、生物の誕生から時間の流れに乗って、それを早回ししてみましょう。

### （1）生命の始まり

約40億年前、熱かった地球が冷えてきて、海ができたその頃、海の底の噴火孔からはメタンや水素や窒素や硫化水素などを含むガスが噴出していました。そこでは、何百℃、何百気圧という高温高圧の下で、さまざまな化学反応が進んでいました。そして、いろいろなアミノ酸や塩基や糖などが合成され、さらにそれらが反応しあって、より複雑な有機物ができました。タンパク質も、DNAも、RNAも、いろいろなものができました。何千年も、何万年もそのような反応が続いていたのですが、幸運な偶然も手伝って、それらが集まって、相互に関係をもちあい、自己を保存し、分裂増殖できる「軟らかい塊」ができました。その塊、すなわち原始細胞は、外

から簡単な物質を取り込んで、分解してエネルギーを取り出し、またより複雑な物質を合成する能力、すなわち代謝能力をもち、それとともに、自分のもつ特徴を情報として保存するゲノムをもっていました。今の細菌よりずっと簡単な原始細菌でした。こうして、私たちの命の流れが始まったのでした。

## (2) 酸素が増えてきた

最初は、地球上に酸素はなかったので、原始細菌は酸素なしで有機物を分解する発酵でエネルギーを得ていました。実は、酸素は有機物を変質させる猛毒でもあるので、酸素がなかったことは当時の生物にとって幸運でもありました。そのうち光合成を行う細菌のシアノバクテリア（以前は「ラン藻」と呼ばれていた）が出現して、増え始め、酸素を発生し始めました。酸素に対する防御のしくみを発達させていなかった細菌の多くは死んでしまいました。しかし、中には酸素の毒を抑えながら、酸素を有機物分解に活用する、呼吸（好気呼吸）を行う細菌（好気性細菌）も出てきました。

## (3) 真核生物の出現

今から約 20 億年前、酸素には弱いが、ほかの細菌を飲み込むのに秀でたある生物（原核生物の古細菌）が、好気性細菌を取り込んで自分の細胞の中で働かせるようになり、こうして新型の細胞からなる生物が誕生しました。それが真核生物で、取り込まれた好気性細菌はミトコンドリアという細胞小器官になったのです。それ以降、ミトコンドリアはずっと細胞の中で呼吸を担ってきたのです。また、さらにシアノバクテリアを取り込んだものもあり、細胞の中でシアノバクテリアは光合成を行う葉緑体になりました。藻類の細胞の誕生です。こうして、真核生物が誕生し（共生説、図 11.1）、その後、単細胞の原生生物は多細胞化し、有性生殖が行われるようになって、動物・植物・菌類として、急速に多様化していったのでした。

今までの物語は、最も新しい生物の系統樹の考え方、すなわち 3 ドメイン説（細菌、古細菌、真核生物の 3 つのドメイン）と 5 界説（原核生物界、原生生物界、植物界、菌界、動物界）に基づいたお話です。

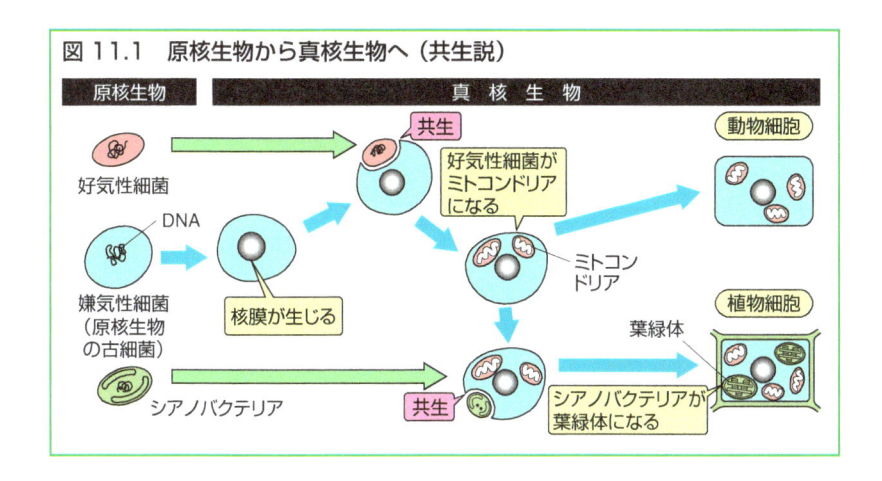

## 図11.1 原核生物から真核生物へ（共生説）

**くま**「アミノ酸や塩基や糖などから、より複雑な有機物ができて、生命が誕生するっていうけど、どうもピンっとこない。物質から塊が生まれて、それがゆくゆくは魂をもった生き物になるなんて。そうなら、人工的に簡単に生命をつくれるような気がするけど」

**先生**「そうはいかないんだよ。生命誕生の条件というのはおそらくある限られた条件であって、生命が誕生した後に急速に失われたのではないか。そして、次には誕生した生命どうしの競争や自然選択が始まり、進化していったのだから、簡単に誕生のときの条件を再現したり、同じ進化の道を辿ることは難しいのだよ」

**くま**「偶然か必然か、どちらなの？」

**先生**「どちらの過程も含むというべきだろう。でも、僕自身は必然のほうを強調したいなぁ。同じ条件が整えば、自然法則に従って、同じような出来事が起こるのではないかと思うのだ」

**くま**「そうだとすると、地球以外の星で生命が誕生している可能性がある？」

**先生**「そうだ。地球と同じではないと思うけれど、やはり生命の誕生と進化が起こりうると考えるほうが無理がないと思うよ」

**くま**「ふうん。塊から魂か。あれ？ 塊と魂って、漢字が似ているね」

**先生**「また、脱線かい？ 真面目に生命誕生と進化の話をしているのに」

## ヒトはタコよりウニに近い

### (1) 真核生物以降、進化の支流が多数生まれる

　今までみてきたように、真核生物の誕生までの生物進化は、いくつかの支流が合流してできた川の流れと考えられるのですが、その後の真核生物以降の進化は、普通の川と違って、流れは多数の支流へと分かれていくことを繰り返していったといえるでしょう。こうして、いろいろな植物・菌類・動物の流れへと枝分かれしていき、ある流れは途中で途絶え、別のある流れはより太くなって、現在へと続いているのです。

**先生**　「ここでちょっと、くま介に質問です。『タコ、ウニ、ホヤ、イナゴ、コイ、エビ、クラゲのうち、ヒトやクマに近いものから順に3つあげなさい』」

**くま**　「えっと、えっと、どれもぼくや先生とは違いすぎるよ」

**先生**　「正解は、『第1位－コイ、第2位－ホヤ、第3位－ウニ』です。タコ、イナゴ、エビ、そしてクラゲは、僕ら哺乳類とは縁遠い存在なのです。といっても、多くの共通の遺伝子をもっているけど」

**くま**　「ウニのほうがタコよりぼくらに近い存在？　？？？」

**先生**　「疑問はあとで聞くとしまして、もう1つ問題です。上記の動物がすべて共通する点があります。何でしょう？」

**くま**　「えっと、海の生き物？」

**先生**　「残念。イナゴもいるよ。コイは淡水魚だから、海の生き物ではないし。怒ってはだめだよ、正解は『日本ではどれも食べる』ということでした」

### (2) ホヤがヒトと近い仲間って本当？

　少々解説しておきましょう。コイがヒトに一番近いのは、ヒトなど哺乳類と同じ脊椎動物だからです。ホヤが次にくるのはどうしてでしょう？

　ホヤは壺形で、海底に固着して餌（プランクトン）を飲み込んでいて、動物らしくありませんが、幼生の時期に脊椎のもとの「脊索」をもちます（原索動物という）。脊椎動物も発生過程で脊索をもつ時期があります（のちに脊椎に置き換わる）から、ホヤは近い仲間だとわかるのです。

　ウニが次にくるというのはもっと不可解かもしれません。ウニはクリの

イガみたいで、目もないのですからね。それより、タコのほうがよほど近いのではないか。ヒトに似た目玉がありますからね。

しかし、ウニの発生の過程をみると、はっきりと脊椎動物と同じグループだということがわかるのです。ウニなど棘皮動物は、原索動物や脊椎動物と共通して、最初にできる穴の原口は肛門になり、新たに反対側に口が開くので、「新口動物」と呼ばれているのです。その点、タコなどの軟体動物、エビやイナゴなどの節足動物は、原口がそのまま口になるので、「旧口動物」と呼ばれます。ついでにクラゲについて説明しますと、原口がそのまま口になりますが（肛門はない）、中胚葉をもたず、いわば原腸胚の段階で止まった体制をもっているので、さらに「原始的」な存在といえるのです。図11.2にこのような事実に基づいてつくられた系統樹を示しておきます。

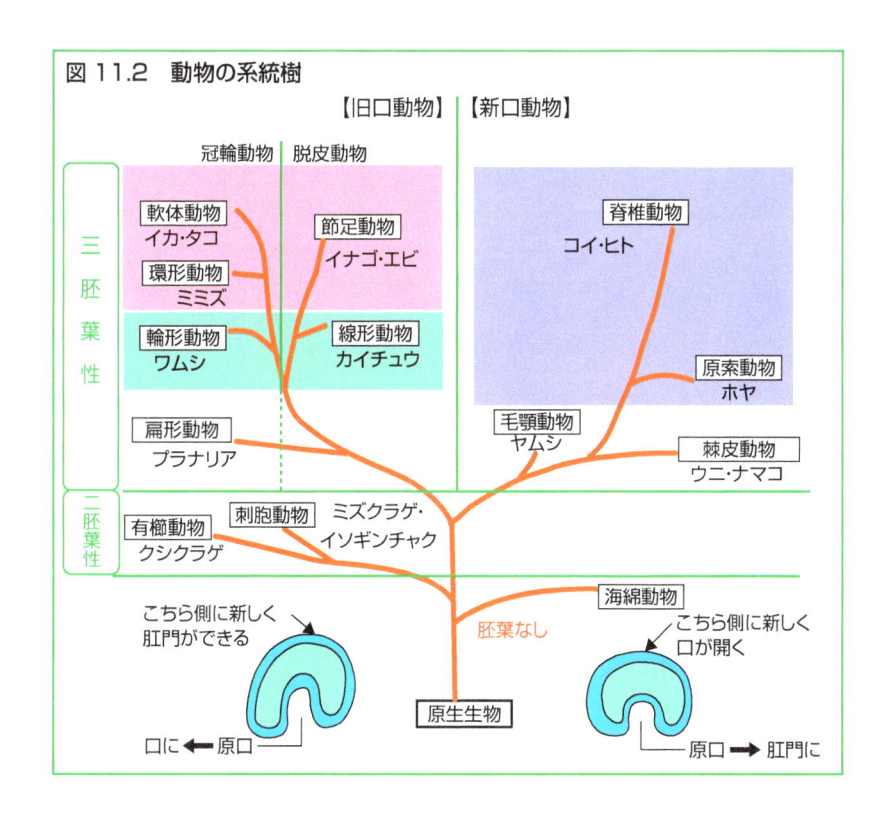

図11.2 動物の系統樹

## column　ヒトは最も高等か

　「ヒトは最も高等な動物である」と思っている人は多いと思います。しかし、「高等」というのは何を意味するのでしょうか？　ゴキブリやミミズは「下等」であり、価値が低いのでしょうか？

　「環境によく適応している」という点では、現在生きているすべての生物にあてはまります。ゴキブリのうちのあるものは、ヒトの住む家の中の環境に大変よく適応していますし、ミミズは腐敗途中の有機物を含む土を食べ、土の中にもぐって、これまた土壌の中の環境によく適応して生きています。ヒトは自分の意思に合うように環境のほうを改変する動物ですから、その点では自然環境に適応しているとはいえないと思います。だいたい素っ裸のままでは、人間は他の動物のようにうまく生活することはできないのではないでしょうか。つまり、人間は道具を用い、共同社会を形成し、文化や文明を共有して生活する動物であり、それは大脳皮質の肥大化・高度化・特殊化した動物だからできたことです。ですから、神経系の発達という点ではヒトは「高等」かもしれませんが、それは人間が勝手に決めた尺度であり、生物界や動物界で、「全体としてより優れている」とはいえないのです。ヒトが進化の末端にいるのは事実ですが、それは現存するすべての生物が進化の末端にいるということでもあり、ヒトだけが「価値が高い」のではありません。

　また、人類の中で比較しても、密林に住む先住民は飛行機をつくる文明はもっていませんが、自然に適応し、自然と共存する立派な文化をもっています。「未開」といってさげすむことは「文明人の奢り」ではないでしょうか。これと同じように、それぞれの生物はそれぞれの「文化」をもっているのだと考えるべきだと思います。

　人間が価値のない存在だといっているのではありません。ほかの生物は「取るに足らない存在」だという考えは間違いだといっているのです。ヒトもほかの生物も、みんな進化の「傑作」なのだと考えるべきではないでしょうか。

**くま**「お隣の家のイケメンの坊ちゃんが、ヒトは宇宙から降りてきたんだ、とか言っていたよ。地球上の生き物はみな同じ祖先由来なのにね」

**先生**「うむ。そう信じている人もいることは事実だ」

**くま**「そうなの？ そういえば、最近、宇宙人が地球人に混じって働いているらしいよ。飲み屋で会ったおじさんが、『最近の若者は宇宙人だから、まったくやることなすことわからない』って嘆いていた。ぼくも宇宙人に会ってみたいな」

**先生**「僕にとっては、くま介が宇宙人だな。話がだいぶそれてしまった。ヒトの祖先の話に戻ろう」

## 爬虫類から哺乳類へ

恐竜が闊歩していた時代（中生代；2.5〜0.65億年前、三畳紀・ジュラ紀・白亜紀）、私たちヒトの祖先はどんな動物として生活していたのでしょうか。図11.3に脊椎動物の中のヒトの位置を系統樹で示しておきますが、以下、歴史的にさかのぼってみましょう。

古生代の末期に、両生類（カエルやイモリの類）と爬虫類（ヘビやトカゲの類）の中間型の生物（セイムリア）が現れ、それから爬虫類が進化しました（図11.4）。中生代に入って、爬虫類はいろいろな系統に枝分かれし

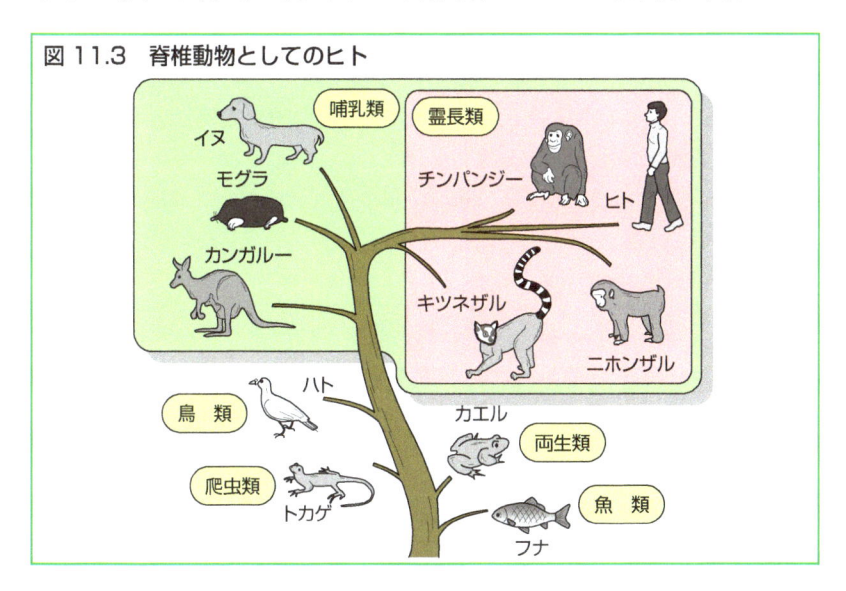

**図11.3　脊椎動物としてのヒト**

ました。中でも恐竜の類（大型爬虫類）は大繁栄をしました。恐竜が爬虫類というと、驚かれる人もいるかもしれませんが、恐竜は卵を産みますし、爬虫類なのです。恐竜の一系統の羽毛恐竜から鳥類が進化しました。

その頃、ややこしいのですが、別の系統に「哺乳類型の爬虫類（これが哺乳類の祖先）」がいました。彼らは脊柱と一体化した肩や腰をもち、そしてその肩や腰からそれぞれ下方に垂直に伸びた前肢と後肢をもっていて、より速く走ることができました。大型の恐竜がわがもの顔でのし歩いていた

図11.4　両生類の化石

1996年オーストラリアのニューサウスウェールズで発見。恐竜が登場する以前の約2億年前に生息していたとみられる。全長約2m。現在のカエルやサンショウウオの祖先だとされる。（ロイター）

とき、哺乳類の祖先は小型であまり目立たない存在として、こそこそ走り回っていて、死んだ恐竜などを食べていたらしいのです。

哺乳類の祖先は、胎盤をもたない哺乳類の有袋類へも進化したのですが、一方で、中生代の末期には、胎盤をもつ真獣類へも進化しました。それは原始的な食虫類だったと思われます。

最有力な説によれば、約6500万年前に直径約10kmの巨大隕石が地球（ユカタン半島付近）に衝突して、地球が全体的に、粉塵で太陽光がさえぎられて、気候が激変し、恐竜類が絶滅していった頃、小型で繁殖力の強い、原始的哺乳類は、恐竜の腐肉をあさって何とか生き延びたと考えられます。

## 霊長類の出現と進化

新生代（6500万年前）に入って、原始的な食虫類のうち、樹上の生活に適応するものが出現しました。原始的な霊長類（原猿類）です。現存するこれらの子孫としてはキツネザルやメガネザルがいます。霊長類の祖先は、樹木の枝から枝へと跳び移るために、正確に距離を測ることが必要であったので、両眼が前方に移動して立体視できるようになりました。また、親指と他の指が向かい合って物がつかめるようになったことや、前肢（腕）

の運動機能が発達したことも、樹上生活への適応の結果と考えられています。私たちの手に指紋や掌紋があるのも、滑り止めのためなのです。さらに、目や手などの構造や働きが大きく発達し、それにつれて、感覚や運動の中枢として大脳も著しく発達していったものと考えられています。

その後、霊長類の発展や環境の変化などに伴って、霊長類の一部に、生活範囲を森林から草原にまで広げていくものが現れました。私たちヒトとチンパンジーやゴリラなどの類人猿の共通の祖先は、このような地上生活をする霊長類から進化したと考えられています。

## ヒトへの道

### (1) ゲノム解析で明らかになってきた進化の道のり

ヒトのゲノムが完全に解読されて、ヒトと類人猿とのゲノムの違いは、ヒトとゴリラで1.4%、ヒトとチンパンジーで1.2%に過ぎないことがわかってきました。このDNAのわずかな違いで、ヒトと類人猿のこんなにも大きな差が生じているというのには驚かされます。特定の遺伝子の塩基配列を系統の近い動物について比較することで、系統関係とおおよその枝分かれの時間を推定することができます（図11.5）。その結果、ゴリラとヒト・チンパンジーの祖先が分かれたのは約700万年前、ヒトとチンパンジーが分かれたのは約500万年前と推定されています。

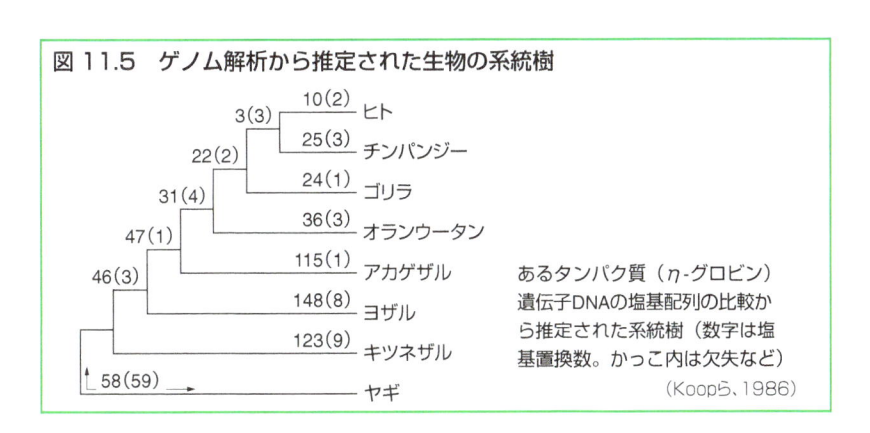

図11.5 ゲノム解析から推定された生物の系統樹

あるタンパク質（$\eta$-グロビン）遺伝子DNAの塩基配列の比較から推定された系統樹（数字は塩基置換数。かっこ内は欠失など）

(Koopら、1986)

11月●紅葉

## column　ヒトとチンパンジー

　ヒトは、どんな点がチンパンジーやゴリラと違っているのでしょうか。まず、からだの毛が少なく、肌が見えているところが広くて、毛で覆われているのは頭、脇、陰部に限られています。真っ直ぐに立って、2本足で歩き続けることができるのもヒトの特徴です。チンパンジーの歩き方はまだぎこちないですね。ヒトは、足が手よりもずっと長くなり、指も短くなってものをつかむことはできないけれど、土踏まずがあって、走っても体重の衝撃をやわらげることができます。

　また、骨盤が横に広くなって、内臓を垂直に支えることができるようになっています。それに何といっても、頭が大きいですね。S字状に弯曲した脊椎が、頭部の真下で支えているから、大きく重い頭部を支えられるのです（図）。

　顔はチンパンジーよりもっと下顎が小さくなり、鼻が前に突き出ています。きっと餌になる動植物を、火を使って調理するようになり、歯や下顎が退化したのだと思われます。眉の上の隆起（眼窩上隆起）もずっと低くなっていますね。それに、チンパンジーよりもずっと表情が豊かで、いろんな感情を表現することができます。

　肌が剥き出しだとか、表情が豊かというのは、お互いのコミュニケーションをさらに密にするのに役立っています。肌が剥き出しになって、ボディペインティングや刺青をしたり、いろいろな服で覆うようになったのも、コミュニケーションや自己表現に役立ち、文化の発生と発達に貢献を

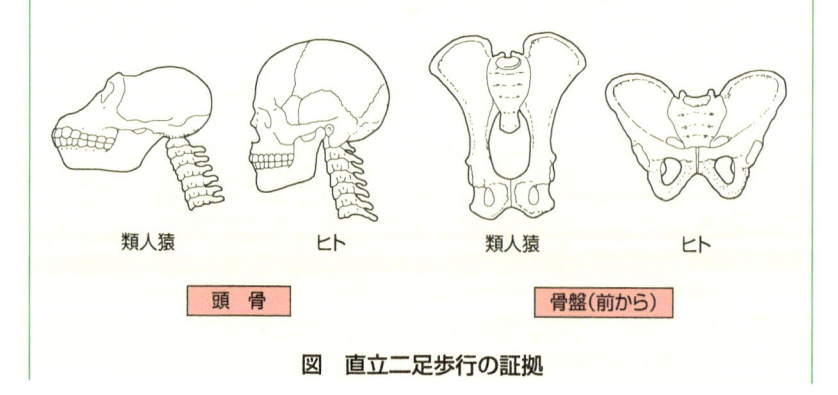

類人猿　　ヒト　　類人猿　　ヒト

頭　骨　　　　　骨盤（前から）

図　直立二足歩行の証拠

したのではないかと考えられています。

　これらの特徴から、ヒトはあるとき（おそらく約500万年前）に、チンパンジーと共通の祖先から枝分かれして、森を離れ、平地を2本足で歩いたり走ったりしながら、生活するようになり、集団で密にコミュニケーションをとりながら、狩りをし、社会生活を営んで進化してきたのではないかと、推測されます。直立二足歩行を始めたことから、頭が大きくなっても支えられるようになり、頭が大きくなって脳が発達し、手が自由になったことから、文化をもつヒトとして進化し、現在に至っているのだといえるでしょう。

## (2) 直立二足歩行をしていたアウストラロピテクス

　ゲノムの比較によってヒトと類人猿との関係について新しい理解が得られましたが、ヒトが類人猿とどのように分かれてきたのかは、やはり化石による研究が重要です。図11.6はいろいろな知見を総合して描いた化石人類の系統発生図です。最古の人類化石については、新しい発見が相次いでおり、まだはっきりしていませんが、約400万年前に南アフリカに生存していたアウストラロピテクス（猿人、「南の猿」という意味）がヒトだけの特徴である直立二足歩行をしていたことは確かです。アウストラロピテクス・アファレンシスの化石は、「ルーシー」という愛称で呼ばれていますが、それは発見されたときに、テープレコーダーから流れていたビートルズの曲「Lucy in the sky with diamonds」からとったものだそうです。

　ルーシーは大腿骨が体の中心に向かってついていたこと、頭蓋骨の真下に背骨がつながっていたこと（大後頭孔が真下）から、直立二足歩行していたと結論づけられ

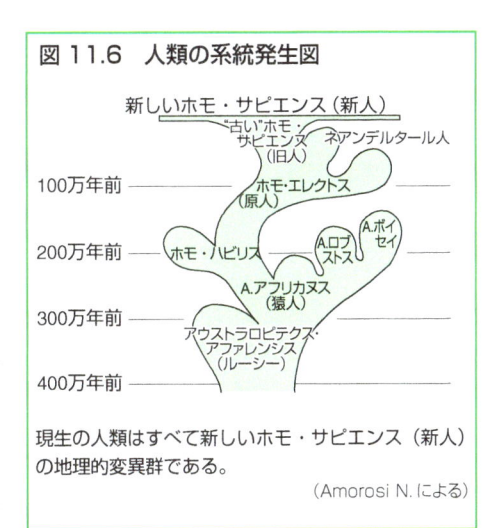

**図11.6　人類の系統発生図**

現生の人類はすべて新しいホモ・サピエンス（新人）の地理的変異群である。

（Amorosi N. による）

るのです。さらにアウストラロピテクスの足跡化石も発見されていて、直立二足歩行は疑いようがありません。

　アウストラロピテクスの脳の容積は 400mL ほどで、チンパンジーより少し大きいぐらいでした。このことから、人類はまず脳が大きくなったのではなく（かつてはそう考えられていた）、直立二足歩行が先であることがはっきりしたのでした。

　現在、現生人類の直系の祖先に当たると考えられているのは約 240 万年前のホモ・ハビリス（「手先の器用なヒト」の意味）で、脳の容積は 500〜800mL で、石器を用いて肉を剥いでいたと思われます。

### (3) 火を使い始めたホモ・エレクトス

　そして、約 150 万年前になると、ホモ・エレクトス（原人）が出現しました。ジャワ原人や北京原人などが知られますが、彼らはより進んだ石器を用い、火を使って調理をしていたと考えられており、脳容積は 900〜1100mL に達したと考えられています。

### (4) 現生人類の祖先が現れる

　約 25 万年前になると、現生人類と同種のホモ・サピエンス（古代型）が現れます。ネアンデルタール人（旧人、ホモ・サピエンス・ネアンデルターレンシス）はこれに属していて、彼らは現代型ホモ・サピエンス（新人、ホモ・サピエンス・サピエンス）に比べて、大柄で頑丈な体格をしており、眉の上の隆起（眼窩上隆起）が突き出ている点が目立ちます。脳容積もわれわれ現生人類（1400mL）に匹敵するか、むしろより大きかったようです（1200〜1750mL）。精巧な石器を用い、死者を埋葬したり、弱者を保護したり、高度な文化性を備えていたと推察されています。

　ネアンデルタール人は約 3 万 5 千年前に絶滅したと考えられていますが、それよりずっと前の約 20 万年前に、すでに現生人類の祖先である現代型ホモ・サピエンスが出現していたと考えられます。この現代型ホモ・サピエンスをクロマニヨン人といいます（図 11.7）。

　現生人類とネアンデルタール人との間で混血があったかどうかについては、ネアンデルタール人の人骨から取り出された DNA と現代人のものが比較された結果、ヨーロッパ人、アジア人などのゲノムには 1〜数 %、ネアンデルタール人由来のものが入っていることがわかりました。一方アフ

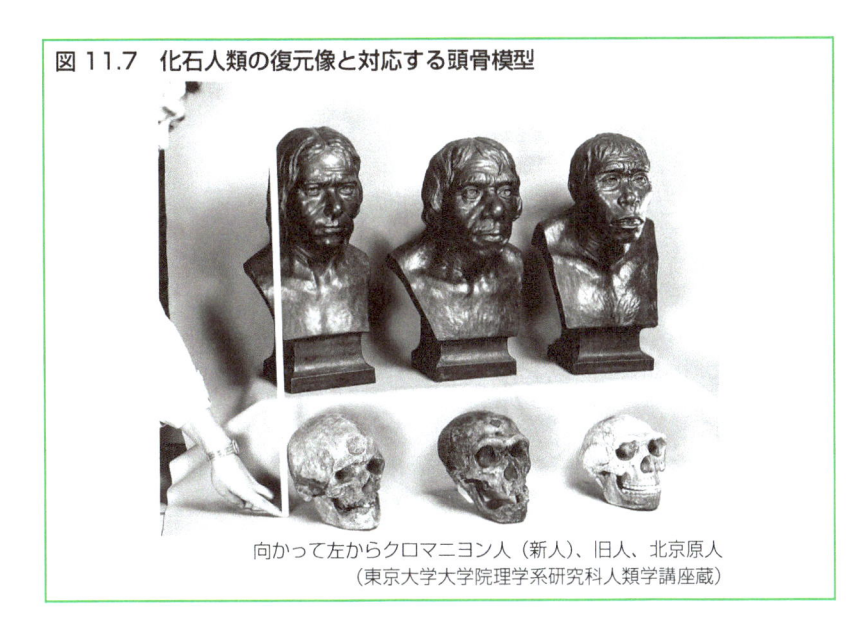

図 11.7 化石人類の復元像と対応する頭骨模型

向かって左からクロマニヨン人（新人）、旧人、北京原人
（東京大学大学院理学系研究科人類学講座蔵）

リカに残った現生人類の末裔と思われる現代アフリカ人には共通するものがありませんでした。アフリカを出て、しばらくして、ネアンデルタール人と遭遇、一部は性行為があり、子どもをつくったということのようです。

さて、私たち東洋人は場所柄から考えて北京原人の子孫なのでしょうか。どうも違うようです。以前は、それぞれの地域で平行してホモ・エレクトスから現代型ホモ・サピエンス（新人）への進化が行われたという説もあったのですが、ゲノムの解析から、約20万年前にアフリカで出現した現代型ホモ・サピエンスが世界中に分布して、現在のいろいろな人種を形成したと考えられるのです。ホモ・エレクトスとは、ずっと前に分かれたと考えられるのです（単一アフリカ起源説）。

column **ミトコンドリア・イブ**

　細胞の呼吸に働く細胞小器官であるミトコンドリアは、それ自身のDNAをもっています。これはミトコンドリアがかつては細菌であったという根拠にもなっています（p.216）。ところで、ミトコンドリアDNAは必ず母親の卵細胞由来であることがわかっています。受精のとき、入り込

んだ精子のミトコンドリアはDNAも含めて分解されてしまうからです。ですから、ミトコンドリアDNAは必ず女性を通じて受け渡されてきたといえます。それは突然変異でしか変化しませんから、ずっとさかのぼることができ、またその差の程度は時計のように用いることができます。

1987年に発表されたヒトのミトコンドリアDNAの比較研究の結果は、現在生きているすべての人が、約20万年前にエチオピア近辺に住んでいたと思われる1人の女性に由来するということを示すものだったのです。

それは、現在アフリカに住んでいる人たちの間でもっとも大きな違いがあり（早く分かれたことを示す）、他の大陸に住んでいる人の間の差はずっと小さかったからです（遅く分かれたことを示す）。このことは、アフリカに住んでいた人のうちのある1つの集団が世界中に移動して、人種を形成していったことを示しているのです。エチオピアに住んでいたこの仮想上の女性を人類の共通祖先とみなし、「ミトコンドリア・イブ」と呼ぶ人もいます。

この結果は、単一アフリカ起源説を強く支持するものです。

# 人種とは

これまでの研究から、現生人類はすべてホモ・サピエンス・サピエンスに属することがわかっています。かつて、アフリカのニグロイドやオーストラリアの先住民アボリジニは類人猿に近いという決めつけが行われた時代がありましたが、まったくの間違いであることを現代生物学は明らかにしました。現在地球上に生きている人種はすべて、約20万年前に生きていた共通の祖先に由来するというのが、まず間違いのないところといえます。

いわゆる人種を区分する絶対的な基準はなく、判断は恣意的なものにならざるを得ないのですが、多くの人類学者は、ヒトを三大人種、すなわちコーカソイド（ヨーロッパ人種）、モンゴロイド（アジア人種）、ニグロイド（アフリカ人種）に分けています。このほかにオーストラロイド（オセアニア人種）などの区分をする場合もあります。

近年、核内遺伝子について多数の遺伝的多型が発見され、人種間の遺伝距離が計算されるようになりました。その理論はちょっと難しいので省略しま

すが、結論をいうと、三大人種に分岐したのは、ニグロイド-モンゴロイド間は約12万年前、ニグロイド-コーカソイド間は約11万5000年前、コーカソイド-モンゴロイド間は約5万5000年前と推定されています。つまり、まずニグロイドとコーカソイド・モンゴロイドの分岐が起こり、その後コーカソイドとモンゴロイドが分かれたと考えることができるのです。図11.8はこのようなデータに基づいて描かれた現代人集団の類縁系統図です。

そして、化石や考古学のデータと遺伝学的データを合わせて推論した人類の移動分散経路は図11.9のようになります。

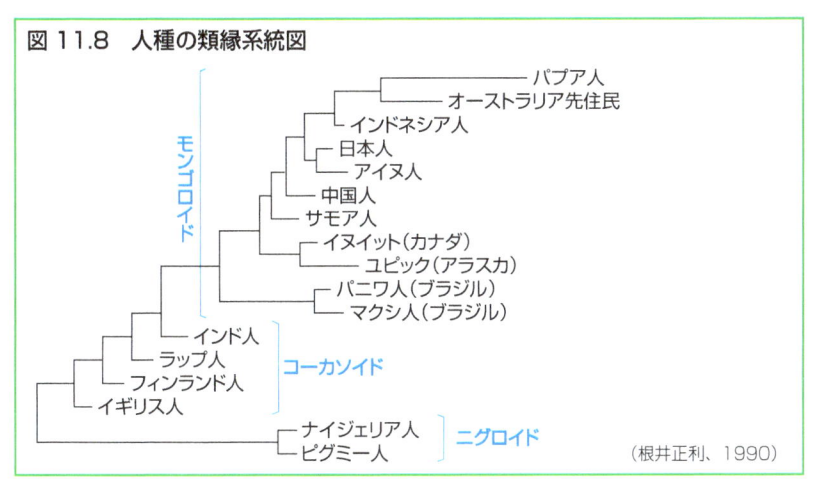

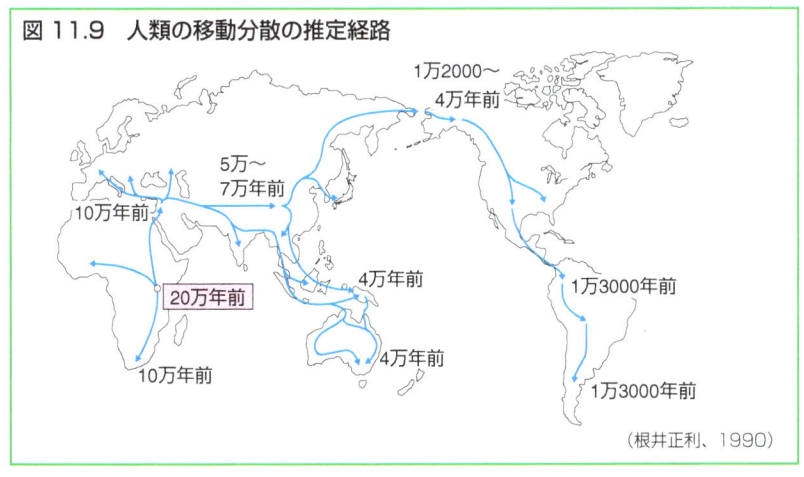

### 図11.8 人種の類縁系統図

モンゴロイド:
- パプア人
- オーストラリア先住民
- インドネシア人
- 日本人
- アイヌ人
- 中国人
- サモア人
- イヌイット(カナダ)
- ユピック(アラスカ)
- パニワ人(ブラジル)
- マクシ人(ブラジル)

コーカソイド:
- インド人
- ラップ人
- フィンランド人
- イギリス人

ニグロイド:
- ナイジェリア人
- ピグミー人

(根井正利、1990)

### 図11.9 人類の移動分散の推定経路

- 20万年前
- 10万年前
- 5万〜7万年前
- 1万2000〜4万年前
- 4万年前
- 4万年前
- 10万年前
- 1万3000年前
- 1万3000年前

(根井正利、1990)

11月●紅葉

**先生**「くま介、今日はやけに静かじゃないか。どうしたんだ？」
**くま**「焚き火の中に、芋が入っていなかったからショックで。頭が重いんだ」
**先生**「僕の話を聞いていなかったのか。ダメじゃないか」
**くま**「だって、なんだか、ヒトがどこから来ようが、ぼくにはあんまり興味がないんだ。ぼくが知りたいのは、今の人間のことなんだ」
**先生**「ルーツをたどることで、わかることもたくさんあるんだぞ。だって、クマとヒトが同じ祖先由来だなんて、知らなかっただろう？」
**くま**「確かに。ぼくの祖先のクマはヒトより先に日本列島にいたのかな？」
**先生**「そうだと思うよ。では、今度は日本人のルーツについて話そう」

## 日本人はどこから来たか

### (1) 縄文人の祖先と弥生人の祖先

　では、われわれ日本人はどのように形成されたのでしょうか？　これについては、さまざまな根拠に基づく多くの説があり、まだ結論の一致はみていませんが、分子人類学者の寶来氏や尾本氏の説を僕なりにまとめて描いてみますと、次のようになります。

　数万年前、アジアではモンゴロイド（古モンゴロイド）が「細石刃文化」と呼ばれる独特の文化を築いていました。細石刃とは円筒形や円錐形の石から剥離させた小片のことで、これを角や骨や木の柄に押し込んで槍や小型ナイフとして利用していたのです。この独特の石器は北海道からも見つかっています。このことから、数万年ほど前に、北のほうに向かった古モンゴロイドのグループから分かれた集団が、細石刃を携えてサハリン経由で日本列島にやってきたのではないかと推定されます。また、同じころ、ある古モンゴロイドの分派は琉球列島経由で、またある分派は、当時陸続きだった今の朝鮮半島経由でやってきたのではないかとも考えられます。これらの日本列島に移り住んだ古モンゴロイドの子孫が、12000年ほど前から縄文文化を花開かせたのではないでしょうか。彼らは、角ばった、彫りの深い、どんぐり目の顔で、毛深い特徴をもっていました。

　その後、約2300年前に北方の寒冷気候に適応した新モンゴロイドが、稲作と青銅器文化を携えて、朝鮮半島から九州へと渡来し、弥生人の祖先となったのではないかと思われます。彼らは、面長で、細目の、平板な顔を

していました。そして、先住民である縄文人と混血しつつ、ときには力づくで彼らの生活の場所を奪いながら、日本列島を広がっていき、弥生文化を花開かせたのです。

　北方へと移動した縄文人は、新モンゴロイドとの混血をあまりしなかったのではないかと思われ、その子孫がアイヌ人ではないかという説があります。そして、縄文人の骨と本土日本人とアイヌ人でミトコンドリアDNAの塩基配列を比較したところ、縄文人とアイヌ人とは共通性が高く、本土日本人とは違いが大きいという、この説を支持する結果が得られました。

　この物語には、まだはっきりしない点も含まれていますが、かなりの部分は真実に近いのではないかと考えています。

### (2) いろんな顔、体形の日本人

　結論的には、日本人は、いろいろなところで生活していたモンゴロイドの諸系統が次々と移ってきて、さまざまな程度に混血が進んで形成された民族ということができるのではないかということです。ですから、日本人には、ほんとに多様な顔や体形の人がいるのだと考えられるのです。人骨から推定すると、瓜実形で目の細いのが弥生顔、顎が張っていてどんぐり目が縄文顔です。あなたはどちらでしょうか？

**くま**「最近の日本人は、弥生顔が増えてきたような気がする。少し前にはやった、醤油顔？」

**先生**「今の若い人は顎も細くなってきたらしいね。これは、食生活の変化も関係しているらしいが」

**くま**「食生活や生活様式が、顔の形や体格などにも影響しながら、進化していくということだね。うん、真面目にまとめたぞ」

---

### column　文明の誕生と継承

　ヒトと他の動物を分ける重要な特徴としては、形態や性質の違いのほかに、火の使用と道具の作成・使用、言語の使用、家族・社会の発達などがあげられます。これらは、遺伝子としての伝達ではなく、大脳の神経情報を人から人へ、世代から世代へと伝達することによっているといえるで

しょう。ときには、遺伝子による本能的欲望を抑えて、社会的人間として理性的で利他的な行動を行うことができるようになったのです。最近それができないキレる子どもが多くなっているようにも思いますが。

　火の使用は、食物を調理することによって感染症を防ぎ、歯による咀しゃくを容易にして、食生活を豊かにしましたし、夜も活動したり、動物に襲われなくするなど、生活範囲や生活時間を拡大することになりました。

　道具を使う動物は、石を用いて木の実を割るチンパンジーや貝の殻を割るのに腹の上に置いた石を使うラッコなどいろいろいますが、道具をつくるのに道具を使うのはヒトだけだといえます。それを二次的道具と呼んでいます。

　音声でコミュニケーションを行う動物はイルカなどいろいろいますが、複雑な言語を使用できるのはヒトだけです。さらに、ヒトは言語を文字として記録するようになって急速に文明を築きあげてきたのです。

　また、ヒトは大脳の発達によって複雑な構造と働きをもつ家族や社会をつくり、言語や文字をもつことによって多くの経験を知識として蓄積し伝達できるようになって、すぐれた文化・文明をつくりあげることができたのです。

　最近「何のために勉強するのか」と訊く子どもが増えたと報道されていますが、それは「人間社会の一員として生きていくためである」という答えで十分なように僕には思えるのですが。

　いつのまにかあたりが暗くなり始め、近所の門灯がつき始めた。冷え込んできたので、そろそろ部屋に入ろうとしたとき、くま介が寂しそうにぽつりと言った。

**くま**「言葉を使って、先生とお話できるってすばらしいと思う。しかし、本当にぼくの思っていることは、伝わっているのだろうか。ぼくは先生の言っていることを理解しているのだろうか」

**先生**「十分コミュニケーションできていると思うよ。どうしたんだ、突然そんなことを言って、熱でもあるんじゃないか」

　くま介はその晩、風邪をひいて寝込んでしまった。

## 12月 大掃除
December

# 人間は地球に何をしてきたか

12月●大掃除

　一年最後の月となった。くま介は、一晩で風邪から復活し、鼻歌を歌いながら雑巾がけをしている。妻や娘に掃除が上手ねと、おだてられて、いい気になっているのだ。

**くま**「先生見て。ぼく、雑巾をこんなにきつく絞れるんだよ。それにぼくがふいた廊下、ピカピカでしょう。トイレ掃除、風呂掃除もしたんだよ」

**先生**「ああ、助かるよ。僕の部屋の掃除も頼みたいくらいだ」

**くま**「うーん、でも、ちょっと、手が荒れ気味なんだよね」

**先生**「洗剤を使っているんだから、ゴム手袋をしたほうがいいぞ」

**くま**「クマ用の手袋なんてないよ。それより、どうして、洗剤って手が荒れるんだろう？　前にカビ退治をしたときも手が荒れたっけ。洗剤って、からだに悪いものなの？　人間ってからだに悪いものを使って、掃除するの？」

**先生**「洗剤といっても、いろいろ種類があるが、汚れを落とすために、いろいろな化学成分が入っているものがあって、皮膚によくないんだ。洗剤を溶かした水を、川に流したりするのも、環境にはよくない」

**くま**「環境ねえ。……そうだ、すっかりルポを書くのを忘れていたよ。先生、環境問題について教えてよ」

## ヒトの出現が生態系を変えた？

### (1) 生態系の特徴

　いうまでもないことですが、ヒトが出現する以前にも、ずっとさまざまな生態系が成り立っていました。

　生態系について、ちょっとおさらいしておくと、生態系とはある地域空間に住（棲）んでいる生物の全体（生物群集）とそれを取り巻く環境（非生物的環境）が、物質的、エネルギー的につながっているシステム（まとまり）のことです。たとえば森を考えてみましょう。ある森は、木々や下草、昆虫、爬虫類、哺乳類、鳥類など、そしてさまざまな土壌微生物が暮らしていて、食う食われるの食物連鎖でつながっていて、それを取り巻く太陽の日差し、空気や土壌、水も巻き込んで物質が循環し、エネルギーが流れていますよね。そして、森は続いていく。その森というまとまりの全体を生態系というのです。

　生態系の中では、短期的にある生物（種）が増えても、再びほぼ元の個

体数に戻ります。理由を考えてみましょう。ある生物（種）が増えると、それを食べる捕食者（天敵）も食糧が豊富になって増え、結局、餌となるその生物はやがて減っていくでしょう。また、個体群の中での密度効果（数が増えると増殖を抑制するような変化が起こる）も作用するでしょう。逆にある生物が減った場合には、上記とは反対の変化が起こって、やはり元の個体数に戻るという復元力が作用します。

　もちろん、気候の変動、地殻の変動、小惑星の衝突などによって、その時代その時代で、地球の上の生態系は、さまざまな変化を経てきましたし、地球における位置による非生物的環境の違いによって、成り立つ生態系は異なっていました。しかし、どの生態系においても、さまざまな生物が、「エネルギーの窓口の役割を果たす生産者（普通は植物）」と、「それに食物連鎖でつながっている消費者（普通は動物）」と、「それらの遺体や排出物を食べている分解者（微生物）」としての役割を果たし、物質の循環とエネルギーの流れを維持しつつ、ちょっとやそっとでは変化しない生態系の自己調節の性質、すなわち「生態系のバランス」が維持されてきたのです。

**くま**　「からだの中も、ホメオスタシスといって、いつも一定に保たれているというお話を聞いたけど、生態系もイメージ的にはそんな感じなのかな」
**先生**　「イメージ的には同じようなものだとみていいね。まあ、生態系の基本的な特徴については拙著『好きになる生物学　第2版』を読んでいただくとしよう。さて、今日は、人間が地球に与えた影響を中心に話していこう」

## （2）人間が現れて生態系を変え始めた

　約500万年前にヒトが地球上に現れたのですが、彼らは基本的に森林や草原という、以前から成り立っていた生態系の一員に組み込まれ、狩猟や採集中心の生活をして、なんとか子孫をつくっていくしかありませんでした。猛獣に食べられることも多かったでしょう。その頃の人類は、自然の気候の変化や災害などに左右され、飢餓や病気などによって、大きな影響をこうむっていたと思われます。

　しかし、100万年ほど前の原人（ホモ・エレクトス）の時代に、火を使用するようになって、食べ物の種類が増え、生活範囲が広がるとともに、

12月●大掃除

天敵であった猛獣との関係でも優位になっていったことでしょう。火を手に入れたことは、自然生態系からの支配を緩める大きな出来事だったと思われます。ヒトが分布を広げるとともに、狩猟などによりかなりの数の大型動物種が絶滅に追いやられたことがわかっています（図12.1）。また、火事による生態系の破壊も多発したと思われます。

図12.1 ラスコーの洞窟壁画（17000年前）

[©Le Ministère de la Culture et de la Communication, France]

内臓が飛び出した野牛と、突き倒された人物が描かれている。

そして、1万年ほど前、現生人類（ホモ・サピエンス）の祖先は、いろいろな作物を栽培し（図12.2）、家畜を飼うことを始めました。それは新石器時代のことでしたが、人類の歴史にとっても、地球の歴史にとっても、画期的な発展であったといえるでしょう。生物と人間との関係は、それまでは同じレベルでの関係、すなわち横の関係だったといえますが、それ以

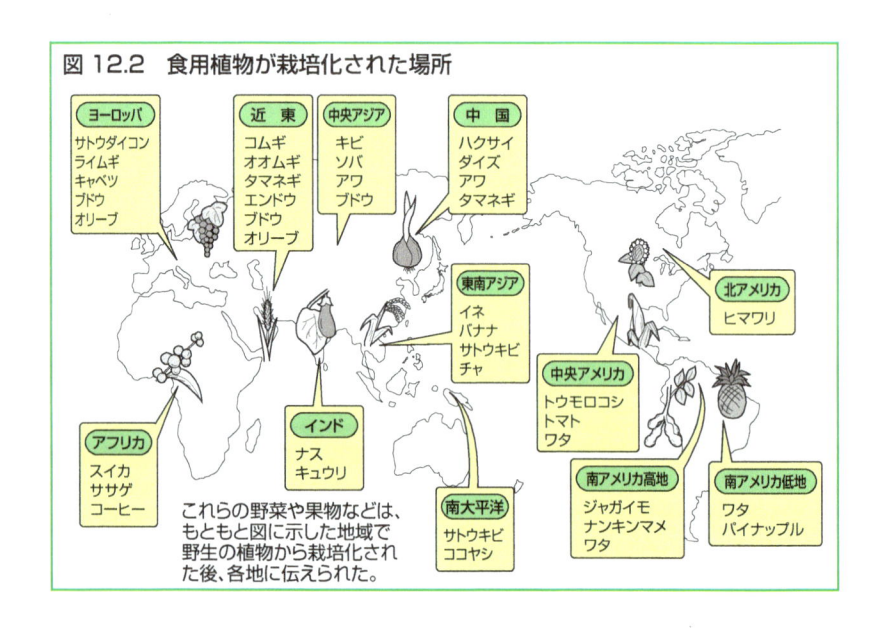

図12.2 食用植物が栽培化された場所

ヨーロッパ
サトウダイコン
ライムギ
キャベツ
ブドウ
オリーブ

近東
コムギ
オオムギ
タマネギ
エンドウ
ブドウ
オリーブ

中央アジア
キビ
ソバ
アワ
ブドウ

中国
ハクサイ
ダイズ
アワ
タマネギ

東南アジア
イネ
バナナ
サトウキビ
チャ

北アメリカ
ヒマワリ

中央アメリカ
トウモロコシ
トマト
ワタ

アフリカ
スイカ
ササゲ
コーヒー

インド
ナス
キュウリ

南大平洋
サトウキビ
ココヤシ

南アメリカ高地
ジャガイモ
ナンキンマメ
ワタ

南アメリカ低地
ワタ
パイナップル

これらの野菜や果物などは、もともと図に示した地域で野生の植物から栽培化された後、各地に伝えられた。

236

後、上下の関係、縦の関係に変わったといえるでしょう。まわりの自然を意識的に管理するようになり、ヒトから人間へと変化したといえるのではないでしょうか。'culture' は「耕すこと」を意味しますが、それはまた「文化」をも意味します。なるほどと思いますね。

## 自給自足農業から近代農業へ

### (1) ある程度までは、生態系を脅かすことはなかった

　農耕と牧畜が始まっても、自給自足農業の段階では、人間の営みは生態系に受け入れられていたようです。農耕地の面積も自分と家族と家畜が必要とするだけの広さに限られていましたし、作物の食用部分以外の多くや、人間や家畜の排泄物は、肥料化して農耕地に戻されて、生態系の物質循環の流れをそれほど妨げることはありませんでした。焼畑農業であっても、数年ごとに場所を移していき、地力が衰えないようにしていたと思われます。このように、人間による農耕や牧畜の影響は、自然の復元力の範囲内であったと思われます。また、日本の場合には、100年ほど前までは大部分（都市部を除いて）がこれに近い状態だったといってよいでしょう。

### (2) 農業の近代化が環境に与えた影響は大きかった

　しかし、近代農業になると、環境に与えるインパクトは非常に大きくなってきました。

**・不自然な農耕地**　　近代農業では、まず、大規模に森林が焼き払われ、農耕地が広大化し、牧場も広がっていきました。いまイギリスを旅しますと、ほとんどが農耕地と牧場で、森林はほとんど見当たりません。その緑の絨毯のような風景は、とてものどかな自然なもののように思えますが、実は不自然なものなのです。それは、農耕地にはたいていの場合、単一の植物だけしか生育していないからです。単一の植物が広大な地域に生育するというのは、自然にはありません。また、この農耕地の状態を維持するのは大変なことです。自然は、条件さえ許せば、どんどん遷移が進行し、草原から森林へと向かってしまうからです。日本の減反で放置されている田んぼをみれば、それはわかるでしょう。

**・除草剤や殺虫剤の使用**　　単純な作物からなる不自然な生態系である農

237

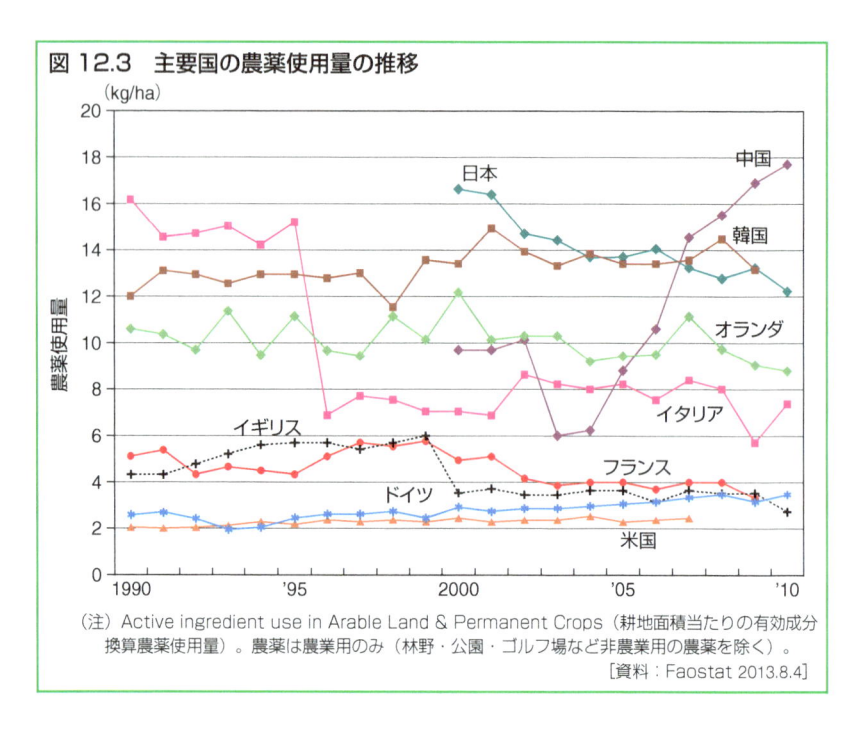

### 図12.3　主要国の農薬使用量の推移

(kg/ha)

（注）Active ingredient use in Arable Land & Permanent Crops（耕地面積当たりの有効成分換算農薬使用量）。農薬は農業用のみ（林野・公園・ゴルフ場など非農業用の農薬を除く）。

[資料：Faostat 2013.8.4]

耕地では、特殊な消費者（草食動物）が爆発的に増える可能性があります。食物連鎖が単純だからです。それを害虫といって人間は嫌い、駆除しようとするのです。複雑化しようとする生態系を単純な状態にとどめるには、人間の力が必要です。小規模の場合は、人間自身の手によって雑草や害虫を除去し、かかしを立て、網を張ってスズメを追うことで済ませられるかもしれませんが、広くなるとそうはいかなくなり、除草剤や殺虫剤に頼らざるを得なくなるのです。しかし、害虫や雑草はこれらに抵抗性を示すようになります（突然変異と選択により）。そして、農薬と害虫とのいたちごっこが始まり、農薬使用量が増え、農薬生産量も増えていきました。わが国についてみると、1949年頃の農薬生産量は30t程度でしたが、1975年頃には700tを超えるまでに増えました。しかしその後は、作付面積の減少、農薬の適正散布の推進によって生産量は低下していきました。

・**食糧自給率の低下**　最近の問題は、わが国の食糧自給率が40%（カロリーベース）台になり、食材を中国などの外国に依存する割合が高くなっていることです。そして、その中国で農薬使用量が急速に増えており（図

12.3）、輸入野菜などのなかにわが国の残留基準値を大きく超えたものがしばしば見つかるということです。食のグローバル化に対応して、検査体制を強化する必要があると思われます。

**・人為的に行われる品種改良**　また、作物や家畜を、より効率よく育てるために、品種改良が行われました。品種改良は、いわば、これらの生物を人為的に変化させていくことです。より生産効率のよい作物、寒さに強い植物、カビや細菌に強い植物、より多く乳を出すウシ、毎日のように卵を産むニワトリなどがつくられていきました。

しかし、近年までの品種改良は、偶然発見された突然変異体の選択と品種間交雑によっていましたから、種の枠から出るものではありませんでした。ところが、近年は、遺伝子組換えによる品種改良が行われるようになりました。これは、種の枠を超えて遺伝子を移し換えるものですから、自然からはかなり離れた、不自然なものと受け取られるのは当たり前のことかもしれません。

**・食料のゆとりが、人間の活動を飛躍させた**　農業と牧畜によって、人間はまず食料の点でゆとりをもつようになりました。そのことを土台に、人間は生産力を中心に、活動を飛躍的に発展させていったのです。しかし、産業革命を経て工業化が進み、近代産業社会として発展する段階になると、自然の乱開発や化石燃料の大量消費と人工化学物質などによって、環境に与えるインパクトは桁違いに大きなものになり、地球上の自然のもつ限界・枠にぶつかる事態になってきたといえるのです。

**くま**「食べ物は大地や海の恵みなんだよ。それを、人間がコントロールしようとするから、よくないことが起こるんだ」

**先生**「安定した暮らしのためには必要なことなんだよ。ただ、生態系への影響をしっかり考えなきゃいけないね」

**くま**「人間は、考えても、きっと間違いを起こすんだ。だって、絶対安全ですといわれていた食品添加物や薬が、10年後には、からだによくないと、判明することがよくあるじゃないか」

**先生**「そうかもしれない。でも、だからこそ、間違いを起こさないよう努力するべきだと言っているんだ。物事には良い面と悪い面が必ずあるってことを、

「くま介もよく肝に銘じておくように」

**くま**「なんで、ぼくが説教されるの？？？？？？」

> ### column　ネオニコチノイド系農薬が怪しい
>
> 　化学殺虫剤が本格的に日本に導入されたのは第二次世界大戦後のことです。その代表がDDTやBHCでした。それ以外にも、さまざまな農薬が開発され使用されるようになりました。これらの農薬は農業生産力を高め、省力化を推進するのに貢献しましたが、同時に毒性、残留性も問題になってきました。それと並行して、パラチオンなどの有機リン系の農薬が使われるようになりましたが、やはり毒性が問題になり、低毒性のものに置き換わっていきました。
>
> 　有機リン系農薬の代わりとして1990年代に開発された農薬がネオニコチノイド系農薬で、これはタバコ葉に含まれるニコチン類似の作用、すなわち神経のシナプス後膜におけるニコチン性アセチルコリン受容体と結合し活性化することで、神経伝達を異常にすることにより殺虫作用を示します。その特徴は、水に溶けて根から葉先まで植物の隅々に行きわたる浸透性が高く、また、害虫に対して「選択的」に効果を発揮するという点です。そして、今では、農業だけでなく、家庭用の殺虫剤としても広く利用されるようになっています。
>
> 　しかし、ネオニコチノイド系農薬の使用拡大と同時期に、世界各地でミツバチの大量死が相次いで報告され始めました。ハチは花粉媒介者として重要であるため、ヨーロッパではいち早く2000年代初頭からネオニコチノイド系農薬の使用を規制する動きが始まり、2013年半ばには、欧州委員会が3種類のネオニコチノイド系農薬の使用について、同年末から2年間の暫定規制を決定しました。この決定は、科学的証拠は十分ではないものの、環境と生命に多大な影響を及ぼす可能性が高いと想定される場合に適応される、「疑わしきは使用せず」という予防原則に基づいたものです。
>
> 　ネオニコチノイド系の農薬は、長期的な毒性やヒトを含む生態系への影響はほとんどわかっておらず、安全性もはっきりしないまま、使われはじめ、使用量が増していきました。しかし、最近、鳥類や哺乳類への影響に関

する報告をはじめ、ヒトへの影響も徐々に明らかにされつつあります。こうして、ヨーロッパでは規制が進んでいますが、日本ではこの農薬の問題への認識が低く、現時点（2014年）で、ネオニコチノイドの使用そのものに対する規制がないうえ、使用量の規制緩和が行われるなど他の先進国とは逆の動きもみられます。また、残留基準の値もヨーロッパの数倍から数百倍に達する場合が多いため、日本の生態系に大きな影響を与えている可能性がありますし、洗っても落ちないことからこれらの野菜を摂取することで、人体への影響も懸念されます。予防原則を踏まえた早急な対応が望まれます。

## 人工化学物質の光と影

### (1) 人工化学物質合成の始まりから工業化時代へ

人間が有機物（炭素を骨格とする化合物）の人工合成に初めて成功したのは1828年ドイツのヴェーラーによってでした。無機物のシアン酸アンモニウムから尿素を合成したのです。

しかし、実際に、人工化学物質が人々の生活に影響を与えるようになるのは、有機物が工業的に大規模生産できるようになってからのことでした。まず、最初に、石炭から乾留（空気を遮断して加熱分解すること）によって燃料としてのガスを得るようになったとき、生じた廃棄物のコールタールから、ナフタリンやベンゼンを分離することに成功しました。さらに、1856年にイギリスの若い学生のパーキンが、コールタールを原料に、薄紫色の人工染料第1号の合成に成功しました。それまでは、染料といえば、昆虫や貝や植物からの天然染料しかなかったのです。このパーキンの大成功に刺激されて人工化学物質の合成はブームになり、鎮痛剤のアスピリンなどが合成されるようになりました。

こうして、石炭を原料とする有機合成工業は20世紀に入ってますます成長していきました。さらに、20世紀の後半には、より扱いやすい石油を原料とする石油化学時代に突入し、あっという間に、人間の生活の隅々まで、人工化学物質が入り込むようになりました。そして、衣食住のすべての面で、さまざまな恩恵を人間にもたらしたのです。

## （2）有機塩素化合物の大量生産と大量消費

　人工化学物質の中で、20世紀に大量に生産・使用され、残留して問題化したのは有機塩素化合物（塩素が結合した有機物）でした。殺虫剤のDDTやBHC、除草剤の2,4-D、そして絶縁体などに多用されたPCB、プラスチックの塩化ビニル、冷媒などに用いられたフロンなどがそれにあたります（図12.4、表12.1）。

　なぜ、有機塩素化合物がつくられるようになったのでしょうか？　ほんとは、当時欲しかったのは苛性ソーダ（水酸化ナトリウム、NaOH）のほうだったのですが（石鹸やパルプの製造に欠かせないから）、それは食塩水（NaCl）の電気分解で得られました。しかし、電気分解の結果、一緒に有毒で厄介者の塩素（Cl）ガスができてしまいます。そして、この使い道が探されていたのです。ところが、その需要が突然生まれました。当時はちょうど第一次世界大戦中であり、塩素ガスは毒ガス（化学兵器）として大いに有効だったのです。最初に塩素ガスを用いて大成功を収めたのはドイツ軍でしたが、「目には目を」で連合軍側も用い、より強力な有機塩素系毒ガス（イペリットやホスゲン）が開発されました（p.254）。

　第一次世界大戦が終わると、毒ガスの需要は低下したのですが、各企業は拡大したその生産能力を活用すべく、塩素のはけ口を求めたのでした。こうして、DDTなどの新しい有機塩素系化合物が次々とつくられ、第二次世界大戦（とくに太平洋戦争）で、アメリカ軍などによって軍需用に大量生産・使用されたのです。敗戦後、日本はアメリカ軍による占領が行わ

図12.4　有機塩素化合物の例

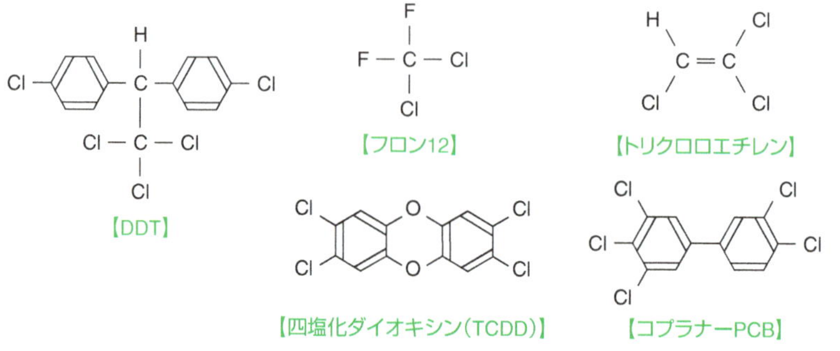

【DDT】　【フロン12】　【トリクロロエチレン】　【四塩化ダイオキシン（TCDD）】　【コプラナーPCB】

**表12.1 合成化学物質に関する過去のおもな出来事**

| 年代 | 出来事 |
|---|---|
| 1828 | ヴェーラー、尿素を合成 |
| 1856 | パーキン、人工染料の合成（有機化学工業の創始） |
| 1874 | ザイトラー、DDT合成 |
| 1888 | 電気分解による塩素製造開始 |
| 1915 | 第一次世界大戦で独軍塩素を毒ガスに使用 |
| 1930代 | フロン、PCBなど製造開始 |
| 1938 | ミュラー、DDTの殺虫効果発見 |
| 1943 | 第二次世界大戦で米軍DDTを大量使用 |
| 1945 | 第二次世界大戦終了。DDT、BHC農薬として使用開始 |
| 1953 | 水俣病発生 |
| 1961 | 西独、サリドマイド奇形の報道 |
| 1962 | レイチェル・カーソン、『沈黙の春』出版 |
| 1963 | カネミ油症事件 |
| 1970 | ベトナム戦争で米軍枯葉作戦、先天性異常の多発（ダイオキシンが原因） |
| 1972 | DDT、BHCなど生産・使用禁止 |
| | ストックホルム「国連人間環境会議」で「人間環境宣言」採択 |
| 1976 | 伊、セベソの農薬工場爆発、ダイオキシン広範囲に汚染 |
| 1984 | インド・ボパール化学工場でイソシアン酸メチル漏出事故（2500人死亡） |
| 1985 | 南極上空にオゾンホール。オゾン層保護（ウイーン）条約採決 |
| 1992 | リオデジャネイロで地球サミット。「アジェンダ21」採択 |
| 1995 | 特定フロン全廃 |
| 1997 | 「環境ホルモン」流行語。京都議定書採択 |
| 2002 | ヨハネスブルグ実施計画による世界共通目標の設定 |
| 2006 | 第一回国際化学物質管理会議（ICCM）開催。国際的な化学物質管理のための戦略的アプローチ（SAICM）採択 |
| 2009 | 第二回ICCM開催 |
| 2020 | SAICM目標年 |

れ、当時の大人や子どもはシラミやノミを殺すためにDDTの粉を頭から直接かけられたのでした。そして、DDTの殺虫効果を明らかにしたスイスのミュラーは1948年にノーベル生理学・医学賞をもらったのでした。

### (3) 環境汚染と『沈黙の春』

DDTやBHCなどの殺虫剤は、虫には効くけれども「人畜無害」であると一般大衆には宣伝され、ほとんどの人が信じたのです。ところが、1962年にアメリカのレイチェル・カーソンが『沈黙の春（Silent Spring）』を出版しました。この本は、少なくとも大学生ならば誰でも一度は読んでほし

い古典的名著ですが、世界に農薬の害について警鐘を鳴らしたのでした。

彼女は、有機塩素系や有機リン系の農薬が、鳥や魚を殺し、人間の神経系を侵し、ついには死をももたらす元凶であるとして糾弾しました。また、もう1つの重大問題である生物濃縮による生態系破壊についても警鐘を鳴らしたのでした。鳥や獣が死んだり奇形になったりする条件は、いつかは人間に跳ね返ってくる、とカーソンは予言し、その後実際の調査で続々とそれが事実であることが確認され、殺虫剤などの「人畜無害」はまったくの誤解であることを、多くの人が認識するようになったのでした。

当時わが国では、水俣病をはじめとする公害が社会問題になっていました。またベトナム戦争では「枯葉作戦」と称してアメリカ軍により大量の除草剤（2,4,5-T）が撒かれ、その中には史上最強の猛毒といわれるダイオキシンが混入していたことが明らかになり（のちに奇形児・脳障害児多発の原因として疑われるようになった）、人工化学物質による環境汚染の問題がクローズアップされてきていました。

こうして、1971年頃から、催奇性、発がん性が疑われて、DDT、BHC、PCBなどの有機塩素系化学物質の生産・使用が次々と禁止されていきました。しかし、発展途上国によっては、これらの禁止農薬がまだ使用されており、輸入作物や魚に高濃度に残留していることが発覚することが後を絶ちません。

### （4）フロンガスによるオゾン層破壊

1982年頃から南極上空のオゾン層が薄くなっていることがわかり、オゾンホールと呼ばれるようになりました。調べてみると、南極以外でもオゾン層の薄いところが見つかり、オゾンスポットといわれています。1985年になってその原因物質としてフロン（クロロフルオロカーボン）が疑われるようになり、実際にオゾンホールで塩素の存在が確認されて、その疑いはきわめて濃厚になりました。

フロンはそれこそ「人畜無害」の物質です。安定な物質なので、普通の条件の下では反応性がなく、毒性はまったくないといえるのです。それで、コンピュータ部品の洗浄剤、クーラーの冷媒、スプレーの増圧剤などとして広く使われてきました。ところが、これが成層圏のオゾン層にまで上がっていくと、強い紫外線によってフロンから塩素が切り離され、この塩

素が触媒的にオゾン（$O_3$）を酸素（$O_2$）に変えてしまうのです。オゾン層が破壊されると、生物に有害な紫外線の地表面への透過量が増加し、皮膚がんなどの発生頻度が著しく高くなります。「人畜無害」の物質は「全生物に有害」だったのです。

　そこで、1987年にモントリオール議定書が採択され、その後5回にわたって議定書の規制措置の強化が行われ、先進国では1995年末に特定フロンは全廃となりました。日本は1988年にオゾン層保護法を公布して、フロン規制に取り組んでいます。しかし、規制は強化されているものの2000年には過去最大のオゾンホールが観測されました。気象庁によりますと、2013年のオゾンホールの年最大面積は、過去（2003～2012年）の平均と同程度の大きさだったとのことです。

### （5）内分泌攪乱化学物質

**・内分泌攪乱化学物質とは？**　内分泌攪乱化学物質は「環境ホルモン」という俗称で呼ばれ、さらに正式には「外因性内分泌攪乱化学物質」といわれます。殺虫剤や防カビ剤、除草剤などの人工化学物質の中に、微量であたかもホルモン、特に女性ホルモン（エストロゲン）のように働くものがあることがわかってきました。それには、DDT、PCB、ノニルフェノール、フタル酸エステル（プラスチックの可塑剤）などが含まれます。

**・内分泌攪乱化学物質の作用のしくみ**　内分泌攪乱化学物質は、ホルモンの受容体に結合して、ホルモンと同様の効果をもたらしたり、本来のホルモンの作用を妨げたりするものです。ですから、本来は精巣が形成されるように遺伝子が働くべきなのに、それを卵巣にしてしまうとか、脳を雄化すべきときに、雄化しないなどの間違いが起こったりするのです。生殖機能を損なうような影響は、世代を越えて及ぶもので、その種の存続にもかかわるものであり、ヒトという種もまた例外ではないことを忘れてはならないと思います。

**くま**「気が重い話だね。はっきり言わせてもらうけど、このままいくと、人間が滅びるのも、時間の問題じゃないの？　人間だけならいいけど、クマまで巻き添えを食うのは嫌だな」

**先生**「そうならないよう、地球規模でいろいろと取り組んでいるんだ」

**くま**「怪しいもんだな。どうせ、計画倒れじゃないの？」
**先生**「今から話をするから、ちゃんと聞きなさい」

# 地球温暖化

### (1) 地球温暖化とその原因

　大気中の $CO_2$（二酸化炭素）は、ここ 1000 年ほどは年平均値で 280ppm（0.028％）でほぼ一定だったのですが、19 世紀頃から上昇しはじめ、20 世紀後半になってその速度が急激になりました（図 12.5）。産業の発達に伴い、エネルギーの需要が増し、化石燃料の消費が増大したからです。

　2013 年には $CO_2$ 濃度は 396ppm に達しました。このまま上昇を続けると 21 世紀末には 280ppm の 2 倍に達すると推定されています。もしそうなると、平均気温は約 2.5℃上昇すると計算されています。もう説明するまでもないかと思いますが、$CO_2$ は温室効果をもたらすからです。温室効果というのは、太陽の可視光線は透過させるが、地面からの輻射線の赤外線は吸収・反射するので、空気が温まるという現象です。温室効果ガスには、$CO_2$ のほか、フロンやメタンなどもあります。そして、過去の 100 年間に $CO_2$ などの増加によってすでに 0.6℃の気温の上昇があったことがわかっています。地球温暖化は進んでいるのです（図 12.5）。温暖化によって、地球の各地で気候が大きく変動し、極地の氷が溶けて海水面が上昇するなどの変化（p.249）が起こることは、まず間違いがないのです。

### (2) 京都議定書

　1997 年 12 月、気候変動枠組条約第 3 回締約国会議（いわゆる地球温暖化防止京都会議、COP3）が開催され、先進国を中心に $CO_2$ の発生量を減少させることを骨子にした京都議定書が採択されました。その内容は 1990 年を基準にして、2010 年までに $CO_2$ 発生量を EU は 8％、アメリカは 7％、日本は 6％減らそうというものでした。これは人類史上画期的な出来事だったと僕は思います。これまで人類の活動は膨張の一途をたどり、エネルギー消費も増え続けてきたのを、ここでブレーキをかけようというのですから。

　ところが、2001 年、アメリカが京都議定書から離脱してしまいました。$CO_2$ の全排出量の 1/4 を排出していたアメリカが抜けたのは本当に大きな

## 図 12.5 大気中の二酸化炭素濃度と気温の変化

### A. 二酸化炭素濃度の変化（1980年代以降）

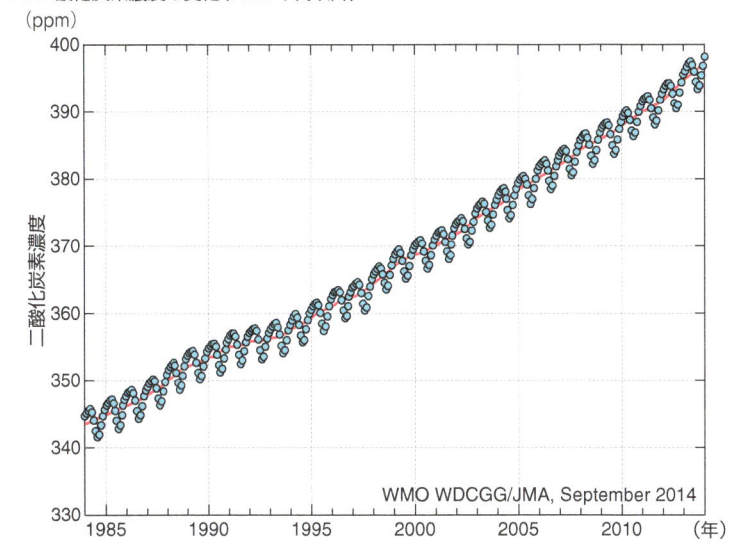

[温室効果ガス世界資料センター（WDCGG）のデータを統計的手法で解析し、それにより求められた地球全体の二酸化炭素濃度（WDCGG解析値）の経年変化。気象庁HPより]

### B. 世界の年平均気温偏差

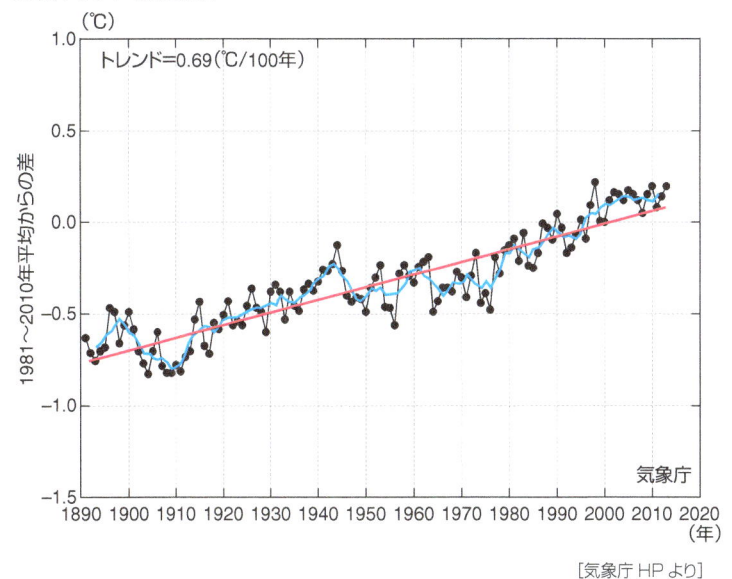

トレンド＝0.69（℃/100年）

[気象庁HPより]

痛手でしたが、日本を含む他の国は議定書を批准し、これを守る取り組みを行い、それなりの成果を上げました。これを継承する取り決めとして、現在、(2014年)ポスト京都議定書の内容が話し合われています。京都議定書の削減対象期間である2008～2012年以降の、世界の温室効果ガス削減の枠組みとして議論されています。

### (3) 地球温暖化防止の取り組み

地球温暖化防止のためには、先進国は、①石油や石炭から、効率のよい天然ガスに切り替える、②炭素税を導入して、排出量を減らす、③資源循環型（省エネ型）社会へ移行する、④$CO_2$吸収源として植林を行う、⑤$CO_2$を排出しない発電（燃料電池、太陽光発電、風力発電など）を増やす、などの取り組みを行うことが必要です。また、そのためには、1人1人のライフスタイルを省エネ型に変えることも重要です。自動車にあまり乗らないとか、ゴミを出さないとかも大事ですね。

また途上国は、人口の増加を抑制し、先進国が歩んだのとは異なる省エネ型の発展を目指すことが望まれます。

**くま**「ふむふむ、わかってきたぞ。いくらがんばって会議しても、協力しない国がいたり、実行しない国があっては、意味がないんだ」

**先生**「そこを、なんとか一致して取り組もうと、努力しているんだよ」

**くま**「最近、冬だっていうのに、あまり寒くないし、霜柱も都会じゃめったに立たなくなったそうじゃないか。シロクマのブラック君からのメールによると、どんどん北極付近の氷が溶けているし（図12.6）、永久凍土が溶けて大きな湖ができたりしているんだって。それに、環境が変わって餌なども獲れなくなったんだって。かわいそうじゃないか、先生」

**先生**「そうだねぇ。動物たちも大きな影響をこうむっているんだね」

**くま**「戦争なんかしている場合じゃないんじゃないの？」

**先生**「クマに説教されるとは……」

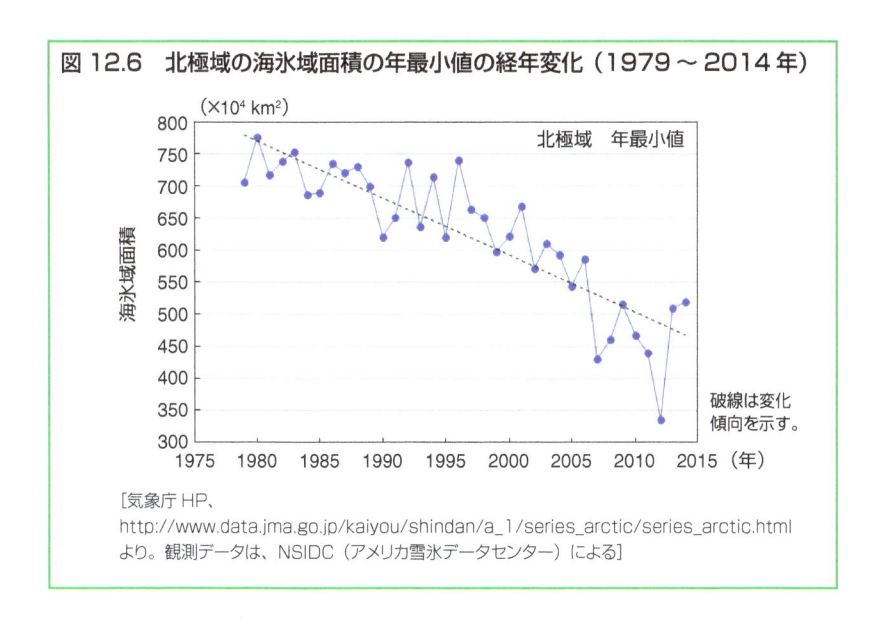

図 12.6　北極域の海氷域面積の年最小値の経年変化（1979～2014年）

[気象庁 HP、
http://www.data.jma.go.jp/kaiyou/shindan/a_1/series_arctic/series_arctic.html
より。観測データは、NSIDC（アメリカ雪氷データセンター）による]

## 大気汚染の問題は解決したわけではない

　工場や火力発電所・自動車によって化石燃料を燃焼させると、$CO_2$ 以外にも、硫黄酸化物（$SOx$、おもに $SO_2$）や窒素酸化物（$NOx$）が大気中に排出されます。これが大気中で変化し、雨水や雪に溶け込んで酸性度の高い雨（酸性雨）や雪を降らせることになるのです。

　ヨーロッパやアメリカでは、酸性雨によって湖沼の魚介類が死滅したり、森林が枯れたりする被害が出ています。また、日本でも、各地で酸性雨が観測されており、生態系への影響が心配されています（2008～2012年の全国31地点の調査（環境省）では、平均値で pH4.58～5.21）。国立環境研究所の調査では、日本で観測される $SOx$ のうち49%が中国起源のものとされ、続いて日本21%、火山13%、韓国12%とされています。酸性雨の問題の解決には国際的な協力が必要で、東アジアでは東アジア酸性雨モニタリングネットワーク（EANET）が、2000年から活動を始めています。広い範囲に影響を及ぼす環境問題である酸性雨問題に関して、共通の手法で状況を調べ、情報を提供し、対策の協力を推進するために、日本がイニシアチブをとって東アジアでつくった枠組みです。

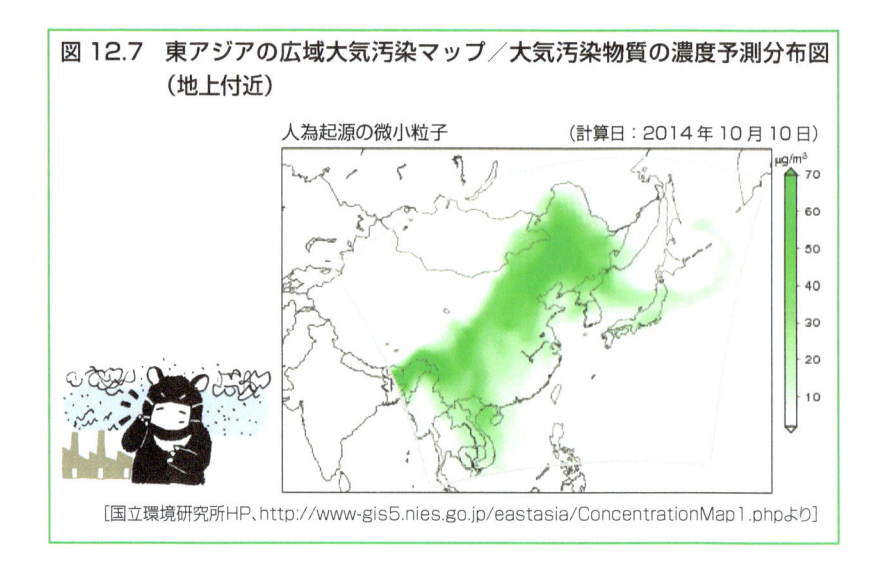

**図 12.7 東アジアの広域大気汚染マップ／大気汚染物質の濃度予測分布図（地上付近）**

人為起源の微小粒子　　　　（計算日：2014年10月10日）

[国立環境研究所HP、http://www-gis5.nies.go.jp/eastasia/ConcentrationMap1.phpより]

　近年、中国の経済成長が著しく、その工業生産の活発化に伴って、大気汚染が深刻化しています。北京や上海などの都市がスモッグに覆われ、人々のマスク姿が目立ちます。そして、PM2.5（微小粒子状物質）の高い値が観測されています。PM2.5というのは、おもに、燃焼で生じた煤、風で舞い上がった土壌粒子（黄砂など）、工場や建設現場で生じる粉塵のほか、燃焼による排出ガスや石油からの揮発成分が大気中で変質してできる粒子など（直径 2.5μm 以下のもの）からなります。そして、これは中国からの偏西風に乗って、韓国、日本へとやってきます（図 12.7）。PM2.5 は呼吸器系の病気（喘息など）を引き起こします。このように、大気汚染の解決には国際的な協力が不可欠なのです。

　くま介が最近生意気だった。人間が地球の環境を破壊しているという話に、どうもイラついているらしい。さかんにインターネットを使って、何かを調べたり、打ち込んだりしている。

**先生**「ずっと、コンピュータの前で疲れないかい？」
**くま**「兵器だよ。いや平気だよ。ぼくは今、全生物に向かって、地球の危機について発信しているんだ。なんせルポライターだから」
**先生**「全生物ね。確かに、今、人間の営みが世界中の他の生物の生活に影響を与

えているからね」

**くま**「今だけじゃない！　将来もっと深刻な事態になるかもしれないんだ！」

## 生物の多様性が失われていく

　人類は、産業革命以後、産業の発達や科学技術の進歩に伴って、生活を豊かにしてきましたが、それとともに人口が急激に増加しました。20世紀のはじめに20億人以下であった世界の人口は、20世紀の終わりには60億人に達しました。その結果、人間の生活が地球全体の生態系にさまざまな影響を与えるようになってきたのですが、ほかの生物に対する影響も大きなものがあります。

### (1) 野生生物の絶滅

　野生生物の絶滅の速度は、恐竜時代には1年間に0.001種だったものが、1975年以降1000種、2000年には40000種に達しているといいます。実に1日100種類を越えるスピードで種が絶滅していっているのです（表12.2）。現在同定されている野生生物は約160万種ですが、まだ同定されていないものを含めると、約2000万種に達するのではないかと考えられています。その分布は、寒帯に1～2％、温帯に13～14％、そしてわずか7％の面積しかない熱帯に74～86％と推定されています。

表12.2　種の絶滅速度

| 区　分 | 速度(種／年) |
|---|---|
| 恐竜時代 | 0.001 |
| 1600～1900年 | 0.25 |
| 1900年 | 1.0 |
| 1975年 | 1,000 |
| 2000年までの平均 | 40,000 |

（マイヤース、1979）

　絶滅の要因（表12.3）は、今はもっぱら人間の産業活動によるといえるでしょう。具体的には、都市化や耕地化、森林崩壊などによる生息環境の悪化、乱獲、侵入種の影響などがあります。

　乱獲を防止するために、「ワシントン条約」、正確には、「絶滅の恐れのある野生生物の国際取引きに関する条約」によって野生生物の売買が規制されています。その対象となっているのは動物が約3000種、植物が3万種と、その生物由来の製品ですが、加盟各国が留保品を設定しており、日本の留保品は世界で最も多いとのことです。みなさんも、海外旅行で鼈甲製品やワニ皮のバッグなどを買ってきて、思いがけなく税関で指摘されるこ

**表12.3 脊つい動物の「絶滅の危機」の要因とその内訳（1600年以降）**

| 要因 | 生息環境の破壊・悪化 | 乱獲 | 侵入種の影響 | 食物不足 | 作物、家畜の加害者としての殺害 | 偶発的な捕獲 |
|---|---|---|---|---|---|---|
| 魚類 | 127 | 19 | 64 | 2 | — | 1 |
| 両生類 | 27 | 10 | 5 | 1 | — | — |
| 爬虫類 | 40 | 47 | 13 | 1 | 2 | 4 |
| 鳥類 | 102 | 53 | 49 | 1 | 2 | — |
| 哺乳類 | 153 | 121 | 14 | 20 | 17 | 7 |
| 合計（%） | 449（67） | 250（37） | 127（19） | 25（4） | 21（3） | 12（2） |

［IUCN（国際自然保護連合）調べ］

＊合計の%は $\frac{当該要因により「絶滅の危機」にある種類数}{「絶滅の危機」にある全種類数} \times 100$ であり、1つの種について複数の要因があるため合計は100%にならない。

とのないように気をつけてください。

### （2）いろいろな生物が存在したほうがいい

では、なぜ生物が絶滅してはいけないのでしょうか。理由は3つあると思います。

まず、生物はどの種も生態系の一員としてそのバランスに役立っているので、構成種が単純化することは生態系を不安定にし、人間もその影響をこうむるということ、2つ目は、人間が病気の治療などに効果のある有効成分を得る対象としての遺伝子資源として必要だということ、3つ目は野生生物の多い多様な自然環境は、単純化・人為化された環境に生活する人間の人格形成に不可欠であり、自然遺産として後世の子どもたちに残していかなければならないことです。

---

### column 日本トキの絶滅とその後の取り組み

トキは、学名を *Nipponia nippon* といい、その名の通り日本中にいた日本を代表する鳥でした。しかし、19世紀後半になって、その美しい羽毛が狙われて撃たれ、農家からは水田を荒らすと嫌われ、さらに20世紀後半になって、自然破壊や環境悪化のために絶滅の危機におちいり、1981年に佐渡にいた最後の5羽が人工増殖のために捕獲されましたが、結局繁殖はうまくいかず、2003年10月、ついに日本トキは絶滅し

> ました。
> 　しかし、中国には日本トキとDNAが非常に似かよったトキが細々と生息していました。それで、佐渡トキ保護センターでは、1999年に中国からつがいのトキをもらい受けて繁殖に取り組み、2007年には合計122羽にまで殖やすことに成功したのです。
> 　2007年からは野生に復帰させる取り組みが行われ、2008年に最初の試験放鳥（10羽）が行われました。2014年1月までに142羽が放鳥され、72羽の生存が確認されています（野生での誕生22羽、半数ほど生存確認）。今後、本当に定着に成功するかどうか、まだまだいろいろ問題を解決していかなくてはなりません。

　大晦日がやってきた。昼前に、娘と妻は恒例のオーストラリア年末年始旅行にでかけた。くま介は、コンピュータの前に座りっぱなしで、僕の話を聞こうともしない。この一年はなんだったのだろう。

**先生**「くま介よ。ルポは進んでいるのかい」

**くま**「うん。もうちょっと、あと、何かが足りないんだなあ。クマには思いつかないや。先生何か話をし忘れていない？」

**先生**「そういう言い方はないだろう。庭の掃除でもしてきなさい」

　くま介はしずしずと下がっていった。しかし、5分後、ふと見ると、ドアからくま介が顔を半分出して、こっちを覗いている。

**くま**「カラスが家の前で見張っていて、庭に出られません。怖くて、いや、ぼくは戦うのは嫌いなのです。あの、状況変化を待っていますので、その間に、戦争で地球がどういう影響を受けたか教えていただければと思うのですが。ぼくが知りたかったことは、このことです」

## 戦争と環境破壊

　人間が地球に与えてきた影響として取り上げるべきものは、まだまだあるのですが、今回は、戦争が地球に与えた影響について述べたいと思います。

　人類の歴史では、世界の各地で戦争が繰り返されてきました。戦争は、

多くの人命を奪うとともに、田畑の荒廃や住宅・都市の破壊など、多くの犠牲を伴うものでした。しかし、19世紀までは、少なくとも生態系の破壊を伴うような大規模なものではなかったといえるでしょう。

ところが、20世紀に入って、近代兵器の発達に伴い、核兵器、生物化学兵器など、大規模に使用すれば人類すべての生存をも脅かす兵器が出現し、戦争による環境破壊の様相は一変しました。ベトナム戦争での枯葉剤の使用、湾岸戦争での油井破壊による原油の流出と火災など、地球規模の環境破壊にまで発展したといえます。

### (1) 生物化学兵器の使用　～生物兵器と化学兵器

生物兵器と化学兵器はBCW(Biological, Chemical Weapon；生物化学兵器)と総称されます。ときには、核兵器も合わせて、ABC兵器（Atomic, Biological and Chemical Weapon）と呼ばれます。生物兵器と化学兵器は、設備や原料に大してお金をかけないで、大変な威力の兵器をつくりだせますので、「貧者の核兵器」とも呼ばれています。

・**生物兵器とは？**　　生物兵器は、人畜および植物を死滅させたり、発病させることを目的に用いられる微生物（細菌、ウイルス、真菌など）や生物毒素などの兵器です。製造に高いコストがかからず、小規模な設備で可能で、禁止条約を締結しても査察がきわめて難しいものです。2001年にアメリカでは、郵便物に入れた炭疽菌によるテロがありましたが、炭疽菌は1トンで$100km^2$以内の住民を敗血症に陥らせることができるといわれています。また、最近では、遺伝子組換えの技術を用いて、より強力な生物兵器をつくりだすことが可能になっています。

・**化学兵器とは？**　　化学兵器は、致死剤、無能力化剤、対植物剤などの化学物質の兵器です。第一次世界大戦では約30種類の化学兵器が用いられ、多くの死傷者を出しました。第二次世界大戦中にはドイツ、日本などで開発が進められましたが、本格的な使用には至りませんでした。しかし、1995年、わが国で、宗教団体のオウム真理教による地下鉄サリン事件が起こり、多くの人が被害を受けたのでした。この神経ガスのサリンは、$0.1mg/m^3$を混ぜた空気に30秒触れただけで15分以内に95％の致死率を示すとされています。

・**戦争と生物化学兵器**　　ベトナム戦争では枯葉剤として2,4-D、2,4,5-Tな

どが大量に使用され、生態系を大規模に破壊したほか、微量に含まれるダイオキシンによる妊婦への影響など深刻な被害を及ぼしました。先天性奇形や奇形死産も高頻度に起こったことが報告されています。また、イラン・イラク戦争（1980〜1988年）では、イペリットなどが使用されました。

また、最近（2013年）のシリア内戦で、政府軍の反政府軍への攻撃により1500人以上が亡くなった際に、化学兵器（神経ガスのサリンと思われる）が使われた疑いがあると、ニュースになりました。

戦争における生物化学兵器の使用を制限する国際的な動きは早くからありましたが、せっかく使用を禁止する条約を締結しても、条約に違反して秘密裏に生物化学兵器の開発を進める国があることが問題です。

まだまだ、生物化学兵器が使用される危険性は消えてはいないのです。

### (2) 核兵器

核兵器の恐ろしさは説明するまでもないかもしれません。現在保有されている核兵器の半分が使用されたとすると、7億5000万人が即死し、その後100年にわたって、がんなどの健康被害が続くだけでなく、世界の油田や森林が燃え上がり、その煙が太陽光を遮り、「核の冬」が到来して、農業が壊滅し、水も汚染され、生態系が崩壊して、餓死者は10億人以上にのぼるとの予測が出されています。この予測には含まれていませんが、核兵器で原子力発電所が爆撃を受けると、原子炉から放出される放射能は核兵器で出されるものを上回る危険性が指摘されています。チェルノブイリや福島の被害どころの規模ではないのです。

いかなる名目であれ、戦争ほど人類と地球に対して与える損害の大きいものはないということを、強く訴えたいと思います。

---

column **福島第一原発事故と森林生態系**

2011年3月に起こった福島第一原発の事故によって、チェルノブイリ原発事故（1986年）の約1/6の放射性物質が放出されました。これまでに大気中に放出された放射性物質は、風に乗って移動、拡散しました。

陸上環境に拡散した放射性物質は主として降水とともに地表面に沈着

し、そこから放たれる放射線によって空間線量率（地上での放射線の量）が高くなり、外部被曝線量の増加をもたらしています。放射性物質は時間とともに田畑、森林などの生態系に移行し、一部は農作物や野生生物などの体内にも取り込まれ、人間の内部被曝の原因になります。

　原発の事故によって多くの種類の放射性物質が放出されました。ヨウ素131は、半減期が8日と比較的短いのですが、放出量が多かったために、被曝を考慮しなければなりません。特に、人体に取り込まれたヨウ素は甲状腺に蓄積するため、甲状腺の内部被曝によって、甲状腺がんを引き起こします。

　しかし、ヨウ素131など半減期の短いものは急速に消失しますが、被曝が問題となるのは、半減期の長いセシウム137（半減期30年）とセシウム134（半減期2年）です。

　日本は国土の60%以上を森林が占め、福島県に限れば71%が森林で覆われています。放出されて地表に沈着した放射性セシウムの大部分が森林に存在し、長期間残留する可能性があり、外部被曝に寄与したり、林産物に長期にわたる影響が出ることが懸念されます。

　森林に入って来た放射性セシウムは、森林生態系の物質循環に伴って移動します。その結果、森林のキノコや植物中の放射性セシウムは比較的高濃度に維持される可能性が高いのです。したがって、森林の除染はきわめて困難といわなければなりません。

　葉への付着物質は、降水によって次第に地表へと洗い落とされます。また、落葉は、葉に付着したセシウムを伴って地面へと移動します。落ち葉は有機物ですから、やがて土壌動物や微生物の活動によって分解されていきますが、その過程で、含まれていた放射性セシウムは微生物などに移行するか溶け出します。溶け出した放射性セシウムは、落ち葉層の下の土壌へと移行します。

　土壌へ移行した放射性セシウムは、樹木の根から吸収され、樹木の中を移動して葉に至ります。葉の一部はダニ、昆虫などに食べられ、食物連鎖に入っていきます。その過程で生物濃縮が進行します。落葉が始まると、また森林土壌の最表層へ戻ることになります。このような循環の中で放射性セシウムは保持され、森林の外部には出にくい状態となるのです。

　森林は林業の場であると同時に、燃料や堆肥、キノコや山菜等の供給源

です。森林の汚染は、これらの林産物を利用する生活や産業に大きな影響を与えます。

福島第一原発事故の後、野生キノコや山菜の一部（ゼンマイやワラビなど）で高い放射性セシウム濃度が検出されました。同様に、イノシシやシカなどの野生動物においても高い放射能が検出されました。

ヒトでも外部被曝と内部被曝が増えれば、確実にがんの発生率が高まります。

過小評価や過大評価することなく、生態系への影響の実態を科学的に調べ、ヒトへの影響も明らかにされなければならないと思います。

●●●●●

除夜の鐘が鳴っている。

僕はテレビを見ながら1人で年越しそばを食べていた。くま介は、夕方庭で掃除をしているうちに、何を思ったか、「暗くならないうちに、森に里帰りします(+_+)。」などというメールを残して、突然家を出たのだ。

自分の森が放射能に汚染されていないか調べに行ったのだろうか。それとも、さすがに正月は家族で過ごすのだろうか。また新年に戻ってきたら、一緒に『クマでもわかるヒトの生物学』という本を書いてみるか。やけに心がおだやかだった。

突然テレビが騒がしくなった。新年カウントダウンの始まりだ。チャンネルを替えると、そこには、不思議な光景が。見慣れたクマが背広を着てスタジオに座っているではないか。なに？「生物学研究家 くま介先生」だと？

**司会者**　「これから一年間、くま介先生には、『ヒトの生物学』について、講義をしていただきます。1月の遺伝子から始まり、12月は環境問題ですね」
**くま介**　「単調なしゃべり方にならないようにします」

くま介がカメラに向かって、ウインクしたような。

●●●●●

そして目が覚めた。

## おもな引用文献・参考文献

**全般**　　　『好きになる生物学 第2版』吉田邦久、講談社
　　　　　　　『視覚でとらえるフォトサイエンス　生物図録（新課程）』 鈴木孝仁（監修）、数研出版
　　　　　　　『放送大学教材　人間の生物学』 新井康允・近藤洋一、放送大学教育振興会

**1月・2月**　『ヒトゲノムの未来』ネイチャー特別編集、徳間書店
　　　　　　　『ヒトゲノム』榊佳之、岩波新書
　　　　　　　『図解　ヒトゲノムのことが面白いほどわかる本』大朏博善、中経出版
　　　　　　　『ゲノムは人生を決めるか』福田哲也、新日本出版
　　　　　　　『遺伝子問題とは何か』青野由利、新曜社
　　　　　　　『DNA鑑定入門』石山いく夫・吉井富夫、南山堂
　　　　　　　オーダーメイド医療の実現プログラム（http://www.biobankjp.org/index.html）

**3月**　　　『オスの戦略メスの戦略』長谷川真理子、NHK出版
　　　　　　　『男脳と女脳こんなに違う』新井康允、河出書房新社
　　　　　　　『脳の性差－男と女の心を探る』新井康允、共立出版
　　　　　　　『利己的遺伝子とは何か』中原英臣・佐川峻（講談社ブルーバックス）、講談社
　　　　　　　『恋愛遺伝子』山元大輔、光文社

**4月**　　　『クローン動物はいかに創られるか』今井裕、岩波書店
　　　　　　　『人クローン技術は許されるか』御輿久美子、緑風書店
　　　　　　　『クローン技術』 クローン技術研究会、日本経済新聞社
　　　　　　　『ES細胞』 大朏博善（文春新書）、文藝春秋社
　　　　　　　『人の体はどこまで再生できるか？』小野繁（講談社ブルーバックス）、講談社

**5月・6月**　『脳内物質が心をつくる』石浦章一、羊土社
　　　　　　　『脳の不思議』伊藤正男（岩波科学ライブラリー）、岩波書店
　　　　　　　『ニューロンから心を探る』櫻井芳雄、岩波書店
　　　　　　　『ビジュアル　人体データブック（別巻2）：驚異の小宇宙・人体、NHKサイエンス・スペシャル』NHK取材班、立木義浩（写真）
　　　　　　　『脳学』石浦章一、講談社
　　　　　　　『遺伝子が明かす脳と心のからくり』石浦章一、羊土社
　　　　　　　『生命にしくまれた遺伝子のいたずら』石浦章一、羊土社

**7月**　　　『病気の社会史』立川昭二、日本放送協会
　　　　　　　『人と病気の社会史』山口彦之、裳華房

『細菌の逆襲』吉川昌之介（中公新書）、中央公論新社
『感染症が危ない』生田哲、光文社
『エイズの生命科学』生田哲（講談社現代新書）、講談社
『好きになる免疫学』萩原清文、多田富雄（監修）、講談社
『がんの健康科学』小林博・近藤喜代太郎、放送大学教育振興会
人口動態調査、厚生労働省
科学的根拠に基づく発がん性・がん予防効果の評価とがん予防ガイドライン提言に関する研究、国立がん研究センター（http://epi.ncc.go.jp/can_prev/evaluation/2832.html；Ann Oncol.,23(5):1362-9, 2012）

8月
『「食べ物情報」ウソ・ホント』高橋久仁子（講談社ブルーバックス）、講談社
『ヒトの栄養・動物の栄養』星野貞夫、大月書店
『AERA　MOOK　食生活学がわかる。』朝日新聞社
『死の病原体　プリオン』リハード・ローズ、草思社
『遺伝子組換え食品』川口啓明・菊地昌子（文春新書）、文藝春秋社
『よくわかる遺伝子組換え食品』渡辺雄二、KKベストセラーズ

9月
『肥満遺伝子』蒲原聖可（講談社ブルーバックス）、講談社
『生体の調節』長野敬、岩波書店
『ホルモンのしくみ』大石正道、日本実業出版社

10月
『ヒトはどうして老いるのか』田沼靖一、ちくま新書
『老化とは何か』今堀和友（岩波新書）、岩波書店
『老化時計』白澤卓二（中公新書）、中央公論新社
『活性酸素の話』永田親義（講談社ブルーバックス）、講談社
『痛快！　不老学』後藤眞、集英社
『死の科学』品川嘉也・松田裕之、光文社
『われわれはなぜ死ぬのか』柳澤桂子、草思社

11月
『ヒトはいつから人間になったか』R.リーキー、草思社
『DNA人類進化学』宝来聰、岩波書店
『分子人類学と日本人の起源』尾本惠市、裳華房
『日本人の起源の謎』山口敏（監修）、日本文藝社

12月
『沈黙の春』レイチェル・カーソン（新潮文庫）、新潮社
『奪われし未来』シーア・コルボーン、翔泳社
『しのびよるダイオキシン汚染』長山淳哉（講談社ブルーバックス）、講談社
『恐るべきフロンガス汚染』泉邦彦、合同出版
『地球環境が危ない』増田善信（新日本新書）、新日本出版社
『データガイド地球環境』本間慎（監修）、青木書店

# 索　引

### 《あ行》
アウストラロピテクス　225
赤の女王仮説　43
アセチルコリン　116
アデニン　5
アドレナリン　179
アポトーシス　36, 65, 208
アミノ酸配列　8
アルカリ性食品　163
アルツハイマー型認知症　203
アレルギー　140
アンドロゲン　41, 47, 50
遺志　88
遺伝　3
遺伝子　25
　──の数　22
遺伝子組換え作物／食品　169, 171
遺伝子検査　34
遺伝子診断　31
遺伝子治療　34
医薬品の開発　71
インスリン　175, 180
インターフェロン　137
イントロン　9, 24
院内感染　135
インパルス　82
インフルエンザウイルス　133
ウイルス　132, 136
ウェルニッケ　98
右脳　98
運動野　94
エイズ　130, 139
栄養素　157
エキソン　24
エストロゲン　48
エピジェネティクス　69
エリスロポエチン　192
エンドルフィン　115
オーダーメイド医療　30
雄性決定遺伝子　40
オゾン層　244

温室効果ガス　246

### 《か行》
概日リズム　108
階層的ショットガン形式　20
海馬　96, 120
外部生殖器　53
顔細胞　91
化学兵器　254
覚醒剤　114
核兵器　255
角膜移植　73
風邪　138
褐色脂肪組織　176
活性酸素　205
カニッツァの三角形　93
カフェイン　118
花粉症　141
ガン　86
がん　143
　──細胞　36
　──抑制遺伝子　36, 144
感覚野　95
環境　124, 234, 237
感染症　130
肝臓　179, 186
偽遺伝子　25
記憶　96
基準値　181
旧口動物　219
共生説　216
胸腺　201
京都議定書　246
拒絶反応　73
グアニン　5
空腹中枢　174
グリア細胞　84
グルカゴン　179
クレアチニン　188
クロマニョン人　226
クローン　66
　──ウシ　69
　──ガエル　66
　──人間　38
　──胚　75
　──ヒツジ　67
血液　187
結核　128
月経　49, 57

血糖値　178
ゲノム　9, 11, 16
　──の刷り込み　69
　──の戦略　44, 46
ゲノム解析　16, 223
ゲノム多型　27
原がん遺伝子　144
健康　124
健康づくりのための睡眠指針 2014　110
言語中枢　97
幻肢　95
原尿　188
抗うつ薬　115
抗生物質　139
行動療法　117
硬膜　81
コーカソイド　228
こころ　78, 86
　──の性　53
コード領域　24
コドン　7
ゴナドトロピン　49
コラーゲン　199
コレステロール　159

### 《さ行》
細菌　132
最終月経　59
サイトカイン　137, 138
細胞外マトリックス　199
サーカディアンリズム　108
サーチュイン遺伝子　210
殺虫剤　238, 242
左脳　98
サプリメント　155, 200
酸性雨　249
酸性食品　163
酸素　191
酸素解離曲線　191
シアノバクテリア　216
視覚野　90
糸球体　188
軸索　81
シクロスポリン　73
視交叉上核　109
脂質　158
脂質異常症　182
シトシン　5

260

シナプス 82
雌雄同体 42
絨毛診断 32
樹状細胞 138
樹状突起 81
受精 56
受精卵 39
──クローン 67
出生 58
出生前診断 32
寿命 194
受容体 83
松果体 109
常染色体 38
情動 87
縄文人 230
食生活指針 165
食の安全性 166
食品添加物 166
食文化 151
食物繊維 164
食物連鎖 234
食用植物 236
食欲 150, 174
食糧自給率 238
除草剤 238, 242
自律神経系 119, 185
進化 218
真核生物 216
新口動物 219
神経細胞 81
神経伝達物質 83, 113
人工化学物質 241
人工透析 189
人種 228
腎臓 186, 188
睡眠 106
ストレス 148
スローフード運動 165
性 42
制限酵素 169
精子 38, 56
性周期 48
生殖腺原基 40, 47
生殖年齢 195
性成熟年齢 195
性染色体 38, 53
精巣 41, 47
生態系 234, 235
生体防御 136

性同一性障害 54
青斑核 116
生物化学兵器 255
生物多様性 251
生命の始まり 215
脊椎動物 221
セロトニン 115, 117
前視床下部間質核 51
染色体 9
戦争による環境破壊 253
選択的スプライシング 24
先天性副腎過形成症 53
前頭連合野 89
臓器移植 72, 73
相貌失認 91
側頭連合野 90

《た行》
ダイオキシン 244
体温 183
大気汚染 249
体細胞クローン 67
胎児 32, 59
帯状回 89
体内時計 108
第二次性徴 41
大脳皮質 84, 94
大脳辺縁系 87, 88
胎盤 58
タバコ 118, 145
単為生殖 42
単一アメリカ起源説 227
単一遺伝子疾患 35
短期記憶 96
炭水化物 158
男性ホルモン 41
タンパク質 159
地球温暖化 246
チミン 5
中絶 61
長期記憶 96
調節系の老化 201
直立二足歩行 225
チンパンジー 224
デオキシリボース 5
テーラーメイド医療 30
テロメア 69, 206
テロメラーゼ 207
転写 6
伝達 82

伝導 82
糖質コルチコイド 180
頭頂連合野 90
糖尿病 180
トキ（日本トキ） 252
特定保健用食品 157
ドーパミン 112, 114, 117
トランスポゾン 23
鳥インフルエンザ 133

《な行》
内分泌攪乱化学物質 245
ニグロイド 228
ニコチン 118
二重らせん構造 5
ニューロン 81
尿 187
認識 90
妊娠検査キット 60
認知症 203
ネアンデルタール人 226
ネオニコチノイド系農薬 240
ネクローシス（壊死）208
ネフロン 188
脳血管性認知症 203
脳内物質 113
脳波 104
農薬 238
脳梁 52
ノルアドレナリン 114, 116
ノンコーディング 9
──領域 24
ノンレム睡眠 107

《は行》
パーキンソン病 74
排卵 57
白髪 197
はげ 197
肌の老化 199
発生 62
半陰陽 48
光療法 112
ヒストン 69
ビタミン 160
ヒト 3
ヒトクローン胚 75

261

ヒトゲノム　16
　——解読　19
ヒトゲノムマップ　26
ヒト絨毛性ゴナドトロピン　60
肥満細胞　141
病気　126
病原微生物　132, 134
品種改良　239
不安障害　116
フィードバック　185
プラスミド　169
プリオン　134
フレッド・サンガー　18
ブローカ　97
プログラム細胞死　65, 208
プロゲステロン　49
プロモーター　145
フロンガス　244
分化　64
文明　231
分離脳　99
ヘイフリックの限界　206
ベクター　35, 169
ヘモグロビン　191
ヘルパーT細胞　138
偏食　154
ベンゾピレン　118
扁桃体　88
放射性物質　255
捕食者　235
北極域の海氷域面積　249
ボーマン嚢　188
ホムンクルス　94
ホメオスタシス　178, 185
ホメオティック遺伝子　62
ホモ・エレクトス　226
ホモ・サピエンス　226
ポリフェノール　163
翻訳　6

《ま行・や行》

マイクロRNA　24
マイクロサテライト　28
マクロファージ　138
マスト細胞　141
満腹中枢　174
ミトコンドリア・イブ　227
ミニサテライト　28
ミネラル　160
無性生殖　42
メラトニン　109
免疫反応　138
モノアミン　113
モンゴロイド　228
野生生物の絶滅　251
弥生人　230
有機塩素化合物　242
有性生殖　42, 69, 195
誘導　64
輸卵管　56
羊水診断　32

《ら行・わ行》

ランゲルハンス島　179
卵子　38
卵巣　41, 47, 56
卵母細胞　56
レイチェル・カーソン　243
霊長類　222
レトロウイルス　23
レプチン　175
レム睡眠　106
連合野　95
老化　194
老眼　198
ロボトミー　89
ワクチン療法　139
和食　153
ワシントン条約　251
ワトソンとクリック　5

[欧文]

βアミロイド　204
$A_{10}$神経　115
ADA欠損症　35
ADHD（注意欠如・多動症）　121
*Age-1*遺伝子　209
BHC　242
BMI　177
BMI（ブレイン・マシン・インタフェース）　101
BSE　134, 168
*daf-2*遺伝子　209
DDT　242
DHA　161
DNA　4
　——型鑑定　28
　——多型　27
　——の複製　10
　——ポリメラーゼ　17
　——マイクロアレイ　31
　——リガーゼ　169
EPA　161
ES細胞　74
fMRI　100
GABA　83, 113
GOT／GPT　186
HIV　132, 139
HLA（ヒト白血球抗原）　73
IgE　141
iPS細胞　74, 75
MRSA　135
PCR法　31
PET　100
PM2.5　250
PTSD（心的外傷後ストレス障害）　120
SNP　27, 30
SOD　205
SRY遺伝子　40, 47
SSRI　115
X染色体　38
Y染色体　38

### 著者紹介

吉田 邦久（よしだ くにひさ）
　1967年　東京大学理学部生物学科卒業
　現　在　駿河台大学名誉教授，理学博士

NDC460　268p　21cm

好きになるシリーズ

### 好きになるヒトの生物学

2014年11月25日　第1刷発行
2024年 3月 7日　第5刷発行

著　者　吉田　邦久
発行者　森田浩章
発行所　株式会社　講談社
　　　　〒112-8001　東京都文京区音羽2-12-21
　　　　　　販売　(03) 5395-4415
　　　　　　業務　(03) 5395-3615

KODANSHA

編　集　株式会社　講談社サイエンティフィク
　　　　代表　堀越俊一
　　　　〒162-0825　東京都新宿区神楽坂2-14　ノービィビル
　　　　　　編集　(03) 3235-3701
本文データ制作　株式会社エヌ・オフィス
印刷・製本　　　株式会社KPSプロダクツ

落丁本・乱丁本は，購入書店名を明記のうえ，講談社業務宛にお送りください．送料小社負担にてお取替えいたします．なお，この本の内容についてのお問い合わせは，講談社サイエンティフィク宛にお願いいたします．定価はカバーに表示してあります．

© Kunihisa Yoshida, 2014

本書のコピー，スキャン，デジタル化等の無断複製は著作権法上での例外を除き禁じられています．本書を代行業者等の第三者に依頼してスキャンやデジタル化することはたとえ個人や家庭内の利用でも著作権法違反です．

**JCOPY**　〈(社)出版者著作権管理機構　委託出版物〉

複写される場合は，その都度事前に(社)出版者著作権管理機構（電話 03-5244-5088, FAX 03-5244-5089, e-mail: info@jcopy.or.jp）の許諾を得てください．

Printed in Japan

ISBN 978-4-06-154181-8

## 好きになるシリーズ

わかるから、面白いから、旬の話題で好きになる！

### 好きになる 免疫学 第2版
「私」が「私」であるしくみ
山本 一彦・監修　萩原 清文・著
A5・270頁・定価2,420円　カラー

### 好きになる 免疫学 ワークブック
萩原 清文・著　B5・144頁・定価1,980円　カラー

### 好きになる 分子生物学
分子からみた生命のスケッチ
多田 富雄・監修　萩原 清文・著
A5・206頁・定価2,200円

### 好きになる 解剖学
自分の体をさわって確かめよう
竹内 修二・著　A5・238頁・定価2,420円

### 好きになる 解剖学 Part2
関節を動かし骨や筋を確かめよう
竹内 修二・著　A5・214頁・定価2,200円

### 好きになる 解剖学 Part3
自分の体のランドマークを確認してみよう
竹内 修二・著　A5・215頁・定価2,420円　カラー

### 好きになる 生化学
生体内で進み続ける化学反応
田中 越郎・著　A5・175頁・定価1,980円

### 好きになる 生理学 第2版
からだについての身近な疑問
田中 越郎・著　A5・206頁・定価2,200円　カラー

### 好きになる 病理学 第2版
咲希と壮健の病理学教室訪問記
早川 欽哉・著　A5・254頁・定価2,420円　カラー

### 好きになる 微生物学
感染症の原因と予防法
渡辺 渡・著　A5・175頁・定価2,200円　カラー

### 好きになる 栄養学 第3版
食生活の大切さを見直そう
麻見 直美／塚原 典子・著
A5・255頁・定価2,420円　カラー

### 好きになる 精神医学 第2版
こころの病気と治療の新しい理解
越野 好文／志賀 靖史・著絵
A5・191頁・定価1,980円

### 好きになる 睡眠医学 第2版
眠りのしくみと睡眠障害
内田 直・著　A5・174頁・定価2,200円

### 好きになる 救急医学 第3版
病院前から始まる救急医療
小林 國男・著　A5・256頁・定価2,200円

### 好きになる 麻酔科学 第2版
苦痛を除き手術を助ける医療技術
諏訪 邦夫・監修　横山 武志・著
A5・185頁・定価2,530円　カラー

### 好きになる 薬理学・薬物治療学
薬のしくみと患者に応じた治療薬の選定
大井 一弥・著　A5・208頁・定価2,420円　カラー

### 好きになる 漢方医学
患者中心の全人的医療を目指して
喜多 敏明・著　A5・190頁・定価2,420円

### 好きになる 生物学 第2版
12ヵ月の楽しいエピソード
吉田 邦久・著　A5・255頁・定価2,200円

### 好きになるヒトの生物学
私たちの身近な問題 身近な疑問
吉田 邦久・著　A5・268頁・定価2,200円　カラー

## 好きになるミニノートシリーズ　B6・2色刷・赤字シート付

### 好きになる 生理学 ミニノート
田中 越郎・著

### 好きになる 解剖学 ミニノート
竹内 修二・著

### 好きになる 病理学 ミニノート
早川 欽哉／関 邦彦・著

※表示価格は税込み価格（税10%）です。
「2024年2月現在」
講談社サイエンティフィク　https://www.kspub.co.jp/